中等职业供热通风与空调专业系列教材

热工学与换热器

余宁 主编

中国建筑工业出版社

图书在版编目（CIP）数据

热工学与换热器/余宁主编．—北京：中国建筑工业出版社，2001．8

中等职业供热通风与空调专业系列教材

ISBN 978-7-112-04649-2

Ⅰ．热…　Ⅱ．余…　Ⅲ．①热工学-专业学校-教材②换热器-专业学校-教材　Ⅳ．TK122

中国版本图书馆CIP数据核字（2001）第24453号

本书为中等职业供热通风与空调专业和建筑水电设备专业的教材。内容包括工质与理想气体的热力性质，热力学基本定律，水蒸气与湿空气及其热力图表，气体和蒸汽流动与节流基本知识；稳定导热与不稳定导热基本知识，对流换热，辐射换热，稳定传热；换热器的基本类型与构造，常用换热器的选型计算。

本书除可供供热通风与空调专业和建筑设备专业的师生使用外，对从事通风空调，供热采暖及锅炉设备工作的中等技术人员也可作学习的参考书。

中等职业供热通风与空调专业系列教材

热工学与换热器

余　宁　主编

*

中国建筑工业出版社出版、发行（北京西郊百万庄）

各地新华书店、建筑书店经销

北京建筑工业印刷厂印刷

*

开本：787×1092毫米　1/16　印张：15¾　插页：1　字数：378千字

2001年12月第一版　2011年12月第二次印刷

定价：**30.00**元

ISBN 978-7-112-04649-2

（21674）

（邮政编码　100037）

前　言

《热工学与换热器》是建筑类中等专业学校供热通风与空调专业和水电设备专业的主要技术基础课之一，是从事这两专业工作的中等技术人员必须掌握的基础知识。它的任务是：培养学生掌握和领会本专业必需的工程热力学、传热学和换热器基本知识，能进行热工分析和稳定传热计算及常用换热器选型计算。

本书参考范惠民主编的上一轮教材《热工学基础》，按照1997年9月建设部中等专业学校供热通风与空调专业指导委员会颁发的教育标准和课程教学大纲要求，经过1999年7月专业指导委员会对竞编样章的评审确定来编写的。

本书共分三篇。第一篇工程热力学，着重阐述了热力学第一、第二定律的基本知识，常用工质（理想气体、水蒸气、湿空气）的热力性质、状态变化规律和基本热力过程的分析，以及气体在喷管和扩压管内的流动，绝热节流的基本知识与应用；第二篇主要介绍了稳定导热，对流换热，辐射换热，稳定与非稳定传热的基本知识、基本规律和有关的计算；第三篇主要介绍换热器的基本类型、构造、使用特点以及常用换热器的选型计算。

本书论述上尽量删繁就简，突出专业需要与实用，文字上力求简练、准确、通畅、便于学习。在内容上注意了与后面专业课程教材的衔接，并对课程内容进行了较大的调整。在第一篇工程热力学中，去掉了气体的压缩与制冷循环（它安排在“制冷技术”课程中讲解）；在第二篇传热学中，采用热阻和传热模拟电路的概念来讲解换热、传热问题，不仅减少了授课学时，且使课程内容易于学习掌握；第三篇换热器为新增的内容，使换热器选型的计算得到了加强。

本书在例题和习题的布置上，着眼于专业要求的解算能力，强调了适用性。删除了难度过大，又与专业联系不大的习题。注意了例题、习题的质量，减少了习题量。

为了扩大本书对不同学制（三年和四年）、不同专业（暖通和水电）、不同层次读者的适用性，本书对某些章节内容打了“*”号处理，这些内容可以根据学习需要进行省略，而不影响书内容的连贯性。

本书由南京建筑工程学校高级讲师余宁担任主编，由辽宁建筑工程学校高级讲师刘春泽主审。参加编写的有：南京建筑工程学校余宁（绪论、第十、十一、十二、十四章）、北京城市建设学校孙慧兰、谢时虹（第五、六、七、八、九章）、山东建筑工程学校刘学来（第一、二、三、四、十三章）。

限于编者水平，书中必有不妥或错误之处，恳请读者批评指正，以便再版时修正补充。

编者

主 要 符 号

一、英文符号

A——吸收率；振幅；

a——音速，m/s；导温系数，m^2/s；

B——大气压力，Pa；

C——辐射系数，W/（$m^2 \cdot K^4$）；临界点；

c——流速，m/s；质量比热，kJ/（kg·K）；

c'——容积比热，kJ/（$Nm^3 \cdot K$）；

μc——摩尔比热，kJ/（kmol·K）；

D——直径，m；穿透率；热惰性指标；

d——直径，m；含湿量，g/kg 干空气；

E——辐射力，W/m^2；

F——表面积，m^2；

f——截面积，m^2；阻力系数；

g——重力加速度，m/s^2；

H——总焓，kJ；

h——高度，m；焓，kJ/kg；

K——传热系数，W/（$m^2 \cdot K$）；辐射减弱系数；

l——长度，m；

M——马赫数；

m——质量，kg；质流量，kg/h；

N——分子数目；功率，W；

n——多变指数；分子浓度；

P——总压力，N；

p——压力，Pa 或 N/m^2；

Q——总热量，J；热流量，W 或 J/s；

q——热量，kJ/kg；热通量，W/m^2 或 J/（$s \cdot m^2$）；

R——气体常数，N·m/（kg·K）；反射率；热阻，$m^2 \cdot K/W$；

r——半径，m；

S——间距、行程，m；总熵，kJ/K；材料蓄热系数，W/（$m^2 \cdot ℃$）；

s——熵，kJ/（kg·K）；

T——绝对温度，K；

t——摄氏温度，℃；

U——总内能，kJ；

u——内能，kJ/kg；
V——体积，m^3；
v——比容，m^3/kg；
W——水当量，W/K；总功量，kJ；
w——流速，m/s；功量，kJ/kg；
x——干度；间距，m；
z——位高，m；周期，s。

二、希腊文符号

α——热换系数，W/（$m^2 \cdot K$）；
β——体积膨胀系数，1/K；压力比；肋化系数；
δ——厚度，m；
ε——黑度；角系数，kJ/kg；
ε_1——制冷系数；
ε_2——供热系数；
$\varepsilon_{\Delta t}$——温差修正系数；
η——效率；
κ——绝热指数；
λ——导热系数，W/（$m \cdot K$）；波长，m；
λ_v——容积效率；
μ——分子量；动力粘度，kg/（$s \cdot m$）；
υ——运动粘度，m^2/s；
ξ——延迟时间，s；
ρ——密度，kg/m^3；
τ——时间，s；
φ——相对湿度；角系数；
σ——辐射常数，W/（$m^2 \cdot K^4$）；
ω——分子速度，m/s；
θ——过余温度，K。

三、相似准则名称

$Bi = \frac{\alpha \cdot l}{\lambda_b}$——毕屋（Biot）准则；

$Gr = \frac{g \cdot l^3 \cdot \beta \cdot \Delta t}{v^2}$——格拉晓夫（Grashof）准则；

$Nu = \frac{\alpha \cdot l}{\lambda}$——努谢尔特（Nusselt）准则；

$Pr = \frac{v}{a}$——普朗特（Prandtl）准则；

$Re = \frac{\omega \cdot l}{v}$——雷诺（Reynolds）准则。

目　录

第一篇　工程热力学

第二篇 传 热 学

第三篇　换　热　器

第一篇　工 程 热 力 学

第一章　基　本　概　念

本章就热力工程中热能与机械能的转换，或者热能的传递过程、工质的状态及状态变化、热力学研究方法等，讨论热力系统、状态及状态参数、热力过程、热力循环、功和热等基本概念，为以后学习热力学内容奠定基础。

第一节　热　力　系　统

通过热力分析，首先应选择研究对象——热力系统，选定了热力系统就明确了研究对象所包含的范围和内容，同时也明确了热力系统和周围物质的相互关系。

一、热力系统

1. 热力系统　为了便于分析与研究问题，在热力学中将研究对象分隔开来，便可研究这个对象与周围物质（外界）之间的关系，我们把这种人为地分隔开来的研究对象，称为热力系统，简称系统。如图 1-1 所示，气缸所包围的气体作为热力学研究对象，则气体便是热力系统。

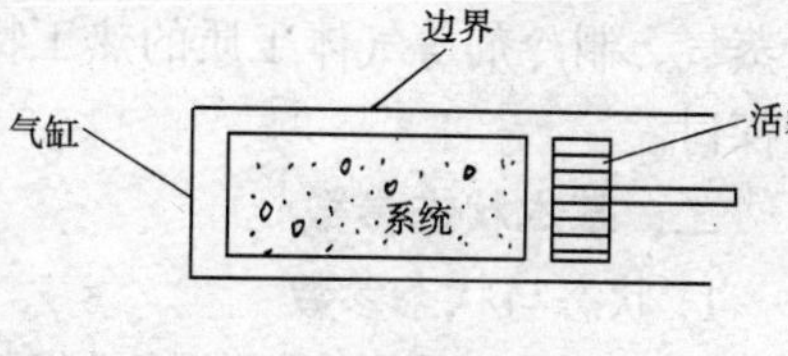

图 1-1　热力系统

2. 边界　分隔系统与周围物质（外界）的分界面，称为边界。边界的作用是确定研究对象，将系统与外界分隔开来。

3. 外界　边界以外与系统相互作用的物质，称为外界或环境。系统与外界相互作用，通常进行功量、热量和物质的交换。

二、闭口系统、开口系统和绝热系统

1. 闭口系统　在热力过程中，热力系统与外界之间通过边界只进行能量交换，而无物质交换的热力系统，称为闭口系统。闭口系统的质量保持恒定，取系统时应将所研究的物质都包括在边界内，如图 1-1 所示就是闭口系统。

2. 开口系统　热力系统与外界之间不仅存在能量交换，同时还存在物质交换的系统，称为开口系统。如图 1-2 所示。

3. 绝热系统　热力系统与外界之间没有热量传递的系统，称为绝热系统。事实上，自然界并不存在完全不传递热量的材料，只是热力系统与外界传递的热量小到可以忽略不计时的一种简化模式。

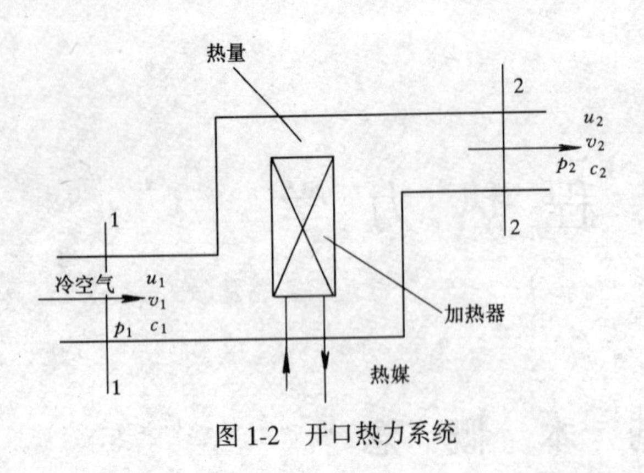

图 1-2　开口热力系统

此外当热力系统与外界之间既无能量交换，又无物质交换的热力系统，称为弧立系统。

实际上，自然界并不存在真正的绝热系统和孤立系统，它们是一种抽象的概念，在热力学的研究过程中，可以用这种简化的抽象概念来理解、分析、研究热力系统，实践证明，这种方法是一种可靠的、科学的研究方法。

第二节　工质及其基本状态参数

一、工质

在实际工程中，热能与机械能的转换，热能的传递，都需要一种媒介物质，这种转化能量的媒介物质称为工质。例如，在空调系统中，一般用冷水将制冷剂所产生的冷量送入室内空调末端设备，使室内的空气温度降低，此时，冷水、制冷剂和空气是传送热能的媒介物质；又如，在锅炉中燃料燃烧释放出来的热能，通过高温烟气把热能传递给锅炉中的水，使水变为高温、高压的水蒸气；又如具有了一定热能的水蒸气，可用来推动气轮机或蒸汽机作功、发电，在这里水蒸气、高温烟气都实现了热能的传递或热能和机械能的转换，它们也都是工质。

在实际工程中，采用的工质种类很多，有气体、也有液体和固体，本书主要对空气、水蒸气、制冷剂等气体工质的热工特性及工质状态变化时的参数计算和热量计算等问题进行探讨。

二、基本状态参数

1. 状态与状态参数

热力系统与外界之间能够进行热量或功量交换的根本原因，在于两者之间存在着状态差异，例如，在锅炉中，热量传递是因为燃料燃烧所产生高温烟气与气锅中的水之间存在着温度差；再如，气轮机中，能量的转换是由于气轮机中的高温高压工质与外界环境的温度、压力有很大的差异。这种压力和温度的差异标志着工质物理特性数值的不同。我们把热力系统中某瞬间表现的工质热力性质的总状况，称为工质的热力状态，简称状态。热力状态反映着工质分子热运动的平均特性。把描述工质状态特性的各种物理量称为工质的状态参数。状态参数是状态的函数，对应某一状态，状态参数也都有与之对应的唯一确定的数值。工质状态发生变化时，初、终状态参数的变化值，仅与初终状态有关，而与状态变化的途径无关。

热力学中常用的状态参数有：温度、压力、比容或密度、内能、焓、熵等，其中温度、压力、比容或密度可以直接或间接的用仪表测量出来，称为基本状态参数。而其余的是由基本状态参数通过计算方法推倒出来的，故称为导出状态参数。

2. 温度

在宏观上，温度标志着物体冷热的程度。某物体的温度高，显示着较热的状态，反之，则显示着较冷的状态。两个冷热不同的物体相互作用，冷的物体变热，热的物体变冷，在经过相当长的时间后，在没有其他外来影响的情况下，两物体终将达到相同的冷热状态，称为两物体的热平衡状态。若存放在一起的两物体无热量交换，则此两物体温度必相等。

温度的微观概念表示物质内部大量分子热运动的强烈程度。在物理学中导出了理想气体热力学温度与分子的平移运动平均动能的关系式：

$$\frac{m\overline{\omega}^2}{2}=BT \tag{1-1}$$

式中 $\frac{m\overline{\omega}^2}{2}$——分子平移运动的平均动能，其中 m 是一个分子的质量，$\overline{\omega}$ 是分子平移运动的均方根速度；

B——比例常数；

T——气体热力学温度。

温度的数值标尺，简称温标。任何温标都要规定基本定点和每一度的数值。国际单位制（SI）规定热力学温标，用符号 T 来表示，单位代号为 K（Kelvin），中文代号为“开”。热力学温标规定纯水三相点温度（即水的气、液、固三相共存时的温度）为基本定点，并指定为 273.16K，每 1K 为水三相点温度的 1/273.16。

SI 还规定摄氏（Celsius）温标为实用温标，用符号 t 来表示，单位为摄氏度，代号为℃。摄氏温标的每 1℃ 与热力学温标的每 1K 相同，它们的换算关系为：

$$t=T-273.15 \tag{1-2}$$

式中 273.15 的值是按国际计量会议规定的，当 $t=0$℃ 时，$T=273.15$K。两种温标换算，在工程上取 273 就已足够准确了，即：

$$t=T-273 \tag{1-2a}$$

3. 压力

(1) 压力的概念　在宏观上，单位面积上所受到的垂直作用力称为压力，也称为压强，即：

$$p=\frac{P}{f} \tag{1-3}$$

式中 p——作用于器壁的总压力，N；

f——容器壁的总面积，m^2。

在充满气体的容器中，气体分子在不停的作不规则热运动，这种不规则的热运动，不但使系统中分子之间不断的相互碰撞，同时气体分子也不断和容器壁（即界面）碰撞，大量分子碰撞器壁的总结果，就形成了气体对器壁的压力。气体对器壁压力的大小，取决于单位时间内受到分子撞击次数，以及每次撞击力的大小。单位时间内撞击次数越多，每次撞击的力越大，则气体对器壁的压力越大。压力的方向总是垂直于容器内壁，这种压力称为气体的绝对压力。

对于理想气体，可以从理论上导出作用于单位面积上的压力与分子浓度、分子平移运动平均动能之间的关系式：

$$p=\frac{2}{3}n\frac{m\overline{\omega^2}}{2}=\frac{2}{3}nBT \tag{1-4}$$

式中　p——单位面积上的绝对压力；

n——分子浓度，即单位容积内含有的气体分子数，$n=\frac{N}{V}$　其中 N 为容积 V 包含的气体分子数。

式（1-4）把压力的宏观量与分子运动的微观量联系起来，表明了气体压力的本质，就是大量气体分子对器壁碰撞的平均效果。

（2）压力单位　SI 单位制规定压力的单位为帕斯卡，符号为：Pa，即

$$1Pa=1N/m^2$$

由于帕斯卡的单位较小，工程中常用“千帕斯卡”（kPa），“兆帕斯卡”（MPa）作为压力的实用单位，它们的关系可表示为：

$$1kPa=10^3Pa$$
$$1MPa=10^6Pa$$

在工程中，还曾采用其他的压力单位，如“巴”（bar），“标准大气压”（atm），“工程大气压”（at），“米水柱”（mH_2O）和“毫米汞柱”（mmHg）等，它们的换算关系见表 1-1。

常用压力换算单位　　　　**表 1-1**

压力名称	帕斯卡（Pa）	兆帕（MPa）	巴（bar）	标准大气压（atm）	工程大气压（at）	米水柱（mH_2O）	毫米汞柱（mmHg）
帕斯卡	1	10^{-6}	10^{-5}	9.86923×10^{-6}	1.01972×10^{-5}	1.01972×10^{-4}	7.50062×10^{-3}
兆帕	10^6	1	10	9.86923	10.1972	101.972	7500.62
巴	10^5	0.1	1	0.986923	1.01972	10.1972	750.062
标准大气压	101325	0.101325	1.01325	1	1.03323	10.3323	760
工程大气压	98066.5	0.0980665	0.980665	0.967841	1	10	735.559
米水柱	9806.65	9.80665×10^{-3}	9.80665×10^{-2}	9.67841×10^{-3}	1.000×10^{-1}	1	73.5559
毫米汞柱	133.332	1.33322×10^{-4}	1.33322×10^{-3}	1.31579×10^{-3}	1.3595×10^{-3}	0.013595	1

（3）绝对压力与相对压力　工程上常用测压仪表测定系统中工质的压力，这些测压仪表的原理都是建立在力的平衡原理上，最简单的测压仪表有 U 形管液柱式压力计。如图 1-3 所示，U 形压力计指示的压力是气体的绝对压力与外界大气压的差值。我们把这个差值称为相对压力（又称工作压力或表压）。

由于大气压随地理位置及气候条件等因素而变化，因此绝对压力相同的工质，在不同的大气压力条件下，压力表指示的相对压力并不相同。从理论上讲，绝对压力才是状态参数，故在本书以后的内容，在未表明是“相对压力”或“表压”时，都应认为是“绝对压力”。

如图1-3风机入口段气体的绝对压力小于外界大气压，相对压力为负值，又称真空度。如图1-4中2点所示。风机出口段气体的绝对压力大于外界大气压，相对压力为正值，如图1-5中1点所示，如果气体的绝对压力与大气压相等，相对压力就为零。它们的关系为：

当 $P>B$ 时 $$P=B+P_g \tag{1-5}$$

当 $P<B$ 时 $$P=B-H \tag{1-6}$$

式中 B——当地大气压；

P_g——高于当地大气压力时的相对压力，称工作压力（表压力）；

H——低于当地大气压力时的相对压力，称这个压力数值为真空度。

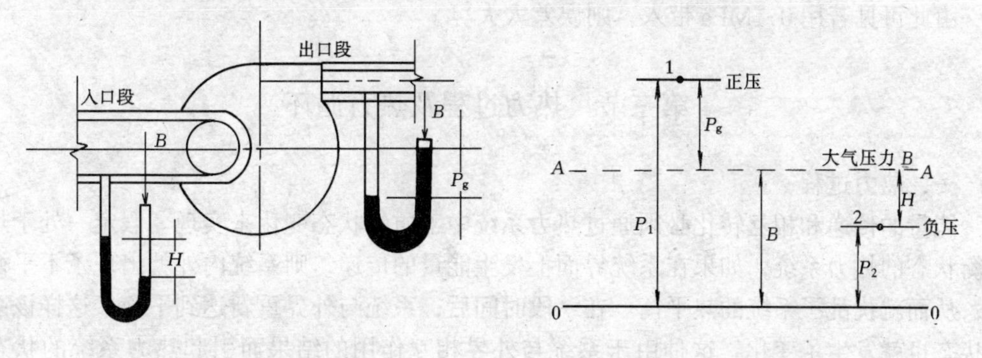

图1-3 U形压力计　　图1-4 各压力间的关系

4. 比容和密度

比容是指单位质量的工质所占有的容积，用符号 v 表示，单位 m^3/kg。设容器内有 M（kg）的工质，所占有的容积为 V（m^3），则该工质的比容为：

$$v=\frac{V}{M}\ (m^3/kg) \tag{1-7}$$

单位容积内工质所具有的质量称为密度，用符号 ρ 表示，单位为 kg/m^3，即

$$\rho=\frac{M}{V}\ (kg/m^3) \tag{1-8}$$

从式（1-7）和（1-8）很容易的得出，比容和密度两者之间具有互为倒数的关系：

$$\rho v=1 \tag{1-9}$$

比容和密度实际上表示的是工质的同一状态物理量，在这两个参数中，知道了一个，另一个也就随之被确定。

【例1-1】 某蒸汽锅炉气包上压力表读数为3.23MPa，若当地大气压力为0.1MPa试求锅炉汽包中蒸汽的绝对压力为多少？

【解】 锅炉汽包中水蒸气绝对压力

$$p=B+p_g=0.1013\text{MPa}+3.23=3.3313\text{MPa}$$

在计算高压容器时，如不知当地大气压，常常用0.1MPa作为当地大气压，计算结果误差很小，如：

$$p=B+p_g=0.1+3.23=3.33\text{MPa}$$

相对误差： $$\frac{3.3313-3.33}{3.3313}=0.039\%$$

【例 1-2】 某凝气器的真空表读书读数为 0.0946MPa，当地大气压为 0.1013MPa，试求工质的绝对压力为多少？

【解】 凝气器的绝对压力

$$p = B - H = (760 - 710) \times 1.333 \times 10^{-4} = 0.00666\text{MPa}$$

对计算低压容器的绝对压力时，当不知道当地大气压，且当地大气压偏离 0.1MPa 较大时，则不能用 0.1MPa 代替当地大气压，如：

$$p = 0.1 - 710 \times 1.333 \times 10^{-4} = 0.00536\text{MPa}$$

相对误差：$\dfrac{0.00666 - 0.00536}{0.00666} \times 100\% = 19.5\%$

由此可见若用 0.1MPa 带入，则误差太大。

第三节 热力过程及热力循环

一、热力过程

能量的传递和相互转化必须通过热力系统中工质的状态变化来实现。假定一处于热力平衡状态的热力系统，如果在系统界面上发生能量的传递，则系统内外就出现了不平衡势差，从而就扰乱了系统的热平衡。在一段时间后，系统与外界重新达到平衡，这样该系统的状态也就发生了变化，这种由于系统与外界相互作用的结果而引起热力系统的状态变化，称为热力过程。

在热的过程中，系统在过程的初状态和终状态均处于平衡状态，而过程在进行之中，就不一定是平衡状态。过程进行的越快，偏离平衡就越远。事实上，一切的实际过程都是平衡被破坏的结果，一切实际的过程都免不了偏离平衡。

为了便于分析和研究，热力学中认为所研究和分析的热力系统都处于平衡状态，并且假设实际的变化过程是由无限接近的平衡状态所组成。过程中偏离平衡的影响忽略不计。

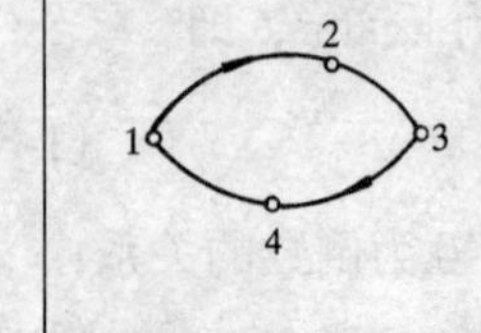

图 1-5 热力循环示意

二、热力循环

所谓的热力循环，就是能使工质经过一系列状态变化而又重新恢复到原来状态的封闭热力过程，也就是说热力系统从某一状态出发经过一系列状态变化后又回复到原来的状态，热力循环简称循环。如图 1-5 中的封闭过程 1-2-3-4-1。系统进行热力循环的目的是借助热力系统状态变化来实现预期的能量转换。

三、可逆过程和不可逆过程

系统在完成某一热力过程后，能沿着原来的逆路过程，反之，则称为不可逆过程。

例如气缸径反向进行，并且系统和外界都各自按照相反的顺序经过原过程的各个状态，最后都能在不使系统和外界发生任何变化的情况下，回到原来的最初状态，如果能满足上述条件则是可活塞机构，当气缸中工质压力大于外界压力时，工质推动活塞作膨胀功并从外界吸收热量，状态沿 1-2 过程线由 A 变为 B（见图 1-6）。其功量为：

$$w = \int_A^B p\,\mathrm{d}v$$

全部对外作功。假设该机构为气缸与活塞之间无摩擦损失的理想机械，则气体的膨胀功能全部转化为机械能，储存在飞轮中。此后再利用飞轮转动动能推动活塞反向移动，压缩气体，由状态 B 沿着 2-1 过程线回到 A，所消耗的功恰好与膨胀功相等。压缩气体所放出的热量也恰好与膨胀时吸收的热量相等。同时工质将它在膨胀过程中从热源得到的热量全部交还热源，最终使系统与外界完全恢复到原来状态，完成了一个可逆过程。很显然，要实现这一过程是非常困难的，事实上，也是不可能的。它要求过程必须进行得无限缓慢，系统与外界之间的温差要无限小，而且在过程进行中不存在摩擦损失。而实际上只有存在着系统与外界之间的温差和压力差，状态才会变化，过程才能进行。因此，实际过程都是不可逆过程。

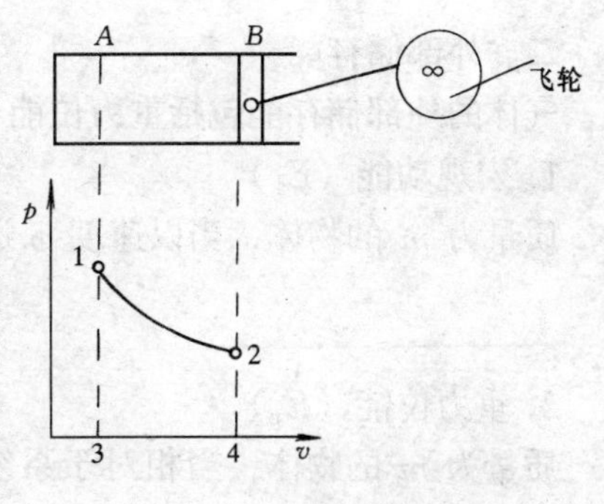

图 1-6　可逆过程

第四节　热力系统储存能

任何热力系统都具有一定的储存能，为了便于研究，我们把系统所储存的能量分为两部分：一部分只取决于系统本身状态的能量（内能），它与系统内工质的分子结构以及分子微观运动形式有关；另一部分则取决于系统工质与外界重力场的相互作用（重力位能）和宏观物体相对于外界参考坐标系测得的宏观运动动能（宏观动能）。

我们把系统中除了重力位能和宏观动能以外的所有储存能称之为内部储存能，简称内能。

一、内能

内能是气体内部所具有的分子动能和分子位能的总和，单位质量气体的内能常用符号 u 表示，单位为 J/kg，工质内能包括下列各项：

1. 分子直线运动的动能；
2. 分子旋转运动的动能；
3. 分子内部原子的振动动能和原子内部电子的振动动能；
4. 分子的位能（气体的分子之间存在着作用力，为了克服分子之间的作用力就形成了分子位能，也称气体的内位能）。

以上各项中，前三项总称为气体分子的内动能，温度的高低是内动能大小的反映，内动能大，气体的温度就高；反之，内动能小，气体的温度就低。

分子位能的大小与分子间的距离有关，即与分子的比容有关。

综上所述，气体的内能取决于气体的温度与比容，即：

$$u = f(t, v) \tag{1-10}$$

对有些气体，分子间距较大，其内位能可忽略不计，则内能只与温度有关。

$$u = f(t) \tag{1-10a}$$

从上式反映出，内能是气体状态参数的函数，因此，内能也是气体的状态参数。

二、外部储存能

气体的外部储存能包括重力位能和宏观动能。

1. 宏观动能（E_k）

质量为 m 的物体，当以速度 ω 运动时，该物体具有的宏观运动动能为：

$$E_k = \frac{1}{2} m\omega^2$$

2. 重力位能（E_p）

质量为 m 的物体，当相对于系统外的参考坐标系的高度为 z 时，具有的重力位能为：

$$E_p = mgz$$

式中 g——重力加速度。

三、系统的总储存能

系统的总储存能 E 为内、外储存能之和，即：

$$E = U + E_k + E_p \tag{1-11}$$

式中 U——m（kg）质量的气体所具有的内能。

对于 1kg 质量的物体的总储存能为：

$$e = u + \frac{1}{2}\omega^2 + gz \tag{1-12}$$

第五节　热力系统与外界传递的能量

热力系统往往并不是孤立的，在大多数的情况下，热力系统都与外界存在着能量的交换，闭口热力系统通过系统边界的能量传递可分为两种方式：功量和热量。

一、热量

1. 热量的概念

在热力学中热量是指：在温差作用下，系统与外界传递的能量。它是系统与外界之间通过界面进行能量传递的一种方式。

人们在日常生活中，经常认为热的物体拥有较多的“热量”，这种概念显然不是热力学中的“热量”概念，是不正确的。

热量在热力学中具有如下特点：

（1）热量是能量传递中的一种形式。当系统与外界存在温差，在系统的界面上就有能量的传递，也即表现为有热量通过界面。经过一段时间后，当系统与外界达到热平衡时，系统界面上热量传递亦即停止。而热量一旦传入（或传出）系统，就变成系统（或外界）的储存能的一部分。因此，我们只能说系统内部具有能量，而不能说系统内部具有热量。

（2）热量与系统的热力过程有关，是一个过程量，不是系统的状态参数。热量出现在系统进行热力过程的同时，它与热力过程所经历的途径有关，不是状态点的函数。

对热量的正负，按照习惯，当热量传递给系统，即系统吸热时，热量为正；反之，热量传出系统，即系统放热时，热量为负。

2. 热量的单位

在国际单位制（SI），热量的单位与能量的单位相同，都用焦耳（J）表示。

3. 热流量

热力系统与外界之间，当存在温差进行能量交换时，单位时间、单位面积所传递的热量，称为热流量，用符号 q 表示，单位为 W/m^2。

二、功量

作功是系统与外界进行能量传递的另一种方式。在力学中功被定义为力与沿力的方向所产生的位移的乘积。若在力 F 作用下使物体发生微小的位移 ds，则所完成的功为：

$$\delta W = F ds$$

功量也是与过程有关的过程量，不是状态量。

在热力学中，功是由于除温差以外的其他不平衡势差所引起的系统与外界之间的能量转换。

1. 气体的容积变化功——膨胀功和压缩功

当可压缩气体组成的可压缩系统内的气体容积，在任何情况下，反抗外力（或在外力作用下）发生容积变化时，则系统就有功的输出（或输入），这种通过系统容积变化与外界交换的功量，称为容积变化功。

如图 1-7 所示，简单的可压缩系统，假想系统边界内装有 1kg 的气体，系统内工质处于平衡状态，如果系统进行了一可逆膨胀过程，如图 1-7 中（压容图）曲线 1-2 所示。

在 1-2 的过程中，当活塞移动了微小距离 ds 时，工质反抗外力所做的功为：

$$\delta w = F \cdot ds$$

因为过程是可逆的，所以作用在活塞上的外力与工质作用在活塞上的力就平衡，外力可以用系统内气体的压力表示，即

$$F = P \cdot f$$

式中 f 是活塞的截面积。

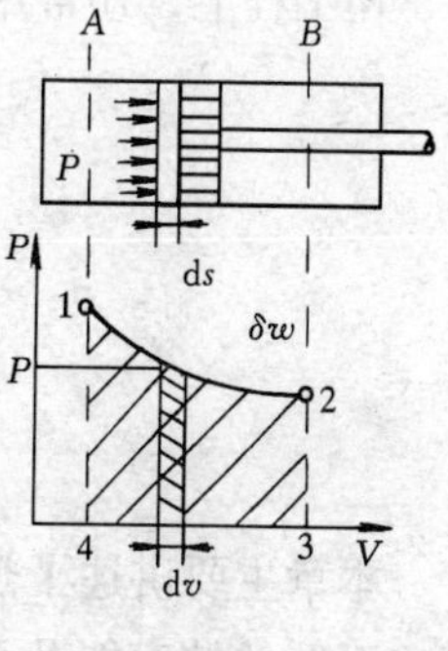

因此，对微元过程中气体的膨胀功为：

图 1-7　系统的膨胀功

$$\delta w = pf \cdot ds = p dv \quad (1\text{-}13)$$

因为 $$f \cdot ds = dv$$

dv 是因活塞移动了 ds 而引起的系统容积变化。在整个过程中系统所做的膨胀功为：

$$w = \int_1^2 p dv (J/kg) \quad (1\text{-}14)$$

由数学可知，如果过程 1-2 的方程式 $p = f(v)$ 为可知，即可求得膨胀功，也就是面积 12341 所围成的面积。

由此可见，系统在可逆过程中所做的功可以通过系统内的参数来表示，并且可以用 p-v 图上过程曲线的阴影面积来表示，这就是 p-v 图的特殊作用。所以压容图又称为示功图。

依次类推，若热力过程沿 2-1 方向进行，则：

$$w = \int_2^1 p\mathrm{d}v$$

此时 $\mathrm{d}v$ 为负值，故所作的功也为负值，按照人们的习惯，正值表示系统膨胀，对外作功，反之，负值表示系统被压缩，外界对系统作功。

如果系统内的气体质量为 m（kg），则：

$$V = mv$$

$$W = \int_1^2 P\mathrm{d}V = m\int_1^2 p\mathrm{d}v = mw \quad (\mathrm{J}) \tag{1-15}$$

总之，功量是热力系统在热力过程中，系统与外界之间进行的机械能传递，一旦过程结束，系统与外界之间的功量传递就停止，故一个系统决不能储存功量，只能说系统具有一定的作功能力。功量的大小取决于工质的初态、终态和热力过程所经过的途径，即与过程的性质有关，因此说功量和热量都不是系统的状态参数，是热力过程的函数。

2. 功的单位

在国际单位制（SI）中，功的单位和热量、能量的单位相同，都用焦耳（J）表示。

单位时间内所作的功，称为功率，其单位为：瓦特（W）

$$1\mathrm{W} = 1\ \mathrm{J/s}$$

在工程上，还常用千瓦（kW）、马力（Ps）来表示，其换算关系为：

$$1\ \mathrm{kW} = 1000\mathrm{W}$$

$$1\mathrm{Ps} = 0.786\mathrm{kW}$$

$$1\mathrm{kW} = 1.36\mathrm{Ps}$$

小　结

本章主要讲述了热力系统、工质、工质的基本状态参数、系统的热力过程、热力循环、系统的储存能及系统与外界所传递的能量等基本概念。

1. 热力系统是人为的分隔开来的研究对象；分隔系统与外界的分界面称为边界；热力系统与外界之间只进行能量交换，无物质交换的系统称为闭口系统；系统与外界之间既存在能量交换，又存在物质交换的系统，称为开口系统；热力系统与外界之间无热量交换的系统，称为绝热系统；而既无能量交换，又无物质交换的热力系统，称为孤立系统。

2. 在热力系统中，用来转换能量，传递热量的媒介物质，称为工质；表示工质的基本状态参数有温度、压力、比容（密度）。

温度是大量分子热运动的强烈程度；压力是分子热运动对容器壁碰撞的总结果，比容是单位质量的工质所占有的容积。

3. 热力过程是指热力系统的宏观状态随时间而变化的过程，简称过程；若某热力过程完成之后，能沿原来的路径反向进行，并且系统和外界都能按照相反的方向恢复各个原来的状态，这样的热力过程称为可逆过程，否则，为不可逆过程。

热力循环是指能使工质经过一系列状态变化又重新恢复到原来状态的封闭热力过程。

4. 热力系统内部储存的能量为内能（它是物质的状态参数）；外部储存能有宏观动能和重力位能；热力系统与外界之间是以热量或功量的形式进行能量的转换，热量和功量是过程函数，而不是状态参数。

习 题 一

1. 若工质的状态维持不变，测量压力的压力表读数是否可以改变？

2. 某容器中气体的压力估计在30bar左右，现有最大刻度为20bar的压力表两只，能否测定容器的压力？

3. 能否说系统在某状态下具有多少热量或功量？

4. 温度高的物体比温度低的物体含有较多的热量，这种说法对否？

5. 热量、功量、内能有无区别？

6. 试用 p-v 图说明膨胀功。

7. 用U型管压力计测得某容器中的真空度为500mmHg，当地大气压为750mmHg，试求容器中气体的绝对压力为多少mmHg？换算为Pa、bar。

8. 测得压缩空气罐内的表压力为2bar，若当地大气压为746mmHg时，罐上的绝对压力值为多少？

9. 已知氧气瓶的容积为40L，在某状态下其质量为6.28kg，试求氧气的比容和密度。

第二章 热力学第一定律

能量守恒及转换定律是自然界能量形式之间转换的最普遍规律，把这一定律用来说明热现象时，称为热力学第一定律。本章专门讨论热力学第一定律的内容和有关计算。

第一节 热力学第一定律

一、能量守恒与转换定律

从自然现象中，可得出一个结论，能量既不能被创造，也不能无故的消失，只能从一种形式转换成另一种形式，或从一个系统转移到另一个系统，这一结论称为能量守恒及转换定律。这一定律是实验经验的科学总结，它的正确性已被无数事实证明，是物质运动的一个重要的基本规律。

二、热力学第一定律

在热力学中，能量守恒及转换定律的具体表现便是热力学第一定律。热力学第一定律主要说明热能和机械能在转换时总量守恒，具体可表述为消耗一定量的热能，必定产生相应数量的机械能；反之，消耗一定量的机械能，也必定产生相应数量的热能。例如气缸中的工质，热量穿过壁面，使工质得到热量而膨胀，推动活塞对外作功。这样，工质接受的热量、工质对外作的功量以及工质内部储存或付出的能量三者之间必须取得收支上的平衡。又如供热或热水供应中经常用到的热交换器中的热交换过程，热能虽然没有能量形式的转变，而只是热能从一种物体（加热工质）经过换热面转移到另一种物体（被加热工质），同样在转移前后能量是守恒的。

三、热力学第一定律的基本表达式

现在假想将一热力系统与其外界和在一起组成一个孤立系统，根据热力学第一定律，则有：

$$E_{XT} + E_{WJ} = \text{恒量} \tag{2-1}$$

式中 E_{XT}——所研究的热力系统中的能量；

E_{WJ}——外界能量。

上式表明：在所研究的系统内，任何的能量变化必须同时在外界有一个相等而相反的变化，式（2-1）可以用有限变化量来表示：

$$\Delta E_{XT} + \Delta E_{WJ} = 0 \tag{2-2}$$

由式（2-2）可以看出，当系统与外界进行能量转换时，若系统得到能量则外界必然失去能量，反之系统失去能量则外界必然得到能量。

第二节　闭口系统热力学第一定律

一、闭口系统热力学第一定律解析式

如图 2-1 所示的活塞内工质进行膨胀，系统与外界间无物质交换，在工质未膨胀时，假定系统处于平衡状态，系统从外界吸收热量 Q，界面从位置 A 膨胀到位置 B，而对外界作了膨胀功 W，最后达到一个新平衡状态。这时系统内储存能的变化为 ΔU，即：

$$\Delta E_{XT}=\Delta U=U_2-U_1 \quad (2\text{-}3)$$

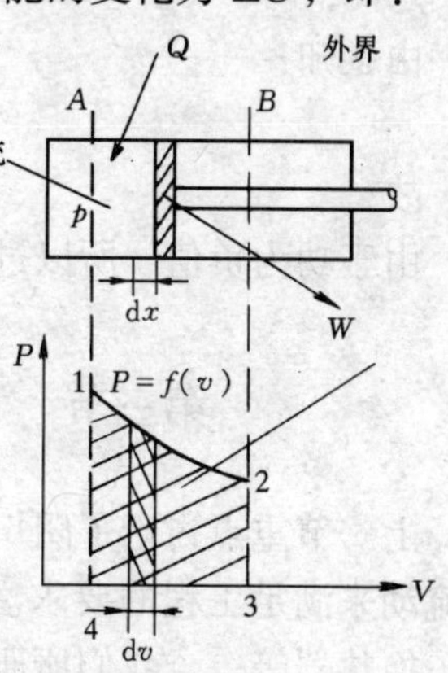

图 2-1　闭口系统能量转换

上式中，ΔU 代表系统内能的变化；U_2 和 U_1 分别代表系统初、终状态的内能。

按照热力学第一定律，则有：

$$Q=\Delta U+W \quad (2\text{-}4)$$

当活塞发生 dx 微小量的变化，则有：

$$\delta Q=dU+\delta W \quad (2\text{-}5)$$

对 1kg 质量的工质：$q=\Delta u+w$　　(2-6)

或　　$\delta q=du+\delta w$　　(2-7)

对式（2-4）到式（2-7）是从能量守恒定律直接导出的，因此，对闭口系统的任何过程都是成立的，这就是闭口系统热力学第一定律的解析式。这说明：加给系统一定量的热量，一部分用来改变系统的内能，一部分以作功的方式传递给外界。

在式（2-4）到式（2-7）中，工质从外界获得的热量为正，向外界放出的热量为负；工质对外界作出的功为正，外界对系统所作的功为负。

对可逆过程，如图 2-1 所示：

$$q=u_2-u_1+\int_1^2 p\,dv \quad (2\text{-}8)$$

式（2-8）也可表示为：

$$\delta q=du+p\,dv \quad (2\text{-}9)$$

二、热力学第一定律的应用

设系统完成了如图 2-2 所示的热力循环，将式（2-4）应用于该循环的四个过程，则：

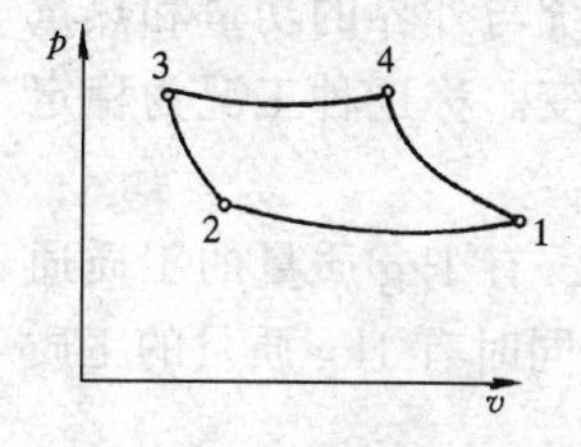

图 2-2　热力循环示意

$$Q_{12}=U_2-U_1+W_{12}$$
$$Q_{23}=U_3-U_2+W_{23}$$
$$Q_{34}=U_4-U_3+W_{34}$$
$$Q_{41}=U_1-U_4+W_{41}$$

将上四式相加，则：

$$\Sigma Q=\Sigma W \quad (2\text{-}10)$$

式（2-10）表明，热力系统经历一循环过程后，系统在整个循环中，从外界吸收（或放出）的热量应等于其对外完成的（或得到的）功量。

式（2-10）为闭口系统循环过程的热力学第一定律的表达式。它表明循环工作的热力

发动机，向外不断地输出机械功，必须消耗一定的热能。不消耗热能而不断地对外作功的机器是不可能存在的（即第一类永动机是不可能存在的）。

【例 2-1】 工质在某一过程中吸入了 60kJ 的热量，同时内能增加了 80kJ，问此过程是膨胀过程还是压缩过程？对外所作的功是多少？

【解】 取工质为闭口系统的分析对象，建立热力学第一定律的能量方程式。

设系统中气体为 m（kg），于是有

$$Q = \Delta U + W$$

由题知：

$$Q = +60\text{kJ}$$

$$\Delta U = +80\text{kJ}$$

故

$$W = +60 - 80 = -20\text{kJ}$$

由于功为负值，所以过程为压缩过程。外界对工质所作的功为 20kJ。

第三节　开口系统稳定流动能量方程式及工质的焓

上一节重点讨论了闭口系统的能量方程，而在实际工程中，常常以开口系统即以工质的流动来满足工程的要求。例如：水流过锅炉，制冷剂流过制冷压缩机，空气流过通风机、换热器等等，我们所研究的系统与外界之间不但有能量的转换，而且有物质的交换。因此，它们都可以看作为开口系统，热力学第一定律应用于开口系统的稳定流动过程的解析式称为稳定流动能量方程式。

一、开口系统边界的能量传递形式

分析开口系统的方法与上面讨论的闭口系统的情况一样也需要用一界面划出一个热力系统的范围，作为分析的对象，通常把这选定的空间区域称为控制体。例如图 2-3 所示，用假想的界面包围成为一个控制体，从图中可以看出有工质流进、出控制体，而控制体与外界有能量交换（以热和功的形式）。因此，控制体就是指在空间中用假想的界面划出的一定的空间体积，通过它的边界既有物质的流进和流出，也有能量的传递，故控制体为开口系统。

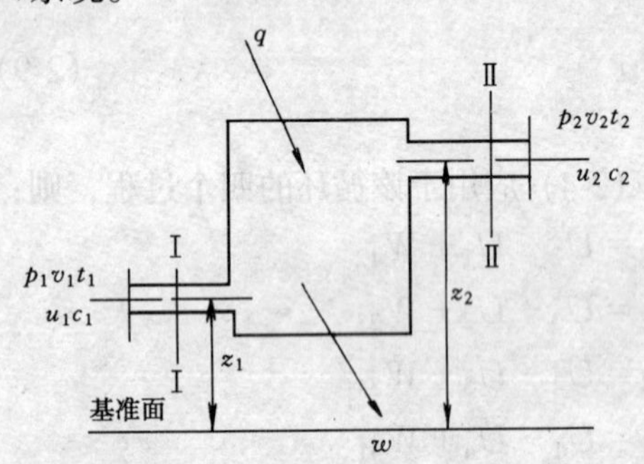

图 2-3　稳定流动热力系统示意

热力机械和设备的正常运行时都属于稳定工况。在稳定工况下，流动工质在各个截面上的状态参数保持不变，单位时间内流过各个截面的工质质量不变；系统与外界的功量和热量交换也不随着时间而改变。称这种工况为稳定流动。

假定在同一时间内，有 1kg 质量的工质通过截面Ⅰ-Ⅰ流入系统，同时有 1kg 质量的工质通过截面Ⅱ-Ⅱ流出系统。

外界对系统加入热量 q，工质对外界作的功量为 w，流经Ⅰ-Ⅰ截面的工质状态参数为：p_1，t_1，v_1，u_1，流速 c_1，截面积为 f_1；流经Ⅱ-Ⅱ截面的工质状态参数为：p_2，t_2，v_2，u_2，流速 c_2，截面积为 f_2。

根据式（1-12）流入Ⅰ-Ⅰ截面时，工质的能量为内能 u_1，外界将工质推入系统所作

的推动功为 p_1v_1，工质所具有的动能为$\frac{c_1^2}{2}$，工质所具有的重力位能为 gz_1。工质流出Ⅱ-Ⅱ截面时，所具有的能量为内能 u_2，推动功为 p_2v_2，工质所具有的动能为$\frac{c_2^2}{2}$和重力位能 gz_2。

对移动 1kg 工质进出开口系统其流动净功为

$$w_f = p_2v_2 - p_1v_1 \tag{2-11}$$

二、开口系统能量方程

根据能量守恒和转换定律，工质流入系统的能量总和应等于流出系统的能量总和，即

$$u_1 + p_1v_1 + \frac{c_1^2}{2} + gz_1 + q = u_2 + p_2v_2 + \frac{c_2^2}{2} + gz_2 + w \tag{2-12}$$

$$q = (u_2 + p_2v_2) - (u_1 + p_1v_1) + \frac{c_2^2 - c_1^2}{2} + g(z_2 - z_1) + w \tag{2-13}$$

式（2-13）中等式右边第一、第二项括号内的 u、p 和 v 都是状态参数，令

$$h = u + pv \tag{2-14}$$

则 h 也一定是状态参数，这个参数叫焓，单位为 J/kg。

因此

$$q = (h_2 - h_1) + \frac{c_2^2 - c_1^2}{2} + g(z_2 - z_1) + w \tag{2-15}$$

式（2-15）就是稳定流动的能量方程式，也称为开口系统热力学第一定律能量方程式。

对于质量为 m（kg）的工质，焓用 H 来表示，单位是焦耳，J。于是

$$H = mh = U + pV \tag{2-16}$$

对于 m（kg）的工质式（2-15）可写成：

$$Q = (H_2 - H_1) + m\frac{c_2^2 - c_1^2}{2} + mg(z_2 - z_1) + W \tag{2-17}$$

式中 Q——m（kg）工质与外界交换的热量，kJ；

W——m（kg）工质与外界交换的功量，kJ。

三、稳定流动方程式的应用

稳定流动方程式在工程上应用非常广泛。下面就供热通风与空调工程中典型的设备进行分析。

1. 气轮机

气轮机是利用工质在机器中进行膨胀获得机械功的设备，如图 2-4。由式（2-15）

$$q = (h_2 - h_1) + \frac{c_2^2 - c_1^2}{2} + g(z_2 - z_1) + w$$

因为进出口的高差一般很小，进出口的速度变化也不大，并且气体在气轮机中停留的时间很短，系统与外界的热交换也可忽略。

所以有

$$g(z_2 - z_1) \approx 0$$

$$\frac{c_2^2 - c_1^2}{2} \approx 0$$

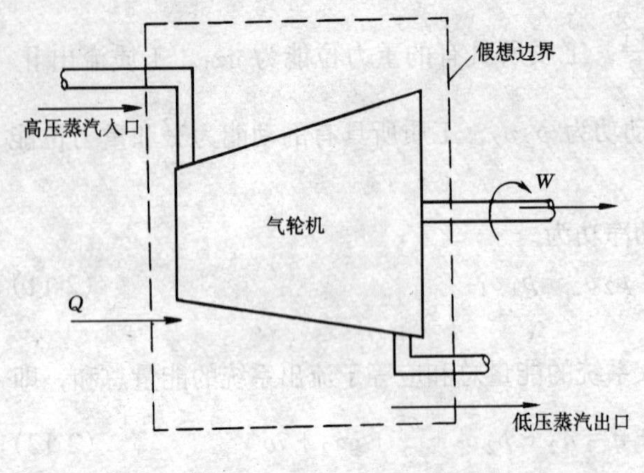

图 2-4　气轮机工作原理图

$$q \approx 0$$

故有：

$$w = h_1 - h_2 \tag{2-18}$$

由此得出，在气轮机中所作的轴功等于工质的焓降。

【例 2-2】　有一流体以 3m/s 的速度通过 7.62cm 直径的管路进入动力机，进口处介质的焓为 2558.6kJ/kg，内能为 2326kJ/kg，压力为 689.48kPa，而在动力机出口处介质的焓为 1395.6kJ/kg，如果忽略流体动能和重力位能的变化，试求动力机所发出的功率（假定该过程为绝热过程）。

【解】　由焓的定义式（2-14）知：

$$p_1 v_1 = h_1 - u_1 = 2558.6 - 2326 = 232.6\text{kJ/kg}$$

在进口处　$p_1 = 689.48\text{kPa}$

故　$v_1 = \dfrac{232.6}{689.48} = 0.3373\text{m}^3/\text{kg}$

进口管段的流通截面为：

$$f = \frac{\pi d^2}{4} = \frac{3.14 \times 0.0762^2}{4} = 0.0045\text{m}^2$$

所以流体的流量为

$$m = \frac{cf}{v} = \frac{3 \times 0.0045}{0.3373} = 0.04\text{kg/s}$$

当忽略动能和重力位能后，且在绝热流动过程中，则有

$$w = h_1 - h_2 = 2558.6 - 1395.6 = 1163\text{kJ/kg}$$

功率为

$$N = mw = 0.04 \times 1163 = 46.5\text{kW}$$

2. 压气机

压气机进出口高差一般都很小，进出口流速一般变化也不大，如果压缩过程可看作为绝热过程，应用式（2-15）

$$g\ (z_2 - z_1) \approx 0$$

$$\frac{c_2^2 - c_1^2}{2} \approx 0$$

$$q \approx 0$$

所以　$-w = h_2 - h_1$　(2-19)

故在叶轮式压气机中所消耗的绝热压缩功等于焓的增加。

【例 2-3】　某氟制冷压缩机，吸入 R12 的焓为 228.81kJ/kg，排出的焓为 351.48kJ/

kg，进入压气机的工质流量为200kg/h，试计算压气机压缩工质所需要的功率。

【解】 由于工质的流量为

$$m = 200\text{kg/h} = \frac{200}{3600} = 0.056\text{kg/s}$$

由式（2-19），压缩1kg氟气所需的功为

$$w = h_2 - h_1 = 351.48 - 228.81 = 122.67\text{kJ/kg}$$

所以，压气机所需的功率为

$$N = mw = 0.056 \times 122.67 = 6.87\text{kW}$$

3. 热交换器

热交换器是冷、热流体进行热量交换的设备，其分为表面式换热器（如锅炉、空气加热（冷却）器、蒸发器、冷凝器等）和混合式换热器。应用稳定流动能量方程式，可以解决这些换热器的热量计算问题。

（1）表面式换热器

由式（2-15），由于热交换器中，系统与外界之间没有功量交换

故 $$w = 0$$

在实际运行中，工质进出口的高差以及工质进出口的流速的差别都很小，可忽略不计。

故 $$g\ (z_2 - z_1) \approx 0$$

$$\frac{c_2^2 - c_1^2}{2} \approx 0$$

则有

$$q = h_2 - h_1 \tag{2-20}$$

所以有，在锅炉等热交换器中，工质所吸收的热量等于焓的增加量。

【例2-4】 某采暖用蒸汽锅炉的蒸发量为4t/h，锅炉给水的焓值为80kJ/kg，蒸汽的焓值为2736kJ/kg，若煤的发热量为20000kJ/kg，问锅炉每小时的耗煤量为多少？

【解】 根据式（2-20），每kg工质所吸收的热量为

$$q = h_2 - h_1 = 2736 - 80 = 2656\text{kJ/kg}$$

每小时工质所吸收的热量为

$$Q = 4 \times 1000 \times 2656 = 10.62 \times 10^6\text{kJ/h}$$

锅炉的耗煤量为

$$B = \frac{10.62 \times 10^6}{20000} = 531.2\text{kg/h}$$

（2）混合式换热器

混合式换热器也即是用冷、热两介质直接混合从而达到换热的目的。例如冷却塔、冷

热水混合器等。

由于混合过程很短，可以认为系统与外界无热量交换，即

$$Q=0$$

又混合前后的流速以及进出口的高差变化都不大，即

$$g\ (z_2-z_1)\ \approx 0$$

$$\frac{c_2^2-c_1^2}{2}\approx 0$$

且系统与外界无功量交换

$$W=0$$

故 $m_3h_3-\ (m_1h_1+m_2h_2)\ =0$

即 $m_3h_3=m_1h_1+m_2h_2$ (2-21)

根据物质守恒定律 $m_3=m_1+m_2$

所以

$$h_3=\frac{m_1h_1+m_2h_2}{m_1+m_2} \tag{2-22}$$

【例 2-5】 某汽水混合式换热器以 0.3MPa 绝对压力的饱和蒸汽（$h_1=2725.5\text{kJ/kg}$）加热 20℃的水（$h_2=84.2\text{kJ/kg}$）至 70℃（$h_3=293.2\text{kJ/kg}$），试计算每加热 1kg 水所需的蒸汽量。

【解】 根据物质守恒定律：

$$m_3=m_1+m_2$$

所以 $1\text{kg}=m_1+m_2$

根据式（2-21）

$$m_1=\frac{h_3-h_2}{h_1-h_2}=\frac{293.2-84.2}{2725.5-84.2}=0.079\text{kg/kg}$$

小　结

本章介绍了热力学第一定律以及具体应用。

1. 闭口系统热力学第一定律：$q=\Delta u+w$

$$\delta q=\mathrm{d}u+\delta w$$

2. 稳定流动热力学第一定律：$q=\ (h_2-h_1)\ +\frac{c_2^2-c_1^2}{2}+g\ (z_2-z_1)\ +w$

习　题　二

1. 开口系统中焓有何物理意义？在闭口系统中又如何？

2. 说明以下结论是否正确：

(1) 气体吸热后一定膨胀，内能一定增加。

(2) 气体膨胀时一定做功。

(3) 气体压缩时一定消耗外功。

3. “任何没有体积变化的过程就一定不对外做功”这种说法对否？

4. 解释式（2-6）、式（2-7）、式（2-15）各式及式中各项的物理意义。

5. 气体在某一过程中吸入热量 12kJ，同时内能增加 20kJ。问此过程为膨胀过程还是压缩过程？对外所作的功是多少？

6. 某气轮机，新蒸汽进入气轮机时的焓为 3235kJ/kg，乏气流出气轮机时的焓为 2305kJ/kg，若蒸汽流量为 10t/h，试求该气轮机的功率。

7. 氨制冷压缩机每小时消耗理论功为 1.6×10^5kJ，若吸入口处的介质焓为 218.3kJ/kg，进入压气机的流量为 150kg/h，试计算制冷机出口介质的焓。

8. 某采暖锅炉的蒸发量为 2t/h，水进入锅炉时的焓为 63kJ/kg，蒸汽流出时的焓为 2724kJ/kg，若燃用发热量为 23045kJ/kg 的煤，试求每小时锅炉的耗煤量。

9. 用 70℃ 的水（焓值为 293.2kJ/kg），加热自来水（焓值为 84.2kJ/kg），若要获得 45℃（焓值为 188.55kJ/kg）的洗澡水 200L，试问需要多少数量的 70℃ 的热水。

第三章　理想气体的热力性质及热力过程

在热力工程中，系统与外界的能量交换是通过热力过程来实现的。实际过程是多种多样的，有一些比较复杂，而有一些则比较简单。热力学的方法是对复杂过程进行科学抽象，把实际复杂过程按其特点近似地简化为简单的过程，或几个简单过程的组合。本章就热力过程中，常用的理想气体这一热力简化模型，闭口系统的定容、定压、等温、绝热四种基本热力过程及多变过程的特性进行讨论。

第一节　理想气体状态方程

一、理想气体与实际气体

根据分子论的观点可知，气体是由大量的、不停的杂乱运动的分子组成。气体的分子之间存在着吸引力，且本身具有一定的体积，但是，气体分子之间的平均距离相对于分子本身来说是很大的，故气体分子之间的相互吸引力很小，分子本身所占有的体积比气体的容积也小的多。

当以气体作为工质时，由于实际气体具有极其复杂的物理性质，很难找出分子运动的规律，为了便于分析得出较为普遍的规律，在热力学中引入理想气体概念。

所谓理想气体是指气体分子本身不占有体积，分子之间完全没有引力的气体。实际上,它是一种假想气体,是一种抽象的热工模型。对实际气体,当气体分子本身的体积与整个气体的容积比较起来很微不足道,而且气体分子的平均距离相当大,分子之间的吸引力可忽略不计时,这种气体就可近似地认为是理想气体。例如空气、氧气、氮气、一氧化碳、烟气等均可近似认为是理想气体,实践证明,把以上气体作为理想气体来研究,误差很小。

实践还证明，若气体温度不太低，压力不太高，且比容较大，距液化点越远，该气体就越接近于理想气体。例如氧气，在标准大气压下，沸点为 -182.5℃，在常温下的氧气距液化点很远，我们就可以把常温下的氧气视为理想气体。反之，若气体温度很低，压力很高，比容较小，且状态距液化点很近，则此时的气体就不能视作理想气体，而应以实际气体对待，例如蒸汽锅炉中产生的饱和水蒸气，制冷机中的制冷剂蒸气等，都应视作实际气体。对于空气和烟气中的水蒸气，由于压力很小，比容大，可视作理想气体。

在实际工程中，能否将气体视作为理想气体，则要看气体所处的状态，以及工程计算所要求的精度来确定。

二、理想气体的状态方程

根据分子运动理论，根据式（1-4）理想气体作用于容器壁上的压力等于单位容积内所含分子的平均动能的 2/3，即

$$p=\frac{2}{3}n\frac{m\overline{\omega}^{2}}{2} \tag{1}$$

以比容 v 和气体分子数表示分子浓度，则

$$n=\frac{N'}{v} \tag{2}$$

式中　N'——1kg 质量气体的分子数，对于一定的气体，N'为常数，将式（2）代入式（1）则有

$$p=\frac{2}{3}\frac{N'}{v}\frac{m\overline{\omega}^2}{2} \tag{3}$$

将式（1-1）代入式（3）得

$$p=\frac{2}{3}\frac{N'}{v}BT \tag{4}$$

则有

$$pv=\frac{2}{3}N'BT \tag{4'}$$

式（4′）中 N'和 B，对于一定的气体，都是常数，所以上式可写成

$$pv=RT \tag{3-1}$$

式中　p——气体绝对压力，Pa；

v——气体的比容，m^3/kg；

T——气体的热力学温度，K；

R——气体常数，$R=\frac{2}{3}N'B$，与气体性质无关，且与气体的状态无关，对不同的气体 R 值不同，单位为：N·m/（kg·K）或 J/（kg·K）。

式（3-1）为 1kg 理想气体的状态方程，它反映了理想气体在某一平衡状态下，压力 p、比容 v 和绝对温度 T 三个基本状态参数之间的关系。

对于质量为 m（kg）气体的状态方程，可将式（3-1）两边乘以 m 得：

$$pvm=mRT$$

则有

$$pV=mRT \tag{3-2}$$

式中　V——m（kg）质量的气体所占有的容积，m^3。

【例 3-1】　试求标准状态下，空气的气体常数，已知标准状态下空气的密度为 $1.293kg/m^3$。（所谓的标准状态，是指压力在 1 标准大气压下，温度为 0℃时的空气状态，称为物理标准状态）

【解】　空气在标准状态下的参数值为：

$$p_0=1.10325\times10^5Pa$$

$$\rho_0=1.293kg/m^3$$

$$T_0=273.15K$$

由式（3-1）得：

$$R=\frac{p_0}{\rho_0 T_0}=\frac{1.01325\times10^5}{1.293\times273.15}=287J/（kg·K）$$

【例 3-2】　容积为 $2m^3$ 的压缩空气，容器上的压力表指针指示为 1.5MPa，此时温度为 30℃，试计算容器中空气的质量，若容器中气体被放出部分后，压力表指针变为 0.5MPa，温度不变，则被放出空气的质量为多少？（当地大气压为 735.6mmHg，空气的

气体常数 $R=287\text{J}/(\text{kg}\cdot\text{K})$）

【解】 由题意知：

$$p=735.6\times133.32+1.5\times10^6=1.5981\times10^6\text{Pa}$$

$$T=303\text{K}$$

$$R=287\text{J}/(\text{kg}\cdot\text{K})$$

根据式（3-2）

$$m=\frac{pV}{RT}=\frac{1.5981\times10^6\times2}{287\times303}=36.75\text{kg}$$

放气后：

$$p=0.5981\times10^6\text{Pa}$$

则有

$$m'=\frac{pV}{RT}=\frac{0.5981\times10^6\times2}{287\times303}=13.76\text{kg}$$

被放出空气的质量为：

$$m-m'=36.75-13.76=22.99\text{kg}$$

三、理想气体定律

在热工计算中，理想气体的状态方程应用非常广泛，科学工作者们对各种情况进行了具体的分析，下面就常用的几个方面进行讨论。

1. 对于一定量的气体工质，当温度不变的时候，根据状态方程式有

$$pv=RT$$

或

$$pV=mRT$$

得

$$pv=\text{常数} \tag{3-3}$$

或

$$p_1v_1=p_2v_2 \tag{3-3a}$$

$$pV=\text{常数} \tag{3-3b}$$

$$p_1V_1=p_2V_2 \tag{3-3c}$$

式（3-3）表明，对于一定量的理想气体，当温度不变时，压力与比容（或容积）成反比。这一结论称为波义耳—马略特定律。

2. 对于一定量的气体工质，当气体的比容或容积不变时，根据状态方程可有

$$\frac{p}{T}=\text{常数} \tag{3-4}$$

或

$$\frac{p_1}{T_1}=\frac{p_2}{T_2} \tag{3-4a}$$

$$\frac{p_1}{p_2}=\frac{T_1}{T_2} \tag{3-4b}$$

式（3-4）表明，当比容或容积不变时，理性气体的热力学温度与绝对压力成正比，这一结论称为查理斯定律。

3. 对于一定量的气体工质，当气体的压力不变时，气体的比容或容积与热力学温度之间的关系也可由状态方程式获得：

$$\frac{v}{T}=\text{常数} \tag{3-5}$$

$$\frac{V}{T}=\text{常数} \tag{3-5a}$$

$$\frac{v_1}{T_1}=\frac{v_2}{T_2} \tag{3-5b}$$

$$\frac{V_1}{T_1}=\frac{V_2}{T_2} \tag{3-5c}$$

式（3-5）表明，当压力不变时，气体的比容或容积与热力学温度成正比，这一结论称为盖·吕萨克定律。

4. 当一定量的气体工质，气体的三个基本状态参数都发生变化时，根据气体的状态方程可得：

$$R=\frac{p_1 v_1}{T_1}$$

$$R=\frac{p_2 v_2}{T_2}$$

所以
$$\frac{p_1 v_1}{T_1}=\frac{p_2 v_2}{T_2}=\text{常数} \tag{3-6}$$

对于质量为 m（kg）的气体则有

$$\frac{p_1 V_1}{T_1}=\frac{p_2 V_2}{T_2}=\text{常数} \tag{3-6a}$$

式（3-6）为理想气体状态方程的变形，也就是理想气体状态方程的另一种数学表达形式。它表明，理想气体的状态参数发生变化时，气体的压力和比容（或容积）的乘积与热力学温度的比值仍保持不变。也就是说，对于一定量的气体，当压力和温度不同时，其比容（或容积）也不同。

【例 3-3】 某容器装有 0.6m^3 的空气，压缩前的绝对压力为 $3\times10^5\text{Pa}$，压缩后的绝对压力为 $6\times10^5\text{Pa}$，若压缩前后的空气温度保持不变，试求压缩后空气的体积。

【解】 根据式（3-3c）得：

$$V_2=\frac{p_1 V_1}{P_2}=\frac{3\times10^5\times0.6}{6\times10^5}=0.3\text{m}^3$$

【例 3-4】 如右图所示一活塞，若忽略活塞与气缸的摩擦，初始状态时活塞中有 1.5m^3 的空气温度为 32℃，若活塞向右移动了原来的一倍，试问此时活塞中空气的温度在活塞中气体压力不变的条件下为多少？

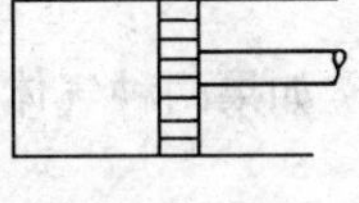

图 3-1 活塞模型

【解】 根据式（3-4b）得：

$$T_2=\frac{V_2 T_1}{V_1}=\frac{1.5\times2\times(32+273)}{1.5}=610\text{K}$$

即：
$$t_2=337℃$$

【例 3-5】 已知一煤气罐的承压能力为 3MPa（绝对压力），内装有煤气在常温下（20℃）由压力表测得 1.62MPa（$B=756$mmHg），若该煤气罐置于一高温环境下，试问该煤气罐的最高承受温度为多少？

【解】 根据式（3-5）得：

$$T_2=\frac{p_2T_1}{p_1}=\frac{3\times（20+273）}{1.62+756\times133.32\times10^{-6}}=510.81\text{K}$$

$$t_2=T_2-273=510.81-273=237.81℃$$

【例 3-6】 某离心风机在大气压为 101325Pa，温度为 20℃（该状态为常用工程测试状态）环境下测得风量为 $30000\text{m}^3/\text{h}$。若风机工作温度为 30℃，大气压力为 99309Pa，试求此时风机输送的质量与测定状况下质量相差多少？

【解】 测定状态下

$$\rho_0=\frac{p_0}{RT_0}=\frac{101325}{287\times（273+20）}=1.205\text{kg/m}^3$$

30℃，99309Pa 时：

$$\rho=\frac{p}{RT}=\frac{99309}{287\times（273+30）}=1.039\text{kg/m}^3$$

在不同状态下，风机的送风量可近似视为常量。

故有

$$m_0=\rho_0V_0=1.205\times30000=36150\text{kg/h}$$

$$m=\rho V=1.039\times30000=31170\text{kg/h}$$

两工况相差为

$$m_0-m=36150-31170=4980\text{kg/h}$$

从以上各例题中可以看出，在应用状态方程及气体定律进行计算时，首先气体应为理想气体或非常接近理想气体；其次气体的状态参数，压力应为绝对压力，且单位应统一，温度应为热力学温度。

四、阿佛加德罗定律

假设在两个容积分别为 V_1 和 V_2 的容器中，盛有两种不同的理想气体，一种气体的分子数为 N_1，另一种气体的分子数为 N_2。

根据公式（1-4），则作用于容器壁的压力分别为：

$$p_1=\frac{2}{3}n_1\frac{m_1\overline{\omega_1^2}}{2}=\frac{N_1}{V}\frac{m_1\overline{\omega_1^2}}{3}$$

$$p_2=\frac{2}{3}n_2\frac{m_2\overline{\omega_2^2}}{2}=\frac{N_2}{V_2}\frac{m_2\overline{\omega_2^2}}{3}$$

如果两种气体的温度和压力都相等，即

$$p_1=p_2$$

$$m_1\overline{\omega_1^2}=m_2\overline{\omega_2^2}$$

则

$$\frac{N_1}{V_1}=\frac{N_2}{V_2} \tag{3-7}$$

如果两种气体的容积也相等，则有：

$$N_1=N_2 \tag{3-7a}$$

式(3-7) 就是阿佛加德罗定律。它表明，在相同的压力和温度下，容积相等的两种理想气体，都包含有相等的分子数目。

根据阿佛加德罗定律可知：在同温同压下，同容积的各种理想气体，它们的质量之比等于分子量之比。即

$$m_1 = N_1\mu_1$$
$$m_2 = N_2\mu_2$$
$$N_1 = N_2$$

所以有

$$\frac{m_1}{m_2} = \frac{\mu_1}{\mu_2} \tag{3-8}$$

式中 μ_1、μ_2—— 分别代表两种气体的分子量。

式(3-8) 说明，在相同的温度和压力下，容积相等的任何两种气体，它们的质量之比等于分子量之比。也即是说，当两种气体在相同的温度和压力下，当它们的质量之比等于分子量之比时，则这两种气体的容积必定相等。

将式(3-8) 的左边分子分母分别除以容积则有：

$$\frac{m_1/V_1}{m_2/V_2} = \frac{\mu_1}{\mu_2}$$

即

$$\frac{\rho_1}{\rho_2} = \frac{\mu_1}{\mu_2} \tag{3-9}$$

式(3-9) 说明，两种理想气体在同温同压下，气体的密度与分子量成正比。这是阿佛加德罗定律的一个重要推论。

五、气体常数

气体常数 $R = \frac{2}{3}N'B$，因 1kg 质量各种气体所包含的分子数不同，故不同气体的 R 值也不同。

SI 规定物质的量的单位为摩尔(mol)，1mol = μ(g)。例如氮气的分子量为 28，则质量为 28g 的氮便是 1mol 的氮。1mol 的 1000 倍便是千摩尔(kmol)。1kmol 的物质也就是具有 μ(kg) 的物质量。

对于 1kmol 气体的状态方程式可表达为：

$$pV_\mu = R_0 T \tag{3-10}$$

式中 V_μ——1kmol 气体的容积，$V_\mu = \mu v$，称为摩尔容积；

R_0—— 为通用气体常数，其值与气体性质和状态均无关。

$$R_0 = \mu R \text{J/(kmol·K)}。$$

根据阿佛加德罗定律，对于所有的理想气体，在标准状态下，气体的摩尔容积均相等。

实验表明，理想气体在标准状态下的摩尔容积为：

$$V_\mu = \mu v_0 = 22.4\text{m}^3/\text{kmol} \tag{3-11}$$

将式(3-11) 及标准状态下的压力和温度参数带入式(3-10) 则有

$$R_0 = \mu R = \frac{p_0 V_\mu}{T_0} = \frac{101325 \times 22.4}{273.15} = 8314.41\text{J/(kmol·K)}$$

由此可得出 1kg 的各种气体的气体常数 R，即

$$R = \frac{8314.41}{\mu}\text{J/(kg·K)} \tag{3-12}$$

几种常见的气体常数见表 3-1。

几种常见的气体常数 **表 3-1**

物质名称	分子式	分子量	R [J/(kg·K)]	物质名称	分子式	分子量	R [J/(kg·K)]
氢	H_2	2.016	4124.0	氮	N_2	28.013	296.8
氦	H_e	4.003	2077.0	一氧化碳	CO	28.011	296.8
甲烷	CH_4	16.043	518.3	二氧化碳	CO_2	44.010	188.9
氨	NH_3	17.031	488.2	氧	O_2	32.0	259.8
水蒸气	H_2O	18.015	461.5	空气		28.97	287.0

【例 3-7】 试计算标准状态下氧气的比容和密度。

【解】 由表 3-1 查得氧气的分子量为 32，根据式（3-11）则有

$$v_{0.O_2}=\frac{22.4}{\mu}=\frac{22.4}{32}=0.7\text{m}^3/\text{kg}$$

$$\rho_{0.O_2}=\frac{1}{0.7}=1.428\text{kg/m}^3$$

【例 3-8】 试求绝对压力为 0.6MPa，温度为 1000K，质量为 64kg 的氧气所占有的容积和千摩尔容积。

【解】 64kg 氧气的千摩尔数为：

$$M=\frac{m}{\mu}=\frac{64}{32}=2\text{kmol}$$

根据气体的状态方程：$PV=mRT=M\mu RT$

$$V=\frac{M\ (\mu R)\ T}{p}=\frac{2\times8314\times1000}{6\times10^5}=27.7\text{m}^3$$

千摩尔容积为

$$\mu v=\frac{V}{M}=\frac{27.7}{2}=13.86\text{m}^3/\text{kmol}$$

由上例题可见，理想气体在非标准状态下，气体的千摩尔容积就不是 22.4m³。

第二节 理想气体的比热

在实际工程中，经常用到热量计算。本节就比热的概念、利用比热进行热量计算等内容进行讨论。

一、比热

比热是表明物体吸热或放热特性的重要物理量，是单位数量的物体温度升高（或降低）1K（或 1℃）所需吸收（或放出）的热量。其定义式可表示为：

$$c=\frac{\delta q}{\text{d}T} \tag{3-13}$$

比热的单位取决于热量和物量的单位。表示物量的单位不同，比热的单位也不同。对于固体和液体来说，物量单位常用质量（kg）来表示，而对于气体除了用质量（kg）来表示外，还常用容积（m³），和千摩尔（kmol）作为单位。因此相应有质量比热、容积比

热和摩尔比热之分。

1. 质量比热

质量比热是表示 1kg 质量的工质，温度升高（或降低）1K 时，所需要吸收（或放出）的热量，常用符号 c 表示，单位为 kJ/（kg·K）。

2. 容积比热

容积比热是表示 1 标准 m^3 的气体温度升高（或降低）1K 时，所需要吸收（或放出）的热量，常用符号 c' 表示，单位为 kJ/（m_0^3·K）。在这里气体的体积为标准体积，用 m_0^3 表示，因为气体的容积随温度和压力的变化而变化的。

3. 摩尔比热

摩尔比热是表示 1kmol 的工质温度升高（或降低）1k 时所吸收（或放出）的热量，以符号 μ_C 表示，单位为 kJ/（kmol·K）。

三种比热的换算关系为：

$$c' = \frac{\mu_C}{22.4} = c\rho_0 \tag{3-14}$$

式中　ρ_0——工质在标准状态下的密度，kg/m_0^3。

比热是物质的重要热力性质之一。它与物质的性质、过程的特性和所处的状态有关。下面我们就进行分别讨论。

二、定容比热和定压比热

前面讲过气体的比热与热力过程的特性有关。在工程上定容加热过程和定压加热过程应用非常广泛，因此相应地有定容比热和定压比热之分。定容比热的符号为 c_v、c_v'、μ_{C_v}，定压比热的符号为 c_p、c_p'、μ_{C_p}。分别叙述如下：

1. 定容比热

在闭口系统中，进行一定容过程。根据热力学第一定律，因为 $dv = 0$，故

$$\delta q_v = du_v \tag{3-15}$$

很显然，在定容过程中气体不能对外作功，所以加入系统的热量将完全用来增加气体分子的动能而使气体的温度升高。

对于理想气体在状态变化过程中，经过推导则有

$$du_v = c_v dT \tag{3-16}$$

2. 定压比热

在闭口系统中，假定进行一定压过程。根据热力学第一定律有

$$\delta q = du + p dv$$

显然，在定压过程中，气体具有膨胀功，加入系统的热量除了用来增加气体分子的动能外，还应克服外力而作功，因此对同样质量的气体升高同样的温度，在定压过程中，所需加入的热量要比定容过程为多。

对于理想气体，在定压工程中，经过推导则有

$$\delta q_p = dh_p = c_p dT \tag{3-17}$$

三、影响比热的因素

影响工质比热的主要因素，除气体工质的热力过程外，还有工质性质、气体的压力和

温度。

1. 工质的性质

对于不同的工质，其分子结构不同，分子量也不同，因此各自的比热数值也不同。常见工质的定值比热值见表 3-2。

2. 气体的压力和温度

理想气体的比热只是温度的单值函数，即 $c=f(t)$，而与压力无关。而实际气体的比热则同时受压力和温度的影响，是温度和压力的函数，即 $c=f(p, t)$。

经过研究表明，对于理想气体凡是原子数目相同的气体，它们的摩尔比热均相同。

理想气体定压和定容过程的摩尔比热列于表 3-3。

常见工质在常温下的定值比热 **表 3-2**

工质名称	比热 [kJ/(kg·K)]	工质名称	比热 [kJ/(kg·K)]	工质名称	比热 [kJ/(kg·K)]
玻璃	0.628	铝	0.879	空气	1.005
混凝土	0.879	冰	2.095	二氧化碳	0.838
铁	0.641	水	4.187	氮气	1.047
钢	0.502	酒精	2.430	氧气	0.921
铜	0.389	水银	0.138		

理想气体的定压摩尔比热和定容摩尔比热 **表 3-3**

气体种类	定容摩尔比热 μC_v [kJ/(kmol·K)]	定压摩尔比热 μC_p [kJ/(kmol·K)]	气体种类	定容摩尔比热 μC_v [kJ/(kmol·K)]	定压摩尔比热 μC_p [kJ/(kmol·K)]
单原子气体	12.560	20.934	多原子气体	29.307	37.681
双原子气体	20.934	29.307			

由表 3-3 中可以看出，对于原子数目相同的气体，定压摩尔比热与定容摩尔比热的差值为 8.374kJ/(kmol·K)，即

$$\mu_{C_p}-\mu_{C_v}=8.374\text{kJ/(kmol·K)} \tag{3-18}$$

【例 3-9】 利用表 3-3 计算氧气的定压质量比热，定压容积比热，定容质量比热，定容容积比热。

【解】 氧气的分子量 $\mu=32$，为双原子分子气体。

由表 3-3 查得
$$\mu_{C_p}=29.307\text{kJ/(kmol·K)}$$
$$\mu_{C_v}=20.934\text{kJ/(kmol·K)}$$

故定压质量比热

$$c_p=\frac{\mu_{C_p}}{\mu}=\frac{29.307}{32}=0.916\text{kJ/(kg·K)}$$

定压容积比热：
$$c_v'=\frac{\mu_{C_p}}{22.4}=\frac{29.307}{22.4}=1.308\text{kJ/(m}_0^3\text{·K)}$$

定容质量比热：
$$c_v=\frac{\mu_{C_v}}{\mu}=\frac{20.934}{32}=0.654\text{kJ/(kg·K)}$$

定容容积比热：
$$c_v'=\frac{\mu_{C_v}}{22.4}=\frac{20.934}{22.4}=0.935\text{kJ/(m}_0^3\text{·K)}$$

四、真实比热和平均比热

实际上气体的比热是随着气体所处的状态不同而有不同的数值。一般来说，压力和比容对气体比热的影响不大，在一般情况下往往可以忽略，而温度的影响则很大。气体比热随温度的变化在 c-t 坐标系中，可以表示为一条曲线 AB，如图 3-2 所示。

由图中可以看出，气体在每一温度下，都对应一不同的比热值，例如温度为温度为 t_1，相应的比热为 c_1；t_2 对应于 c_2。这种相应于每一个温度下的气体比热称为气体的真实比热。

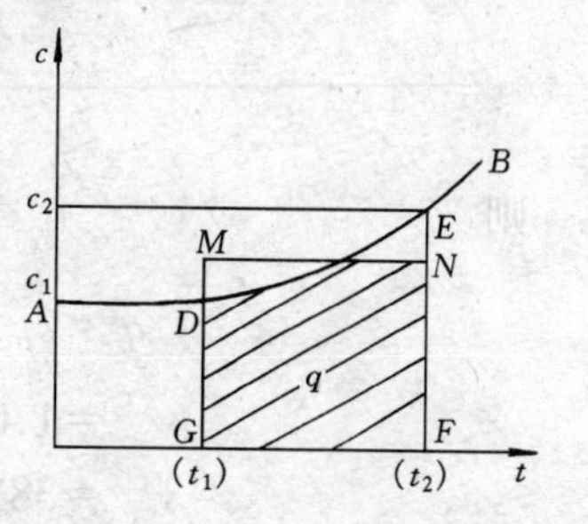

图 3-2　比热与温度的关系

从数学概念上讲，真实比热有如下的定义式

$$c=\frac{dq}{dt} \tag{3-19}$$

上式可表述为，在一定的温度下质量为 1kg 的气体，在任意微小过程中加入（或放出）dq 热量，使温度升高（或降低）dt，则 dq 与 dt 的比值即为气体在该温度时的真实比热。

利用式（3-19）对 1kg 质量的气体，当温度由 t_1 升高到 t_2 时，所需要的热量为

$$q=\int_{t_1}^{t_2} c\,dt(\mathrm{kJ/kg}) \tag{3-20}$$

利用式（3-20）进行积分，由数学知识可知，结果为图 3-2 中的阴影部分面积，即面积 $DEFGD$。

在实际工程中，为了简化计算，常常用图 3-2 中面积 $GMNFG$ 来近似代替面积 $DEFGD$，即

$$q=\int_{t_1}^{t_2} c\,dt=c_{m}\Big|_{t_1}^{t_2}(t_2-t_1) \tag{3-21}$$

式中　$c_{m}\Big|_{t_1}^{t_2}$——气体在 t_1 至 t_2 温度间隔内的平均比热。

为了在工程中较方便的列出平均比热数值现将式（3-21）变形为

$$q=\int_{t_1}^{t_2} c\,dt=\int_{0}^{t_2} c\,dt-\int_{0}^{t_1} c\,dt$$

则有

$$q=c_{m}\Big|_{t_1}^{t_2}(t_2-t_1)=c_{m}\Big|_{0}^{t_2}t_2-c_{m}\Big|_{0}^{t_1}t_1 \tag{3-22}$$

式中　$c_{m}\Big|_{0}^{t_1}$——温度由 0（℃）至 t_1（℃）范围内的平均比热；

$c_{m}\Big|_{0}^{t_2}$——温度由 0（℃）至 t_2（℃）范围内的平均比热。

根据实验和理论计算求得的常用气体的真实比热和平均比热 $c_{m}\Big|_{0}^{t}$ 值见附录 3-1～7。

【例 3-10】　某锅炉空气预热器中测温仪表显示，空气温度由 1 点 30℃经过一段距离

后到达 2 点温度升为 400℃，若空气流量分别为 $1000m^3/h$ 和 10kg/h 试计算空气所吸收的热量。

【解】 (1) 由附录 3-4 查得平均定压质量比热为

$$c_m\Big|_0^{30}=1.004\text{kJ}/(\text{kg·K})$$

$$c_m\Big|_0^{400}=1.028\text{kJ}/(\text{kg·K})$$

则

$$q=c_m\Big|_0^{t_2}t_2-c_m\Big|_0^{t_1}t_1$$

$$=1.028\times400-1.004\times30$$

$$=381.062\text{kJ/kg}$$

$$Q=mq=10\times381.062=3810.62\text{kJ/h}$$

(2) 由附录 3-6 查得平均定压容积比热为

$$c'_m\Big|_0^{30}=1.298\text{kJ}/(\text{m}^3\text{·K})$$

$$c'_m\Big|_0^{400}=1.329\text{kJ}/(\text{m}^3\text{·K})$$

$$Q=Vq=V\left(c'_m\Big|_0^{400}t_2-c'_m\Big|_0^{30}t_1\right)$$

$$=1000\times(1.329\times400-1.298\times30)$$

$$=492660\text{kJ/h}$$

★第三节　混　合　气　体

在工程中，应用广泛的气体通常不是单质气体，而是由几种气体混合组成的混合气体。例如在空调、通风工程中，常用的空气是由氮气（N_2）、氧气（O_2）以及少量的水蒸气（H_2O）、二氧化碳（CO_2）、惰性气体等所组成。又如燃料在锅炉中燃烧产生的烟气是由二氧化碳（CO_2）、水蒸气（H_2O）、一氧化碳（CO）、二氧化硫（SO_2）等成分组成的混合气体等等。因此为了明确混合气体的热力学性质，本节主要研究由理想气体组成的混合气体的性质、热力过程、热量计算等。

由于混合气体的各组成气体均为理想气体，故混合气体也可以看成为理想气体。

一、混合气体的基本概念

由几种性质不同单质气体相互混合组成的气体，即为混合气体，混合气体的性质决定于混合气体中各组成气体的成分及其热力性质，若各混合气体的组分均为理想气体，且各组成成分之间不发生化学反应，因此，混合气体中各分子就都不占有体积，分子之间也无相互作用力。混合气体就具有理想气体的性质，并遵循理想气体的状态方程。

1. 混合气体的分压力

所谓分压力，就是假定混合气体中各组成气体单独存在，并且具有与混合气体相同的温度及容积时，给予容器壁的压力，如图 3-3 所示。

根据道尔顿定律，混合气体的总压力 p，等于各组成气体分压力 p_i 之和。即

$$p = p_1 + p_2 + \cdots\cdots + p_n = \sum_{i=1}^{n} p_i \quad (3\text{-}23)$$

2. 混合气体的分容积

所谓分容积，是假定把混合气体中各组成成分分离出来后，分别盛在几个容器中，而且各组成成分保持着与混合气体相同的压力和温度，这时各组成成分所占有的容积称为分容积，如图 3-3*d*、*e* 所示。

混合气体的总容积和分容积之间的关系，可以引用理想气体状态方程式和道尔顿定律推导出来。

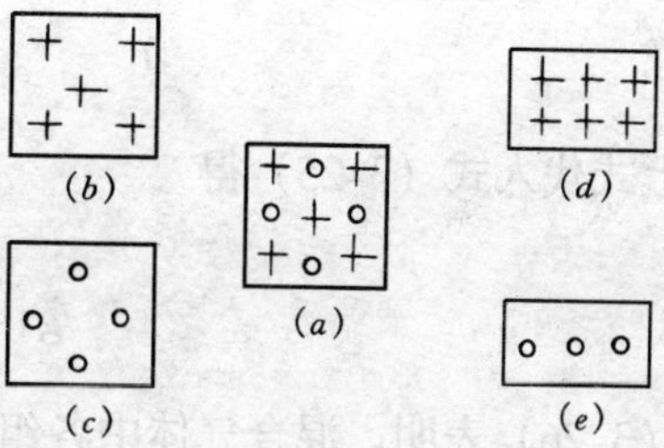

(*b*) (*a*) (*d*) (*c*) (*e*)

图 3-3　混合气体的分压力与分容积示意图

根据理想气体的状态方程式，从图 3-3*b*、*d* 可知

$$p_1 V = m_1 R_1 T \qquad pV_1 = m_1 R_1 T$$

故

$$p_1 V = pV_1 \quad (a)$$

同理，从图 3-3*c*、*e* 可知

$$p_2 V = pV_2 \quad (b)$$

由式（*a*）、（*b*）可得

$$V_1 + V_2 = \frac{p_1 V + p_2 V}{p} = \frac{p_1 + p_2}{p} V$$

根据道尔顿定律知

$$p = p_1 + p_2$$

故有

$$V = V_1 + V_2$$

其普遍式可以表述为

$$V = V_1 + V_2 + \cdots\cdots + V_n = \sum_{i=1}^{n} V_i \quad (3\text{-}24)$$

上式表明，混合气体的总容积 V，等于各组成气体分容积 V_i 之和。

二、混合气体成分的表示

混合气体中各组成气体所占的份额叫混合气体的组成成分。对应于不同的物量单位，组成成分也不相同。

混合气体的组成成分有三种表示方法：质量成分、容积成分、摩尔成分。

1. 质量成分

设混合气体的质量为 m，各组成气体的质量为 m_1、m_2、$\cdots\cdots m_n$，很显然

$$m = m_1 + m_2 + \cdots\cdots + m_n$$

将上式两边同除以 m，则

$$\frac{m_1}{m} + \frac{m_2}{m} + \cdots\cdots + \frac{m_n}{m} = 1 \quad (3\text{-}25)$$

在混合气体中，任何一种组成气体的质量与混合气体的总质量之比，称为该组成气体的质量成分，用符号 g_i 表示，即

$$g_1 = \frac{m_1}{m} \quad g_2 = \frac{m_2}{m} \cdots\cdots \quad g_n = \frac{m_n}{m}$$

$$g_i = \frac{m_i}{m}$$

将上式代入式（3-25）得

$$g_1 + g_2 + \cdots\cdots + g_n = \sum_{i=1}^{n} g_i \quad (3\text{-}26)$$

式（3-26）表明，混合气体中各组成气体的质量成分之和等于1。

2. 容积成分

混合气体中各组成气体的分容积与混合气体的总容积之比称为该组成气体的容积成分。用符号 r_i 表示，则

$$r_1 = \frac{V_1}{V} \quad r_2 = \frac{V_2}{V} \cdots\cdots r_n = \frac{V_n}{V}$$

由式（3-24）知

$$V = V_1 + V_2 + \cdots\cdots + V_n = \sum_{i=1}^{n} V_i$$

故有 $$r_1 + r_2 + \cdots\cdots + r_n = \frac{V_1 + V_2 + \cdots\cdots + V_n}{V} = 1$$

即 $$r_1 + r_2 + \cdots\cdots + r_n = \sum_{i=1}^{n} r_i \quad (3\text{-}27)$$

式（3-27）表明，混合气体中各组成气体的容积成分之和等于1。

3. 摩尔成分

混合气体中各组成气体的摩尔数与混合气体的总摩尔数的比值称为摩尔成分，用符号 x_i 表示，即

$$x_1 = \frac{M_1}{M} \quad x_2 = \frac{M_2}{M} \cdots\cdots x_n = \frac{M_n}{M}$$

很显然混合气体的总摩尔数等于各组成气体的摩尔数之和，即

$$M = M_1 + M_2 + \cdots\cdots + M_n = \sum_{i=1}^{n} M_i$$

所以

$$x_1 + x_2 + \cdots\cdots + x_n = \frac{M_1 + M_2 + \cdots\cdots + M_n}{M} = 1$$

即

$$x_1 + x_2 + \cdots\cdots + x_n = \sum_{i=1}^{n} x_i = 1 \quad (3\text{-}28)$$

式（3-28）说明混合气体中各组成气体摩尔成分之和等于1。

4. 各组成成分之间的换算关系

1）质量成分与容积成分的换算

根据

$$r_i = \frac{V_i}{V} \quad \rho_i = \frac{m_i}{V_i} \quad 可知$$

$$r_i = \frac{V_i}{V} = \frac{\frac{m_i}{\rho_i}}{\frac{m}{\rho}} = \frac{m_i}{m}\frac{\rho}{\rho_i} = g_i \frac{\rho}{\rho_i}$$

式中 ρ_i——混合气体中某组成气体的密度；

ρ——混合气体的密度。

根据阿佛加得罗定律，在同温同压下，气体的密度与分子量成正比。所以

$$r_i = g_i \frac{\rho}{\rho_i} = g_i \frac{\mu}{\mu_i} = g_i \frac{R_i}{R} \tag{3-29}$$

式中 μ_i——混合气体中某组成气体的分子量；

μ——混合气体的平均分子量；

R_i——混合气体中某组成气体的气体常数；

R——混合气体的气体常数。

2）摩尔成分与容积成分的关系

根据阿佛加得罗定律，在同温同压下，任何气体的摩尔容积均相等，即

$$(\mu v)_i = \mu v$$

式中 μv——混合气体的摩尔容积；

$(\mu v)_i$——某组成气体的摩尔容积。

所以

$$x_i = \frac{M_i}{M} = \frac{M_i\ (\mu v)_i}{M\ (\mu v)} = \frac{V_i}{V} = r_i \tag{3-30}$$

由此可见，混合气体的容积成分与摩尔成分在数值上是相等的。

三、混合气体的平均分子量及气体常数

混合气体是由多种气体组成的混合物，不能用一个分子式来表示它的化学成分，因此混合气体也就没有真正的分子量，为了混合气体能够应用理想气体状态方程式进行计算，常常把混合气体作为一种气体来对待，引进一个假想的平均分子量，且总质量与实际混合气体总质量相等。

1. 混合气体的分子量

混合气体的总质量与混合气体的摩尔数之比也就相当于混合气体的分子量，称为混合气体的平均分子量 μ。

$$\mu = \frac{m}{M} = \frac{m}{\sum_{i=1}^{n} M_i} = \frac{1}{\sum_{i=1}^{n} \frac{m_i}{\mu_i m}} = \frac{1}{\sum_{i=1}^{n} \frac{g_i}{\mu_i}} \tag{3-31}$$

将式（3-29）带入式（3-31）则有

$$\mu = \sum_{i=1}^{n} \mu_i r_i \tag{3-32}$$

式中 m 为混合气体的总质量，M 为混合气体的千摩尔数。

式（3-32）表明混合气体的平均分子量，等于各组成气体分子量和它们相对的容积成分（或摩尔成分）乘积的总和。

2. 混合气体的气体常数

根据图 3-3*bc*，对混合气体各组成气体，可以写出各自的状态方程式

$$p_1 V = m_1 R_1 T$$

$$p_2 V = m_2 R_2 T$$

$$\cdots\cdots\cdots\cdots$$

$$p_n V = m_n R_n T$$

将以上各式相加，得

$$(p_1 + p_2 + \cdots\cdots + p_n)\ V = (m_1 R_1 + m_2 R_2 + \cdots\cdots + m_n R_n)\ T$$

或写成

$$pV = mRT$$

上式中

$$mR = m_1 R_1 + m_2 R_2 + \cdots\cdots + m$$

所以

$$R = \sum_{i=1}^{n} \frac{m_i}{m} R_i = \sum_{i=1}^{n} g_i R_i \tag{3-33}$$

式（3-33）表明，混合气体的气体常数等于各组成气体的质量成分与其气体常数乘积的总和。

混合气体的气体常数，还可以根据 $\mu R = 8314\text{J}/(\text{kmol}\cdot\text{K})$ 和式（3-32）求得，即

$$R = \frac{8314}{\mu} = \frac{8314}{\sum_{i=1}^{n} r_i \mu_i} \text{J}/(\text{kmol}\cdot\text{K}) \tag{3-34}$$

四、分压力的确定

混合气体中各种组成气体的分压力，可以根据其质量成分和容积成分求得。

混合气体的组成气体的状态方程为

$$p_i V = m_i R_i T$$

混合气体的状态方程为

$$pV = mRT$$

两式相除得

$$p_i = p \cdot g_i \cdot \frac{R_i}{R} \tag{3-35}$$

将式（3-29）代入上式得

$$p_i = p r_i \tag{3-36}$$

上式表明，组成气体的分压力等于混合气体的总压力乘以该气体的容积成分。

五、混合气体的比热

混合气体的比热与它的组成成分有关。混合气体温度升高所需的热量，等于各组成气体相同温升所需热量之和。

若各组成气体的质量比热分别为 c_1，c_2，……，c_n，混合气体温度升高 $\mathrm{d}T$ 时，各组成气体所需热量为

$$\mathrm{d}Q_1 = c_1 m_1 \mathrm{d}T$$

$$\mathrm{d}Q_2 = c_2 m_2 \mathrm{d}T$$

$$\cdots\cdots\cdots\cdots$$

$$\mathrm{d}Q_n = c_n m_n \mathrm{d}T$$

将以上各式相加，即为混合气体温度升高 $\mathrm{d}T$ 所需的热量。

$$(c_1m_1 + c_2m_2 + \cdots\cdots + c_nm_n)\ dT = cm dT$$

所以，混合气体的质量比热为：

$$c = c_1g_1 + c_2g_2 + \cdots\cdots + c_ng_n = \sum_{i=1}^{n} g_ic_i \tag{3-37}$$

用同样的方法可得出混合气体的容积比热

$$c' = c'_1r_1 + c'_2r_2 + \cdots\cdots + c'_nr_n = \sum_{i=1}^{n} r_ic'_i \tag{3-38}$$

【例 3-11】 混合气体中，各组成气体的容积成分为 $r_{CO_2} = 12\%$；$r_{O_2} = 6\%$；$r_{N_2} = 75\%$；$r_{H_2O} = 7\%$。混合气体的总压力为 $p = 98066Pa$。求混合气体的平均分子量、气体常数及各组成气体的分压力。

【解】 根据

$$\mu = \sum_{i=1}^{n} r_i\mu_i = 0.12 \times 44 + 0.06 \times 32 + 0.75 \times 28 + 0.07 \times 18 = 29.46$$

$$R = \frac{8314}{29.46} = 282.2 J/(kg \cdot K)$$

$$p_{CO_2} = r_{CO_2}p = 0.12 \times 98066 = 11767.9 Pa$$

$$p_{O_2} = r_{O_2}p = 0.06 \times 98066 = 5883.96 Pa$$

$$p_{N_2} = r_{N_2}p = 0.75 \times 98066 = 73549.5 Pa$$

$$p_{H_2O} = r_{H_2O}p = 0.07 \times 98066 = 6864.62 Pa$$

【例 3-12】 混合气体的相对质量成分为空气 $g_1 = 95\%$，煤气 $g_2 = 5\%$。已知空气的气体常数为 $R_1 = 287J/(kg \cdot K)$，煤气的气体常数为 $R_2 = 400J/(kg \cdot K)$。试求混合气体的气体常数、相对容积成分和标准状态下的密度。

【解】 根据

$$R = \sum_{i=1}^{n} g_iR_i = 0.95 \times 287 + 0.05 \times 400 = 292.7 J/(kg \cdot K)$$

$$\mu = \frac{8314}{292.7} = 28.4$$

根据式

$$r_i = g_1\frac{R_1}{R} = 0.95 \times \frac{287}{292.7} = 0.932 = 93.2\%$$

$$r_2 = g_2\frac{R_2}{R} = 0.05 \times \frac{400}{292.7} = 0.068 = 6.8\%$$

$$\rho_0 = \frac{\mu}{22.4} = \frac{28.4}{22.4} = 1.268 kg/m^3$$

【例 3-13】 锅炉中的烟气在定压下温度由 200℃升高到 1100℃，试计算 1 标准立方米烟气所吸收的热量。已知烟气的容积成分为 $r_{CO_2} = 0.11$；$r_{O_2} = 0.05$；$r_{H_2O} = 0.09$；$r_{N_2} = 0.75$。

【解】 由附录 3-6 查得 200℃时各组成气体的平均定压容积比热为

$$c'_{CO_2} = 1.787 kJ/(m^3 \cdot K)$$

$$c'_{O_2} = 1.335 kJ/(m^3 \cdot K)$$

$$c'_{H_2O}=1.522\text{kJ/(m}^3\cdot\text{K)}$$
$$c'_{N_2}=1.304\text{kJ/(m}^3\cdot\text{K)}$$

1100℃时各组成气体的平均定压容积比热为

$$c'_{CO_2}=2.235\text{kJ/(m}^3\cdot\text{K)}$$
$$c'_{O_2}=1.489\text{kJ/(m}^3\cdot\text{K)}$$
$$c'_{H_2O}=1.750\text{kJ/(m}^3\cdot\text{K)}$$
$$c'_{N_2}=1.409\text{kJ/(m}^3\cdot\text{K)}$$

故烟气的定压容积比热为

$$c'\Big|_0^{200}=0.11\times1.787+0.05\times1.335+0.09\times1.522+0.75\times1.304=1.378\text{kJ/(m}^3\cdot\text{K)}$$

$$c'\Big|_0^{1100}=0.11\times2.235+0.05\times1.489+0.09\times1.750+0.75\times1.409=1.535\text{kJ/(m}^3\cdot\text{K)}$$

1 标准立方米烟气所吸收的热量：

$$Q=V_0\left(c'\Big|_0^{1100}t_2-c'\Big|_0^{200}t_1\right)=1\times(1.535\times1100-1.378\times200)$$
$$=1412.9\text{kJ}$$

第四节　理想气体的热力过程

热力工程中，系统与外界的能量交换是通过热力过程实现的。所谓的热力过程就是热力系统由一个平衡状态到另一个平衡状态连续不断的变化过程。实际的热力过程多种多样，有些复杂，有些简单。热力学对复杂过程进行科学抽象，把实际复杂过程按其特点近似地简化为简单过程，或几个简单过程的组合。本节将讨论闭口系统的定容、定压、等温、绝热四个基本热力过程以及多变过程的特性。

一、定容过程

气体的比容（或容积）保持不变，也就是闭口系统边界固定不变的状态变化过程。

定容过程的特性显示，定容过程的方程式为 $V=$常数，或 $v=$常数。

根据气体定律得

$$\frac{p_1}{T_1}=\frac{p_2}{T_2}$$

它在 p-v 图上可表示为一条平行于纵坐标轴的直线，如图 3-4 所示。

在定容过程中，虽然气体的状态发生了变化，但由于容积不变，所以系统和外界没有功量交换，即

$$w=\int_{v_1}^{v_2}p\mathrm{d}v=0$$

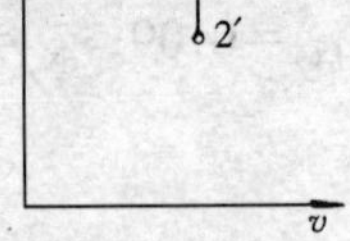

因此热力学第一定律解析式在定容情况下为

$$q_v=\Delta u+w=\Delta u \tag{3-39}$$

式（3-39）表明，在定容过程中，外界对气体加入的热量全部用来增加气体的内能，反之，气体对外放出的热量，也全部来自气体本身内能的减少。

图 3-4　定容过程的 p-v 图

定容过程的热量和内能的变化，可根据定容比热求得

$$q_v = \Delta u = c_v (T_2 - T_1) \ (\mathrm{kJ/kg}) \tag{3-40}$$

对于理想气体，内能是温度的单值函数，对应于一固定温度，内能就有一固定数值，而与其他参数无关，因此理想气体的内能变化，不论在何种过程，都可以用式（3-40）来求得。

在工程计算时，内能往往只需要求取内能的变化量，而无须求取内能的绝对值。为了计算方便起见，工程中常规定 0（K）（或 0℃）时的内能作为计算起点，即 $u_0=0$，于是

$$u = c_v T \quad 或 \quad u = c_v t \tag{3-41}$$

二、定压过程

定压过程是保持系统中气体压力不变的状态变化过程。供热通风工程中，有许多加热或放热过程都是在接近于定压情况下进行的，例如锅炉中烟气和锅水换热过程；表面式换热器的加热过程和冷却过程等等均为定压过程。

定压过程的过程方程式为　$p=$常数

根据气体定律有初、终状态参数关系式

$$\frac{v_1}{T_1} = \frac{v_2}{T_2}$$

定压过程在 p-v 图上，表示为一条平行于水平坐标轴的直线。

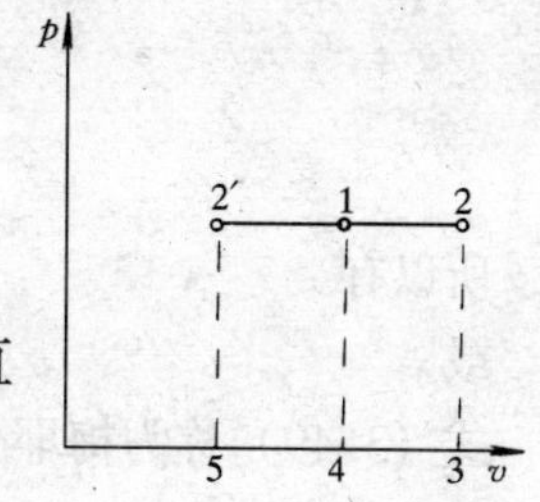

图 3-5　定压过程 p-v 图

定压过程气体所作的膨胀功为

$$w = \int_{v_1}^{v_2} p \mathrm{d}v = p(v_2 - v_1) \tag{3-42}$$

如图 3-5 所示 1-2 线段下面的面积（即 12341 所围成的面积）为气体所作的膨胀功。同理 1-2′线段下面的面积（即 12′541 所围成的面积）为气体所作的压缩功。

根据理想气体的状态方程式可得：

$$w = p (v_2 - v_1) = R (T_2 - T_1) \tag{3-43}$$

则

$$R = \frac{w}{T_2 - T_1} \tag{3-44}$$

式（3-44）表明，气体常数在数值上等于 1kg 的气体，在定压过程中，温度每升高 1℃（1K）时对外所作的功。

根据热力学第一定律闭口系统解析式可求得：

$$\begin{aligned} q_p &= \Delta u + w \\ &= (u_2 - u_1) + p (v_2 - v_1) \\ &= (u_2 + pv_2) - (u_1 + pv_1) \\ &= h_2 - h_1 \ (\mathrm{kJ/kg}) \end{aligned} \tag{3-45}$$

式（3-45）表明，定压过程加入或放出的热量，等于气体初、终状态的焓差。

根据定压比热的概念，则有

$$q_p = c_p (T_2 - T_1) \tag{3-46}$$

将式（3-46）带入式（3-45）得：

$$q_p = h_2 - h_1 = c_p (T_2 - T_1) = \Delta h = c_p \Delta T \tag{3-47}$$

对于理想气体，前面已经讲过，内能是温度的单值函数。再根据气体的状态方程式 $pv = RT$，压力 p 和比容 v 的乘积也取决于温度 T，所以焓（$h = u + pv$）也就只取决于温度，是温度的单值函数，而与过程无关。对任何过程，焓的变化均可用式（3-47）计算。

在工程计算中，如内能一样，焓值也只需计算其变化量，无须计算焓的绝对值。故在工程上常规定 0K（或 0℃）时的焓值为零，即

$$h = c_p T \quad 或 \quad h = c_p t \tag{3-48}$$

根据热力学第一定律解析式在定压过程中的表示

$$\begin{aligned} q_p &= \Delta u + w \\ &= c_v (T_2 - T_1) + R (T_2 - T_1) \\ &= (c_v + R)(T_2 - T_1) \\ &= c_p (T_2 - T_1) \end{aligned}$$

所以有

$$c_p = c_v + R$$

或

$$c_p - c_v = R \tag{3-49}$$

式（3-49）称为梅耶公式。它反映了对于理想气体在相同的温度变化过程中，定压比热永远大于定容比热。

三、等温过程

等温过程是系统中工质气体温度保持不变的状态变化过程。

等温过程的方程式为

$$T = 常数$$

$$pv = 常数$$

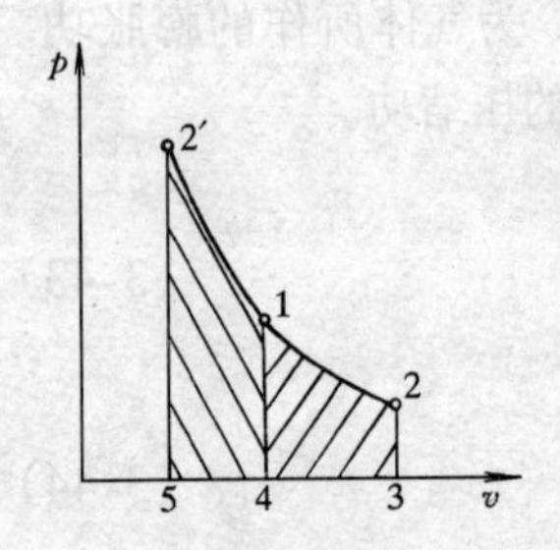

图 3-6　等温过程 p-v 图

如图 3-6 所示，等温过程在 p-v 图上的表示，图中 1-2 为等温加热过程，1-2′为等温冷却过程。

根据气体定律，过程的初、终状态关系为

$$\frac{p_2}{p_1} = \frac{v_1}{v_2}$$

上式表明，等温过程中气体的压力与比容成反比。当气体膨胀时，比容增大，压力下降；当气体被压缩时，比容减小，压力升高。

等温过程气体所作的功为

$$w_T = \int_{v_1}^{v_2} p \mathrm{d}v = \int_{v_1}^{v_2} RT \frac{\mathrm{d}v}{v} = RT \ln \frac{v_2}{v_1} \tag{3-50}$$

或

$$w_T = RT \ln \frac{p_1}{p_2} \tag{3-51}$$

在 p-v 图上这一功量可表示为过程曲线下的面积如图 3-6，面积 12341 为膨胀功，12′541 为压缩功。

根据热力学第一定律闭口系统的解析式

$$q_{\mathrm{T}}=\Delta u+w_{\mathrm{T}}$$

因为等温过程 $\Delta u=0$，所以

$$q_{\mathrm{T}}=w_{\mathrm{T}}=RT\ln\frac{p_1}{p_2}=p_1v_1\ln\frac{p_1}{p_2} \tag{3-52}$$

式（3-52）表明，等温过程中，外界加给气体的热量全部用来对外作功，反之，外界对气体所作的压缩功，全部转化为热量散到系统以外。

四、绝热过程

绝热过程是指气体工质与外界没有热量交换的热力过程。绝热过程在实际工程中是不存在的。热力学中，常把过程进行得很快，以至于工质与外界来不及进行热量交换，或热量交换很少的热力过程，近似的看成是绝热过程。例如工质的节流过程就可近似地认为是绝热过程。

绝热过程的方程式

$$pv^{\kappa}=\text{常数}$$

式中　k——绝热指数，其数值等于气体的定压比热与定容比热的比值，即

$$\kappa=\frac{c_{\mathrm{p}}}{c_{\mathrm{v}}}=\frac{\mu c_{\mathrm{p}}}{\mu c_{\mathrm{v}}} \tag{3-53}$$

由表 3-3 可得：

对于单原子气体　$\kappa=\dfrac{20.934}{12.56}=1.67$

对于双原子气体　$\kappa=\dfrac{29.037}{20.934}=1.40$

对于多原子气体　$\kappa=\dfrac{37.681}{29.037}=1.29$

如图 3-7 所示，绝热过程在 p-v 图上不是等边双曲线，而是一不等边双曲线，由于 $\kappa>1$，所以在 p-v 图上绝热过程线比等温过程线陡。

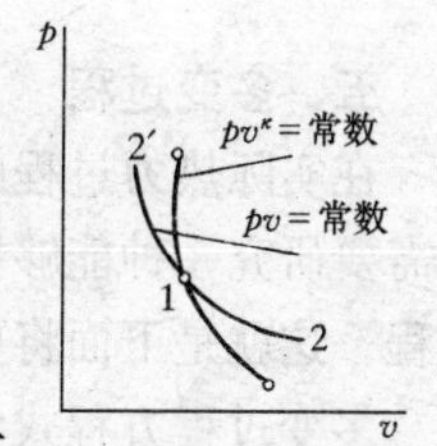

图 3-7　绝热过程在 p-v 图

绝热过程初、终状态参数之间的关系为

$$p_1v_1^{\kappa}=p_2v_2^{\kappa} \tag{3-54}$$

$$\frac{p_1}{p_2}=\left(\frac{v_2}{v_1}\right)^{\kappa} \tag{3-55}$$

$$\frac{T_1}{T_2}=\left(\frac{v_2}{v_1}\right)^{\kappa-1} \tag{3-56}$$

$$\frac{T_1}{T_2}=\left(\frac{p_1}{p_2}\right)^{\frac{\kappa-1}{\kappa}} \tag{3-57}$$

根据热力学第一定律闭口系统解析式

$$q_{\mathrm{k}}=\Delta u+w_{\mathrm{k}}=0$$

所以有

$$-\Delta u=w_{\mathrm{k}} \tag{3-58}$$

上式表明，气体在绝热过程中内能的减少，全部用来对外界作功，或外界对气体所作的压缩功全部用来增加气体的内能。

绝热过程中气体所作的功为

$$w_k = \int_1^2 p\mathrm{d}v$$

由

$$p_1 v_1^\kappa = pv^\kappa$$

$$p = \frac{p_1 v_1^\kappa}{v^\kappa}$$

所以有

$$w_\kappa = \int_{v_1}^{v_2} p\mathrm{d}v = \int_{v_1}^{v_2} p_1 v_1^\kappa \frac{\mathrm{d}v}{v^\kappa} = \frac{1}{\kappa - 1}(p_1 v_1 - p_2 v_2)$$

$$= \frac{R}{\kappa - 1}(T_1 - T_2) \tag{3-59}$$

或

$$w_k = u_1 - u_2 = c_v (T_1 - T_2) \tag{3-60}$$

根据式（3-56）和（3-57）有：

$$w_k = \frac{RT_1}{\kappa - 1}\left[1 - \left(\frac{v_1}{v_2}\right)^{\kappa - 1}\right] \tag{3-61}$$

$$w_k = \frac{RT_1}{\kappa - 1}\left[1 - \left(\frac{p_2}{p_1}\right)^{\frac{\kappa - 1}{\kappa}}\right] \tag{3-62}$$

五、多变过程

在实际热力过程中，状态参数都在不停地发生变化，并且系统与外界也不是绝热。这就需要研究一种能够描述或近似描述大多数实际过程而状态参数仍按一定规律变化的理想过程，这就是下面将要讨论的多变过程。

多变过程方程式为

$$pv^n = 常数 \tag{3-63}$$

式中 n——多变指数，同一过程来讲，n 为常数。

对式（3-63）中的多变指数值取不同值时，就代表不同的过程，例如当 $n=0$ 时，$pv^0 =$ 常数，即 $p =$ 常数，为定压过程；当 $n=1$ 时，$pv^1 =$ 常数，即 $T =$ 常数，为等温过程；当 $n=\kappa$ 时，$pv^\kappa =$ 常数，为绝热过程；当 $n=\infty$时，$pv^\infty =$ 常数，即 $v =$ 常数，为定容过程。

如图 3-8 所示，在 p-v 图上表示了 n 的变化规律，上述四个过程仅仅是多边过程中的几个特例。实际过程中的 n 值可根据具体情况确定。

比较式（$pv^\kappa =$ 常数）和式（$pv^n =$ 常数）可以看出，多边过程和绝热过程方程式的形式完全相同，仅就指数由 κ 变为 n。所以只要绝热过程各公式中的绝热指数 κ 转变为多变指数 n 就可直接得到多边过程计算公式。

多边过程初、终状态参数之间的关系式为

$$p_1 v_1^n = p_2 v_2^n \tag{3-63a}$$

$$\frac{p_1}{p_2} = \left(\frac{v_2}{v_1}\right)^n \tag{3-64}$$

$$\frac{T_1}{T_2}=\left(\frac{v_2}{v_1}\right)^{n-1} \tag{3-65}$$

$$\frac{T_1}{T_2}=\left(\frac{p_1}{p_2}\right)^{\frac{n-1}{n}} \tag{3-66}$$

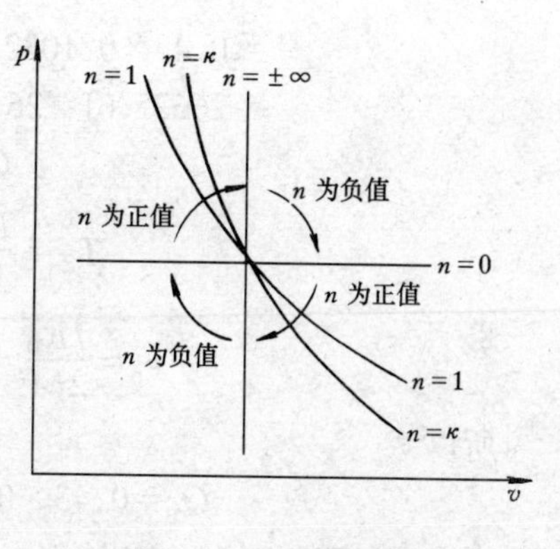

图 3-8　多变过程 p-v 图

多边过程内能变化为

$$\Delta u=c_v\ (T_2-T_1) \tag{3-67}$$

多边过程所作的功为

$$w_n=\int_{v_1}^{v_2}p\mathrm{d}v=\frac{1}{n-1}(p_1v_1-p_2v_2) \tag{3-68}$$

根据热力学第一定律闭口系统解析式

$q_n=\Delta u+w_n$

$$\begin{aligned}q_n&=c_v\ (T_2-T_1)\ +\frac{1}{n-1}\ (p_1v_1-p_2v_2)\\&=c_v\ (T_2-T_1)\ +\frac{R}{n-1}\ (T_1-T_2)\\&=\left(c_v-\frac{R}{n-1}\right)\ (T_2-T_1)\\&=c_n\ (T_2-T_1)\end{aligned} \tag{3-69}$$

式中　c_n——多边过程的比热。

$$c_n=\frac{n-\kappa}{n-1}c_v \tag{3-70}$$

【例 3-14】　0.3 标准立方米的氧气，在温度 $t_1=45℃$ 和压力 $p_1=0.1032\text{MPa}$ 下盛于一个具有可移动活塞的圆筒中，先在定压下对氧气加入一定的热量，然后在定容下冷却到初温 45℃。假定已知在定容冷却终了时氧气的压力 $p_2=0.0588\text{MPa}$，试求这两个过程中所加入的热量与所作的功。

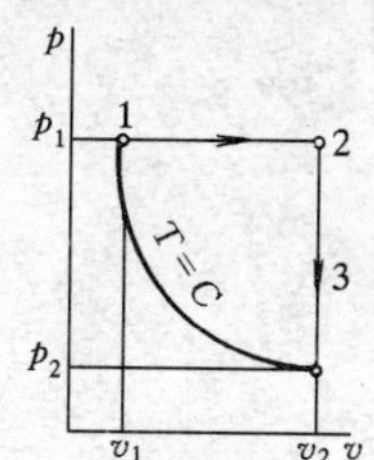

图 3-9　例题 3-14

【解】　氧的气体常数 $R=259.8\text{J}/(\text{kg}\cdot\text{K})$

根据状态方程式，有

$$v_1=\frac{RT_1}{p_1}=\frac{259.8\ (273+45)}{0.1032\times10^6}=0.8\text{m}^3/\text{kg}$$

由于初状态和终状态的温度相等，故根据等温过程可知

$$v_2=\frac{p_1v_1}{p_2}=\frac{0.1032\times10^6\times0.8}{0.0588\times10^6}=1.40\text{m}^3/\text{kg}$$

如图 3-9 所示，由于 2-3 过程为定容过程所以 $v_2=v_3=1.4\text{m}^3/\text{kg}$

氧气的质量

$$m=\frac{p_0V_0}{RT_0}=\frac{0.10325\times10^6\times0.3}{259.8\times273}=0.43\text{kg}$$

在定压过程 1-2 中

$$W=mp_1\ (v_2-v_1)$$

$$=0.43\times0.1032\times10^6\times(1.4-0.8)$$
$$=26625.6\text{J}=26.63\text{kJ}$$

$$Q_p'=mc_p(T_2-T_1)$$

$$T_2=\frac{T_1v_2}{v_1}=\frac{1.4\times318}{0.8}=556.5\text{K}$$

$$c_p=\frac{7R_0}{2M}=\frac{7\times8.314}{2\times32}=0.91\text{kJ/(kg·K)}$$

所以

$$Q_p=0.43\times0.91\times(556.5-318)=93.32\text{kJ}$$

在定容过程 2-3 中， $W=0$

所以 $Q_v=mc_v(T_3-T_2)$

$$c_v=\frac{5R_0}{2M}=\frac{5\times8.314}{2\times32}=0.65\text{kJ/(kg·K)}$$

$$Q_v=0.43\times0.65\times(318-556.5)=-66.66\text{kJ}$$

【例 3-15】 质量为 6kg 的空气由初状态 $p_1=0.4\text{MPa}$，$t_1=25℃$，经过下列不同过程膨胀到同一终压力 $p_2=0.1\text{MPa}$：(1) 等温过程 (2) 绝热过程。试计算不同过程中空气对外所作的功，所进行的热量交换以及终态温度。

【解】 (1) 等温过程 $T_1=273+25=298\text{K}$

空气的气体常数 $R=287\text{J/(kg·K)}$

膨胀功 $Q_T=w_T=mRT\ln\frac{p_1}{p_2}=6\times287\times298\ln\frac{0.4}{0.1}$
$=711385.27\text{J}=711.385\text{kJ}$

终态温度 $T_2=T_1=298\text{K}$

(2) 绝热过程

膨胀功 $w_k=\frac{mRT}{\kappa-1}\left[1-\left(\frac{p_2}{p_1}\right)^{\frac{\kappa-1}{\kappa}}\right]=\frac{6\times287\times298}{1.4-1}\left[1-\left(\frac{1}{4}\right)^{\frac{1.4-1}{1.4}}\right]$
$=419551.95\text{J}=419.55\text{kJ}$

热量 $Q_k=0$

终态温度

$$T_2=T_1\left(\frac{p_2}{p_1}\right)^{\frac{\kappa-1}{\kappa}}=298\left(\frac{1}{4}\right)^{\frac{1.4-1}{1.4}}$$
$$=200.5\text{K}$$

【例 3-16】 空气的容积 $V_1=2\text{m}^3$，由 $p_1=0.2\text{MPa}$，$t_1=25℃$，压缩到 $p_2=1.0\text{MPa}$，$V_2=0.5\text{m}^3$。求过程的多变指数，压缩功及气体在过程中所放出的热量，已知空气的比热为定值 $c_v=0.7174\text{kJ/(kg·K)}$，空气的气体常数 $R=287\text{J/(kg·K)}$。

【解】 多变指数

$$n=\frac{\ln(p_2/p_1)}{\ln(V_1/V_2)}=\frac{\ln(1.0/0.2)}{\ln(2/0.5)}=1.16$$

压缩功 $w_n=\frac{1}{n-1}(p_1v_1-p_2v_2)$

$$=\frac{1}{1.16-1}\ (0.2\times10^6\times2-1.0\times10^6\times0.5)$$
$$=-625\times10^3\text{J}=-625\text{kJ}$$

气体的质量

$$m=\frac{p_1V_1}{RT_1}=\frac{0.2\times10^6\times2}{287\times313}=4.453\text{kg}$$

终态温度

$$T_2=T_1\left(\frac{v_1}{v_2}\right)^{n-1}=313\left(\frac{2}{0.5}\right)^{1.16-1}=390.7\text{K}$$

内能变化

$$\Delta U=mc_v\ (T_2-T_1)\ =4.453\times0.7174\times\ (390.7-313)$$
$$=248.2\text{kJ}$$

热量

$$Q=\Delta U+w=248.2+\ (-625)\ =-376.8\text{kJ}$$

小　　结

本章主要介绍了理想气体及其状态方程、混合气体、比热和理想气体的热力过程等。

1. 理想气体

理想气体是指气体分子本身不具有体积，分子之间不存在作用力的假想气体，它是热力模型，当实际气体在压力不太高，远离液化点时，可以近似认为它是理想气体。

理想气体各基本状态参数之间存在着 $pv=RT$ 或 $pV=mRT$ 的气体状态方程式。

表示理想气体初、终状态关系的就是理想气体定律，具体有：

波义尔—马略特定律　　$p_1v_1=p_2v_2$ 或 $p_1V_1=p_2V_2$

查理斯定律　　$\frac{p_1}{p_2}=\frac{T_1}{T_2}$

盖·吕萨克定律　　$\frac{v_1}{T_1}=\frac{v_2}{T_2}$ 或 $\frac{V_1}{T_1}=\frac{V_2}{T_2}$

当气体的三个基本参数都发生变化时则有

$$\frac{p_1V_1}{T_1}=\frac{p_2V_2}{T_2}$$

阿佛加德罗定律即在同压同温下，同容积的各种理想气体具有相同的分子数。

2. 比热

比热就是单位数量的工质，当其温度升高或降低 1K（或 1℃）时，工质所吸收（或放出）的热量。由于工质数量的表示单位不同，比热又分为：质量比热、容积比热和摩尔比热。工质在升温（或降温）过程中，由于过程所经过的路程不同，工质所吸收（或放出）热量也不同，因此比热有定容比热和定压比热。

比热的影响因素有工质的特性、气体工质的热力过程性质、气体的压力和温度。比热受工质压力和温度的影响，是压力和温度的函数，即工质的实际比热是温度和压力的函数，在工程中常取比热的平均值来进行计算，即平均比热。对于理想气体比热只是温度的函数。

3. 混合气体

在工程中常用到的工质气体并不都是单质气体，而常常是由几种单质气体混合而成的混合气体。因此混合气体的压力（分压力）、容积（分容积）、混合气体的分子量、气体常数以及比热就不是单质气体的相应数值，而应是各单质气体组成成分综合的结果。

表示混合气体各组成成分的方法有质量成分、容积成分和摩尔成分。

4. 理想气体的热力过程

热力系统由一个平衡状态到另一个平衡状态连续不断的变化过程，叫做热力过程，在宏观状态变化的过程中，进行着能量和功量的转换，各转换过程中的关系式如表 3-4 所示。

几种气体热力过程的基本公式 **表 3-4**

过　程	定容过程	定压过程	等温过程	绝热过程	多边过程
过程指数 n	∞	0	1	v	n
过程方程	v = 常数	p = 常数	pv = 常数	pv^{κ} = 常数	pv^{n} = 常数
	$\frac{T_2}{T_1}=\frac{p_2}{p_1}$	$\frac{T_2}{T_1}=\frac{v_2}{v_1}$	$p_1v_1=p_2v_2$	$p_1{v_1}^{\kappa}=p_2{v_2}^{\kappa}$ $\frac{T_2}{T_1}=\left(\frac{v_1}{v_2}\right)^{\kappa-1}=\left(\frac{p_2}{p_1}\right)^{\frac{\kappa-1}{\kappa}}$	$p_1{v_1}^{\mathrm{n}}=p_2{v_2}^{\mathrm{n}}$ $\frac{T_2}{T_1}=\left(\frac{v_1}{v_2}\right)^{\mathrm{n}-1}=\left(\frac{p_2}{p_1}\right)^{\frac{\mathrm{n}-1}{\mathrm{n}}}$
功量	0	$p\ (v_2-v_1)$	$p_1v_1\ln\frac{v_2}{v_1}$	$\frac{p_1v_1-p_2v_2}{\kappa-1}$	$\frac{p_1v_1-p_2v_2}{n-1}$
热量	$c_{\mathrm{v}}\ (T_2-T_1)$ Δu	$c_{\mathrm{p}}\ (T_2-T_1)$ Δh	$p_1v_1\ln\frac{v_2}{v_1}$	0	$c_{\mathrm{v}}\left(\frac{\kappa-n}{1-n}\right)(T_2-T_1)$
比热	c_{v}	c_{p}	∞	0	$c_{\mathrm{v}}\left(\frac{\kappa-n}{1-n}\right)$

习　题　三

1. 对汽车胎打气，使其达到所需要的压力，问在夏天和冬天，打入胎内的空气质量是否相同?

2. 容器内盛有一定状态的理想气体，若将气体放出一部分后恢复了新的平衡状态，问放气前、后两平衡状态之间参数能否表示为如下形式:

(1)

$$\frac{p_1v_1}{T_1}=\frac{p_2v_2}{T_2}$$

(2)

$$\frac{p_1V_1}{T_1}=\frac{p_2V_2}{T_2}$$

3. 检查下列计算方法有哪些错误? 应如何改正?

设某空气储罐容积为 900L，充气前罐内空气温度为 30℃，压力表读值为 0.5MPa，充气后罐内空气温度为 50℃，压力表读值为 2.0MPa，则充入储气罐的空气质量为:

$$\Delta m=\frac{20\times900}{287\times50}-\frac{5\times900}{287\times30}=0.731\mathrm{kg}$$

4. 采用真实比热和平均比热计算热量是否一样准确？

5. 理想气体的 c_p 和 c_v 都随温度而变化，那么它的差值（$c_p - c_v$）是否也随温度而变化？

6. 将满足下列要求的多变过程表示在 p-v 图上（工质为空气）

（1）工质升压、升温、又放热；

（2）工质膨胀、降温、又放热；

（3）$n = 1.6$ 的膨胀过程，并判断热量、功量和内能变化量的正负；

（4）$n = 1.3$ 的压缩过程，并判断热量、功量和内能变化量的正负；

7. 一个气球在太阳光下被加热，里面的气体进行的是什么过程？并在 p-v 图上画出大致过程线位置。

8. 混合气体平衡时，各组成物质是否必须具有相同的压力和温度？

9. 混合气体中质量成分较大的组成气体，摩尔成分是否也一定较大？

10. 有一充满气体的容器，容积 $V = 5.6\text{m}^3$，气体压力根据压力表的读数为 $p_g = 2.45\text{MPa}$，温度计读数为 $t = 40℃$。问在标准状态下气体容积为多少？

11. 用压缩空气开动内燃机时，储气罐内空气的压力从 6MPa 降至 4MPa。试确定开动内燃机所消耗的空气量。设储气罐的容积为 $V = 0.07\text{m}^3$，空气温度为 27℃。

12. 空气压气机每分钟自外界吸入温度为 15℃，压力为 0.01MPa 的空气 3m^3，充入容积为 8.5m^3 的储气罐内。设罐内的初始温度、压力与外界相同，问在多少时间内空气压气机才能将气罐内的压力提高到 0.7MPa（表压）？设充气过程中气罐内温度始终保持不变。

13. 某天然气管道作气密性试验时，将气体送入后由压力表测得压力为 1.5MPa，温度为 30℃，然后将管道封死，过一天后测得温度为 15℃，若无渗漏现象，试求系统的压力降为多少。

14. 在标准状态下的密度为 1.29kg/m^3，将空气等压加热，温度升高至 100℃，试问此时空气的密度变为多少？

15. 绝对压力为 1.23MPa，温度为 450℃，质量为 56kg 的氮气所占有的体积和千摩尔容积；并求氮气在标准状态下的比容和密度。

16. 风系统的空气加热器将 5000kg/h 的空气由 15℃ 加热到 30℃，若空气的比热为 $c_p = 1.005\text{kJ/(kg·℃)}$，试求空气所吸收的热量。

17. 压下，将 1 标准立方米的空气由 400℃ 加热到 1000℃，试求所需要的加热量。

18. 0.5m^3 的氧气罐上压力表指示压力为 0.5MPa，温度计为 20℃，若将罐中氧气加热到 600℃，试求（1）氧气终状态时的参数；（2）加给氧气的热量。

19. 混合气体中各组成气体的容积成分为 $r_{CO_2} = 12\%$，$r_{O_2} = 6\%$，$r_{N_2} = 75\%$，$r_{H_2O} = 7\%$，混合气体的总压力 $p = 98066\text{Pa}$。试求混合气体的平均分子量、气体常数及各组成气体的分压力。

20. 燃烧 1kg 重油产生 20kg 烟气，其中包括 3.16kg 二氧化碳，1.15kg 氧，1.24kg 水蒸气，其余均为氮气。烟气中水蒸气可作为理想气体，试求该烟气的（1）质量成分；（2）气体常数；（3）容积成分；（4）平均分子量；（5）烟气在标准状态下的密度。

21. 将 5m^3 的烟气在定压下从 1400℃ 冷却至 300℃，试求烟气所放出的热量。已知烟气的容积成分为 $r_{CO_2} = 12\%$，$r_{O_2} = 7\%$，$r_{N_2} = 75\%$，$r_{H_2O} = 6\%$。

22. 内燃机排出的废气的摩尔成分为：$M_{CO_2} = 7.48\%$，$M_{O_2} = 11.9\%$，$M_{N_2} = 85.3\%$，$M_{H_2O} = 6.8\%$，试求在定压下该气体由 560℃ 冷却至 20℃ 所放出的热量

23. 质量为 5kg 的氧气，经温度为 30℃ 等温变化，容积由 3m^3 变为 0.6m^3，试求该过程中工质吸收或放出多少热量？输入或输出了多少功量？内能变化为多少？

24. 6kg 的空气由初态 $p_1 = 0.3\text{MPa}$，$t_1 = 30℃$，经过下列不同的过程膨胀到同一终压 $p_2 = 0.1\text{MPa}$。（1）等温过程；（2）绝热过程；（3）指数为 $n = 1.2$ 的多变过程。试求各过程中空气对外所作的功；空

气与外界所进行的热量交换以及终态温度。

25. 某工厂生产上需要每小时供应压力为 0.6MPa 的压缩空气 600kg；设空气的初始温度为 20℃，压力为 0.1MPa。试求压气机需要的最小理论功率和最大理论功率。若按 $n=1.25$，的多边过程压缩，需要的理论功率为多少?

26. 已知绝对压力为 0.3MPa、温度为 97℃、容积为 $5m^3$ 的空气，经过等压压缩后，其温度为 77℃，试求（1）压缩过程中消耗的功；（2）内能变化；（3）过程放出的热量。

第四章　热力学第二定律

热力学第一定律所揭示的为各种热力过程中，能量相互转化和传递的数量关系，但是，热力学第一定律没有解决能量转换和传递的方向、条件和限度等问题。例如热力学第一定律只说明温度不同的两物体，一个物体所放出的热量必定等于另一个物体所吸收的热量，但它并没有说明由哪一个物体传向哪一个物体，热量传递的条件是什么，以及热量传递到什么时候为止。又如，热机中热能和机械能的相互转换，热力学第一定律只说明了热能和机械能的数量相等，但是，热能转化为机械能的程度，热能是否自发地转化为机械能等问题，热力学第一定律都没有解释。热力学第二定律就是来阐述这些问题。

在生产实践中，所有的热过程都必须遵守热力学第一定律，但是，符合热力学第一定律的热过程并不一定都能实现，还必须符合热力学第二定律，只有符合热力学第一定律又符合热力学第二定律的热过程才能实现。

本章主要论述热力循环、热力学第二定律的实质、卡诺循环、卡诺定律、熵及温熵图等内容。

第一节　热　力　循　环

一、正循环及其热效率

使热能连续不断地转化为机械能，仅有一个膨胀过程是不够的，因为在膨胀过程中，工质的状态终将达到不能做功的情况。例如在等温膨胀和绝热膨胀过程中，工质的压力终将达到与外界压力相等而不能再做功的程度；在定压膨胀过程中，工质的温度也将升高到不能允许的程度，同时膨胀机械的尺寸也是有限的，以上情况表明，在一个膨胀过程中，不允许无限制膨胀做功。为了使连续做功成为可能，必须使膨胀后的工质经由某种压缩过程重新回复到初始状态，这样就能使工质连续不断地对外做功。这种能使工质连续做功的一系列热力过程组成热力循环，由于效果的不同，可分为正循环和逆循环。

正循环的效果是使热能转化为机械能，所有的热力发动机（即热机）都是按正循环工作的。逆循环的效果是消耗机械能来迫使热能从低温环境流向高温环境，制冷装置以及热泵都是利用逆循环工作的。

如图 4-1 所示，一热机的工作原理图，图中 T_1、T_2 分别为热源和冷源温度，q_1 表示 1kg 工质从热源吸收的热量，q_2 表示 1kg 工质向冷源排放的热量。在热机中，根据热力学第一定律，工质完成一个循环后又回到初始状态，工质在这一个循环过程中所做的机械功为：

$$w = q_1 - q_2 \tag{4-1}$$

式（5-1）表明，工质从高温热源得到的热能，只有一部分转化为机械能，同时还有一部分热能在低温热源放出。在 p-v 图上为一顺时针方向进行的曲线 1-2-3-4-1，封闭曲线所

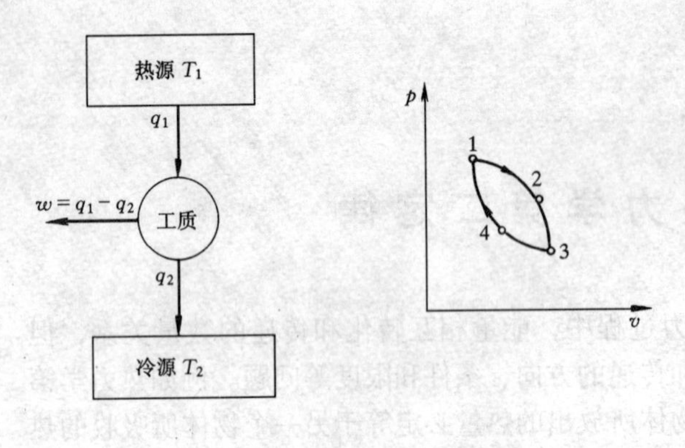

图 4-1　热机的工作原理

包围的面积即为工质对外所做的机械功，亦即正功。这一循环也就是正循环。

为了表示正循环对热能的利用程度，通常用转化为机械功的热量与从高温热源吸收的热量的比值作为衡量循环的经济性指标，我们将这一指标称之为热效率，有符号 η_t 表示，即

$$\eta_t=\frac{w}{q_1}=\frac{q_1-q_2}{q_1}=1-\frac{q_2}{q_1} \quad (4\text{-}2)$$

从式（4-2）可以得出结论，循环热效率 η_t 总是小于 1，在从高温热源吸收的热量中，不可能全部转化为机械功，必定有一部分伴随着做功过程流向冷源，这就是使热能转化为机械能所必要的补充条件。假如没有这一部分热量从热源流向冷源，热能是不可能连续不断地转化为机械能的。

二、逆循环及其性能系数

1. 制冷循环

如图 4-2 所示，为制冷机的工作原理图。若 1kg 的工质完成一次循环，外界所消耗的机械功为 w_0。同时工质从低温环境吸取热量 q_2，向高温环境（通常为自然环境）排放热量 q_1，则有

$$w_0=q_1-q_2 \quad (4\text{-}3)$$

$$q_1=w_0+q_2$$

式（4-3）表明，在逆循环中，在将低温热源的一部分热量传送到高温热源的同时，必须有一部分机械能转化为热能。

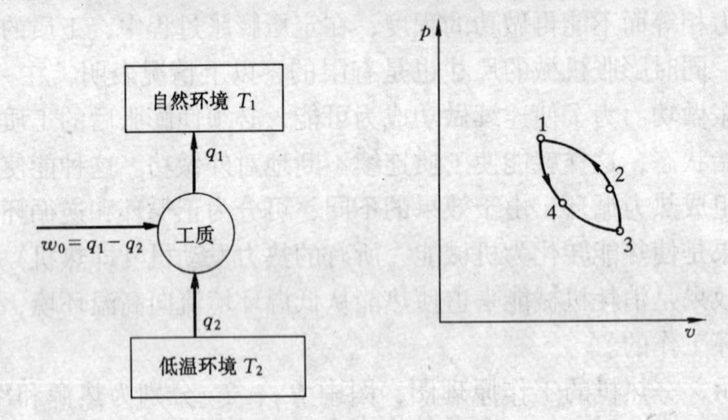

图 4-2　制冷机的工作原理

制冷循环（逆循环）在 p-v 图上是按逆时针方向沿曲线 1-4-3-2-1 完成的。w_0 每一循环从外界获得的功量为曲线 1-4-3-2-1 所包围的面积，此功应为负值。

衡量制冷循环的经济性指标为制冷系数。工质在一个循环中从低温环境吸收的热量与外界所消耗的机械功之比称为制冷系数，用符号 ε_1 表示，则

$$\varepsilon_1=\frac{q_2}{w_0}=\frac{q_2}{q_1-q_2} \tag{4-4}$$

制冷系数 ε_1 是可以大于 1 的。

2. 热泵循环

热泵循环也是一种逆循环。在这个循环中，工质把消耗的循环功转变为热能，同时把工质从低温热源所吸收的热能一并排放给高温热源。热泵工作的低温环境常取自然环境，而高温环境为被加热的环境（常为供暖房间）。热泵的工作原理见图 4-3 所示。

衡量逆向循环的热泵的经济性指标用供热系数表示，符号为 ε_2。供热系数是指工质在一个循环中所获得的供热量与消耗的功量之比，即

$$\varepsilon_2=\frac{q_1}{w_0}=\frac{q_1}{q_1-q_2} \tag{4-5}$$

按照逆向循环工作的制冷机和热泵的区别在于，制冷机是以较低温度（如冷藏室、冷库等）作为低温热源，以自然环境中的大气作为高温热源；热泵则以自然环境中的大气作为低温热源，以采暖房间作为高温热源。制冷机消耗的功是用来从温度较低的环境（如冷藏室、冷库等）中吸取热量，使低温环境降温，并将热量排至温度较高的大气中；热泵所消耗的功，则是用来从大气中吸取热量，并排向温度较高的采暖房间，提高房间温度达到采暖的目的。

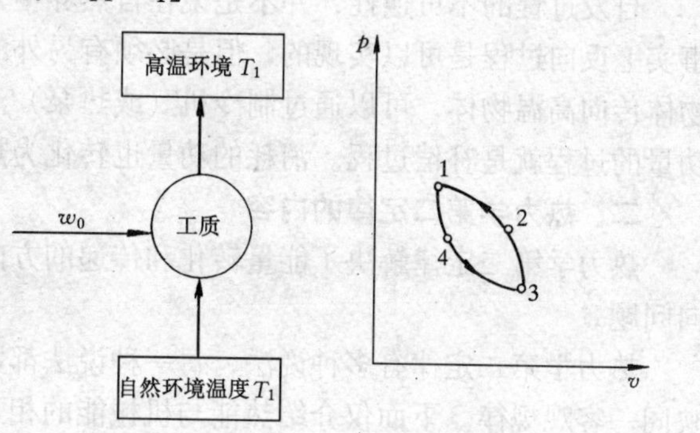

图 4-3　热泵工作原理

热泵的价值在于热泵向房间供应的热量大于热泵本身所消耗的功量，并将低位热能转移为高位热能，使利用大自然中无穷的低位热能成为现实。从式（4-5）可看出，供热系数 ε_2 总是大于 1。

【例 4-1】　已知加给工质的热量为 64kJ，循环效率为 0.6，试计算每一正循环中所得到的功。

【解】　根据正循环效率为

$$\eta_t=\frac{w}{q_1}$$

故

$$w=\eta_t q_1=64\times0.6=38.4\text{kJ}$$

第二节　热力学第二定律的实质及表述

一、过程的方向性与不可逆性

热力学第一定律解释了能量在转化及传递过程中的数量关系。任何形式的能源，如热能、机械能、化学能、电能、磁能等都可以互相转换或传递，在转换或传递过程中能量是守衡的。热力学第一定律只能说明一个物体失去的能量等于另一个物体得到的能量。并没有说明是低温物体还是高温物体获得能量，也没有说明能量转换或传递到什么程度为止。

人类通过长期的生产斗争和科学实验，得出了这样一个结论：凡是牵扯到热现象的一切

过程，都有一定的方向性和不可逆性。例如热量总是从高温物体自发的传向低温物体；机械能可以通过摩擦无条件地完全地转化为热能，但是热能不可能自发的转化为机械能等等。

在自然界中牵扯到热现象的一切过程都是单向进行的，都无法使之恢复到原状态而不引起外界的其他变化，这就是自发过程的不可逆性，这也是热力学第二定律的基础。

经过前面的讨论，热力系统平衡是指系统在不受外界影响的情况下，宏观性质不随时间发生变化的状态。系统平衡的条件是力的平衡、热的平衡、相的平衡和化学平衡。热力系统平衡在热力学第二定律中有极其重要的意义。所谓方向性与不可逆性是指各种过程总是朝着一个方向进行而不能自发的反向进行，而这个方向就是指系统总是从不平衡态朝着平衡态方向进行。当系统达到平衡态后则一切的变化就停止了。自发过程的方向就是系统平衡的趋近。

自发过程的不可逆性，并不是说在自然界中凡是有关热现象的过程都不能反向进行，事实上反向过程是可以实现的，但是必须有另外的补偿过程存在。例如要想使热量从低温物体传向高温物体，可以通过制冷机（或热泵）消耗一定的机械功之后就能实现，这消耗功量的过程就是补偿过程。消耗的功量也转化为热能，这就是所花费的代价。

二、热力学第二定律的内容

热力学第二定律解决了能量转化和传递的方向、条件和限度问题，其中最根本的是方向问题。

热力学第二定律有多种说法，每一种说法都紧密的与自然界的具体现象相联系，都反映同一客观规律。下面仅介绍热能与机械能的相互转换、热量传递的几种表述。

1. 不可能制造只从一个热源取得热量使之完全变成机械能而不引起其他变化的热机。

人们把从一个热源得到热量并使之完全转化为机械能而不引起其他变化的热机叫第二类永动机。这类永动机并不违反热力学第一定律，因为它在工作中能量是守衡的，但是它违反了热力学第二定律。例如利用海水中的能量作为发动机能量的设想，初看起来是可行的，因为它并不违反热力学第一定律，但实际上这种循环发动机是无法实现的，因为在大自然中找不到比海水温度更低的冷源。也就是说，两个温度不同的热源，是实现热能连续转变为机械能的必要条件。

2. 热量不可能自发地由低温物体流向高温物体。

上述表明高温物体向低温物体传热和低温物体向高温物体传热是性质完全不同的两类过程。前者是自发的不可逆过程，而后者则是不能自发的，但能通过制冷机（或热泵）补偿机械能后实现的能量转移过程。也就是说在自发状态下，热量只能从高温物体传向低温物体。从传热的角度反映了自发过程的方向性和不可逆性。

3. 在热机热力循环中，工质由热源得到的热量不可能全部而且连续的转化为机械功。

上述从另一个角度表明，第二类永动机是不可能存在的，热机在循环中，它的热效率永远小于 100%，必定有一部分热量流向冷源。

第三节 熵及温熵图

一、熵的概念

当工质的状态发生变化时，系统和外界之间即存在着功量交换，又存在着热量交换。

这两种交换量都与热力状态变化过程的性质有关。热力学第一定律和第二定律指出了热量和功量之间的等量性以及其不等价性。热量交换和功量交换一样，也是能量交换的一种形式，所以两者之间具有某些共同特性。

工质在作功过程中，作功的动力是压力差，而比容的变化则是衡量作功的尺度，这在第一章中已经作了详细的分析，其形式式（1-13）表示为：

$$\delta w = p\mathrm{d}v$$

同样，在热量传递过程中，传热的动力是温度差，此外也一定有一个参数的变化来衡量传热的尺度，我们称这个参数为“熵”，用符号“s”来表示。于是传热量就可表示为：

$$\delta q = T\mathrm{d}s \tag{4-6}$$

如同工质对外界所作的功量或外界对工质所作的功量可以用 p-v 图表示一样，工质对外界传递的热量也可以用 T-s 图（温熵图）来表示。

熵的概念是德国物理学家克劳修斯于 1850 年提出的，其定义式如下：

$$\mathrm{d}s = \frac{\mathrm{d}q}{T} \tag{4-7}$$

或

$$\mathrm{d}q = T\mathrm{d}s$$

式中 $\mathrm{d}q$——气体在可逆过程中从外界吸入的微元热量；

$\mathrm{d}s$——过程中气体熵的微元增量；

T——传热时气体的绝对温度。

熵是一种抽象的状态参数，没有简单的物理意义，不能用任何仪表直接测量出来。

二、熵的计算

1kg 的工质，由状态 1 经一热力过程变化到状态 2，其熵的变化为：

$$\Delta s_{12} = s_2 - s_1$$

根据气体状态方程式和热力学第一定律解析式，并取定容比热为定值，可得：

$$\Delta s_{12} = s_2 - s_1 = c_{\mathrm{v}}\ln\frac{T_2}{T_1} + R\ln\frac{v_2}{v_1}\ \ (\mathrm{kJ/(kg\cdot K)}) \tag{4-8}$$

上式表明，熵值的变化量仅取决于过程的初状态（T_1，v_1）与终状态（T_2，v_2）而与工质的热力过程无关。

将理想气体的状态方程 $$\frac{p_2 v_2}{p_1 v_1} = \frac{T_2}{T_1}$$

代入式（4-8）可得：

$$\Delta s_{12} = c_{\mathrm{p}}\ln\frac{T_2}{T_1} - R\ln\frac{p_2}{p_1}\ \ (\mathrm{kJ/(kg\cdot K)}) \tag{4-9}$$

$$\Delta s_{12} = c_{\mathrm{v}}\ln\frac{p_2}{p_1} + c_{\mathrm{p}}\ln\frac{v_2}{v_1}\ \ (\mathrm{kJ/(kg\cdot K)}) \tag{4-10}$$

在热工计算中，通常不涉及熵的绝对值，而是只计算两状态之间熵的变化量，所以也和内能、焓一样，任意选定起点作为熵的零点，通常规定气体在标准状态下的熵作为零点。

三、温熵图及其应用

温熵图（T-s 图）是以绝对温度 T 为纵坐标，以熵 s 为横坐标的直角坐标图。由于 T、s 均为状态参数，所以图上的一点就代表一个热力平衡状态，一条线就代表一个可逆的热力过程（见图4-4）。

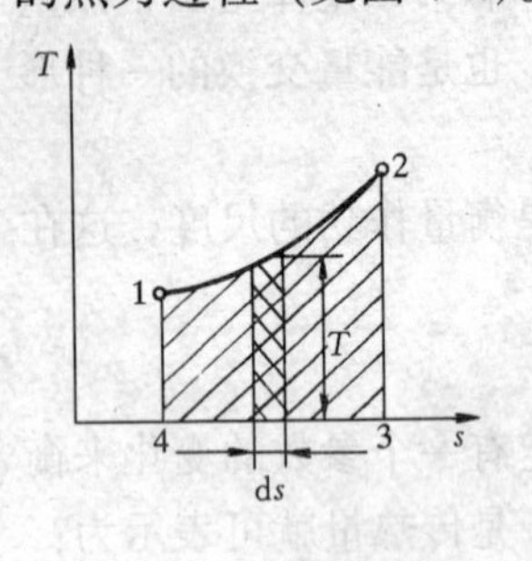

图4-4　温熵图

根据熵的定义式：

$$ds=\frac{dq}{T}$$

可得 $$dq=Tds$$

Tds 在 T-s 图上表示微元面积，故状态1到状态2的过程中，外界对工质的加热量为：

$$q=\int_1^2 Tds=\text{面积}\,12341 \tag{4-11}$$

上式表明，在 T-s 图上（见图4-4）1-2过程线下面的面积等于过程中工质与外界交换的热量，故 T-s 图也叫作示热图。

从 T-s 图上可以看出，图中 T 与工质的数量无关，当工质在任何可逆过程中吸热时，熵值就会增大，温度增高；反之工质向外放热时，温度就会降低，熵值也会降低。T-s 图不仅可以表示过程中加入或放出热量的大小，而且还可以根据工质在过程中熵增还是熵减来判断过程中工质是吸热还是放热。

如图4-5所示，等温过程 $T=$ 定值，过程在 T-s 图上表示为一水平线。过程由1到2时熵值增加，热量也增加，工质由外界吸收热量；过程由1到2′时，熵值减小，工质向外放热。

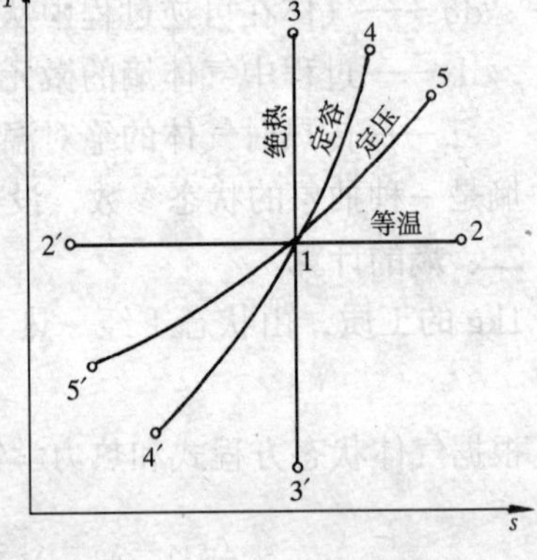

图4-5　各种热力过程的 T-s 图

绝热过程中，工质与外界无热交换，根据熵的定义不难导出，$s=$ 常数，故可逆的绝热过程也就是等熵过程。等熵过程在 T-s 图上可表示为一垂直于 s 轴的直线（如图4-5）。过程由1到3时，工质温度升高，外界对工质做压缩功；过程由1到3′时，工质温度降低，工质对外做膨胀功。

定容过程，根据式（4-8）

$$\Delta s_{12}=c_v\ln\frac{T_2}{T_1}+R\ln\frac{v_2}{v_1}$$

由于 $$v=\text{定值}$$

所以 $$\Delta s_{12}=c_v\ln\frac{T_2}{T_1} \tag{4-12}$$

可见定容过程在 T-s 图上为一条对数曲线（如图4-5）。过程1到4时工质温度上升，熵值增大；过程1到4′时，工质温度下降，熵值减小。

定压过程，根据式（4-9）

$$\Delta s_{12}=c_p\ln\frac{T_2}{T_1}-R\ln\frac{p_2}{p_1}$$

由于 $$P=\text{定值}$$

所以 $$\Delta s_{12}=c_p\ln\frac{T_2}{T_1} \tag{4-13}$$

定压过程在 T-s 图上也是一条对数曲线（如图4-5）。由于 $c_p>c_v$，所以在同样的温度范围内，定压过程的熵增量大于定容过程的熵增量，故定容线 1-4 比定压线 1-5 陡。定压过程在 T-s 图上由 1 到 5 温度升高，熵值增大，工质从外界吸入热量，定压膨胀对外作功；由 1 到 5′工质温度降低，熵值减小，工质向外放热，同时在定压下被压缩，外界对气体作功。

【例 4-2】 1kg 的氧气，当温度由 123℃降低到 23℃时，容积膨胀到原来的 4 倍，试计算熵的变化量。

【解】 氧气的定容质量比热为

$$c_{\mathrm{v}}=\frac{\mu c_{\mathrm{v}}}{\mu}=\frac{20.934}{32}=0.654\mathrm{kJ/(kg\cdot K)}$$

氧气熵的变化量可由式（4-8）求得：

$$\begin{aligned}\Delta s_{12}&=c_{\mathrm{v}}\ln\frac{T_2}{T_1}+R\ln\frac{v_2}{v_1}\\&=0.654\times\ln\frac{123+273}{23+273}+259.8\times\ln\frac{4}{1}\\&=359.97\mathrm{kJ/(kg\cdot K)}\end{aligned}$$

第四节　卡诺循环及卡诺定律

热力学第二定律指出，机械能通过摩擦可 100％地转化为热能，而热能转化为机械能是有一定条件限制的，这个条件就是将一部分热量从高温热源排放到低温热源中。故，即使在最理想的情况下，依照可逆循环把热能转化为机械能也是有限度的，卡诺循环就解决了高温热源所提供给循环发动机的热量中最多有多少能够转换为循环净功的问题。

一、卡诺循环及其热效率

卡诺循环是一个理想的热力循环，它是由两个可逆的等温过程和两个可逆的绝热过程组成的可逆循环。如图 4-6 所示，图 4-6a 为卡诺循环在 p-v 图上的表示，图 4-6b 为卡诺循环在 T-s 图上的表示。

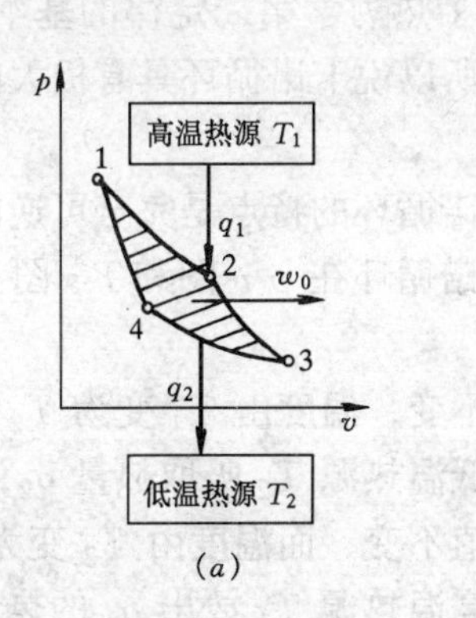

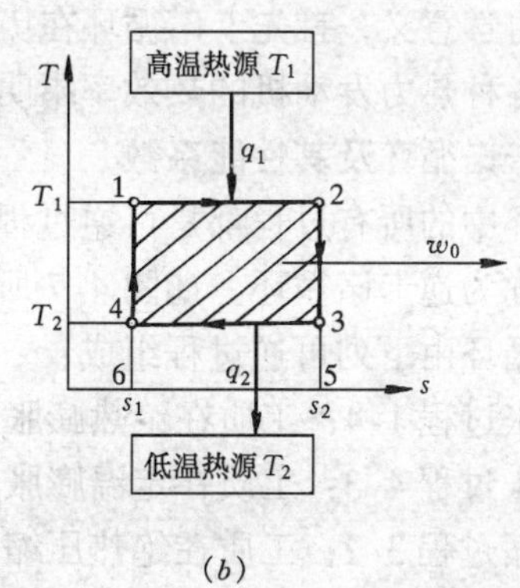

图 4-6　卡诺循环的 p-v 图及 T-s 图

图中 1-2 为等温膨胀过程，工质从高温热源 T_1 吸取热量 q_1，在定温 T_1 下由状态 1 膨胀到状态 2 工质的熵由 s_1 增加到 s_2，并膨胀对外作功；2-3 为绝热膨胀过程，工质在绝热条件下膨胀，温度由 T_1 下降到 T_2；3-4 为等温压缩过程，工质在定温 T_2 下被压缩，同时将热量 q_2 排放到低温热源；4-1 为绝热压缩过程，工质在被绝热压缩的过程中，温度由 T_2 升高到 T_1。

工质经过 1-2，2-3，3-4，4-1 过程后又重新回复到起始状态，完成一个可逆循环—卡诺循环。

卡诺循环从热源吸收的热量等于等温过程 1-2 的吸热量 q_1，根据熵的定义式，从 T-s 图中可知，其吸热量 q_1 为面积 12561，即

$$q_1 = T_1 \ (s_2 - s_1)$$

在卡诺循环中，工质只有在定温压缩过程 3-4 中放出热量，从 T-s 图中可知，其放热量 q_2 为面积 35643，即

$$q_2 = T_2 \ (s_2 - s_1)$$

根据循环热效率的公式（4-2），可得卡诺循环热效率为：

$$\eta_t = 1 - \frac{q_2}{q_1} = 1 - \frac{T_2 \ (s_2 - s_1)}{T_1 \ (s_2 - s_1)} = 1 - \frac{T_2}{T_1} \tag{4-14}$$

式中 T_1、T_2——高温热源和低温热源的温度。

从上式可得出下列结论：

1. 卡诺循环的热效率只取决于高温热源和低温热源的温度 T_1 和 T_2，要提高热效率可以采用提高 T_1 及降低 T_2 的办法来实现。

2. 卡诺循环的热效率总是小于 1，决不能等于 1。因为要等于 1，则必须使 $T_1 = \infty$ 或 $T_2 = 0$，然而以上两种情况都是不能实现的。这也就是说在卡诺循环中不可能将从高温热源取得的热量全部变成循环净功。

3. 当 $T_1 = T_2$ 时，也就是只有一个热源时，则 $\eta_t = 0$。即单一热源的热力发动机是不可能存在的。

4. 在式（4-14）的导出过程中未涉及到工质性质的影响，所以卡诺循环的热效率与工质的性质无关。

卡诺循环虽然是一理想的可逆循环，实际上并不存在，但是，卡诺循环在热力学中具有重要的热力学意义，首先卡诺循环在历史上奠定了热力学第二定律的基本概念，其次，对如何提高各种热力发动机的热效率指明了方向，所以说卡诺循环具有极大的理论价值。

二、逆卡诺循环及其性能系数

卡诺循环中的所有过程都是可逆过程，因此卡诺循环的特点是完全可逆的，逆向进行的卡诺循环称为逆卡诺循环。如图 4-7 所示，逆卡诺循环在 p-v 图和 T-s 图上的表示。

逆卡诺循环由下列可逆过程组成：

绝热膨胀过程 1-4：工质在绝热膨胀过程中熵不变，温度由 T_1 变为 T_2；

定温膨胀过程 4-3：工质在定温膨胀过程中从低温热源 T_2 吸取热量 q_2；

绝热压缩过程 3-2：工质在绝热压缩过程中熵值不变，而温度由 T_2 变为 T_1；

定温压缩过程 2-1：工质在定温压缩过程中向高温热源 T_1 放出 q_1 的热量。

工质经过上述四个可逆过程后又恢复到初态，完成一个逆卡诺循环。逆卡诺循环的结果是消耗了外界提供的循环净功 w_0，而将从低温热源 T_2 吸取的热量 q_2 连同消耗的循环净功 w_0 一起排放给高温热源。评述逆循环用性能系数来表示，逆卡诺循环如用之于制冷，制冷系数可按公式（4-4）计算，即

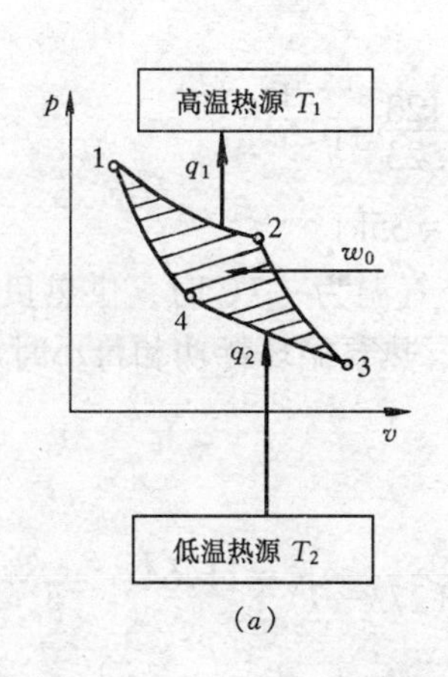

(a)

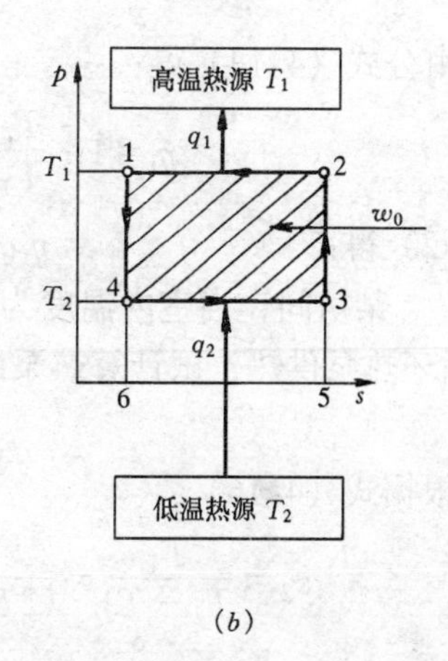

(b)

图 4-7 逆卡诺循环的 p-v 图及 T-s 图

$$\varepsilon_1=\frac{q_2}{w_0}=\frac{q_2}{q_1-q_2}=\frac{T_2\ (s_2-s_1)}{T_1\ (s_2-s_1)\ -T_2\ (s_2-s_1)}=\frac{T_2}{T_1-T_2} \tag{4-15}$$

逆卡诺循环若用于热泵达到供热目的，即以消耗循环净功 w_0 为代价向高温热源供热 q_1。

评价热泵性能的好坏用供热系数来衡量，根据公式（4-5）可得：

$$\varepsilon_2=\frac{q_1}{w_0}=\frac{q_1}{q_1-q_2}=\frac{T_1\ (s_2-s_1)}{T_1\ (s_2-s_1)\ -T_2\ (s_2-s_1)}=\frac{T_1}{T_1-T_2} \tag{4-16}$$

从逆卡诺循环性能系数的公式（4-15）及（4-16）可以得出以下结论：

1. 逆卡诺循环的性能系数只取决于高温热源 T_1 和低温热源 T_2 的温度，与工质的性质无关，性能系数随着热、冷源的温差的减小而提高。

2. 逆卡诺循环的供热系数 ε_2 总是大于 1，而制冷系数 ε_1 在理论上可以大于、等于或小于 1，但在实际情况下，由于（T_1-T_2）总是小于 T_2，因此 ε_1 也总是大于 1。

3. 逆卡诺循环可以实现制冷，也可以实现供热，这两个目的可以单独进行，也可以交替进行，这样就可实现冬季供热夏季供冷。

三、卡诺定律

根据以上的卡诺循环及逆卡诺循环的分析，由于卡诺循环的热效率 η_t，逆卡诺循环的性能系数 ε 均与工质的性质无关，但是，实际热力发动机并不是按卡诺循环工作的，解决实际循环热效率的极限值问题，就需要下面的卡诺定律来解释。

卡诺定律可表述为：

1. 所有工作于同温热源和同温冷源之间的一切热机，以可逆热机的热效率为最高；

2. 在同温热源和同温冷源之间的一切可逆热机，其热效率均相等；

3. 在同温热源和同温冷源之间的一切可逆热机，不论采用什么工质，它们的热效率均相等。

卡诺定律解决了热机热效率的极限问题，并从原则上指出提高热效率的途径，就是使其尽可能地接近卡诺循环。

【例 4-3】 某热机每秒钟从高温热源吸热 70kJ，该机高温热源和低温热源的温度分别为 523℃和 123℃，试计算热机可能达到的最大功率。

【解】 由公式（4-14）得：

$$\eta_t = 1 - \frac{T_2}{T_1} = 1 - \frac{273+123}{273+523} = 0.5$$

由式（4-2）得： $w = \eta_t q_1 = 0.5 \times 70 = 35\text{kJ}$

【例 4-4】 某房间，当室内温度为 18℃，室外气温为 -7℃时，供热负荷为 6000W。如用逆卡诺循环热泵供热，试计算热泵的供热系数、热泵循环耗功和每小时从室外吸入的热量。

【解】 根据式（4-16）

$$\varepsilon_2 = \frac{T_1}{T_1 - T_2} = \frac{273+18}{(273+18) - (273-7)} = 11.64$$

热泵所需循环功： $w = \frac{q_1}{\varepsilon} = \frac{6000}{11.64} = 515.46\text{W}$

每小时从室外吸入热量

$$q_2 = q_1 - w = 6000 - 515.46 = 5484.54\text{W}。$$

小　　结

本章介绍了热力循环、热力学第二定律、熵及温熵图、卡诺循环及卡诺定律的有关内容。

1. 热力循环分为正向循环和逆向循环，正向循环的性能指标常用热效率来表示，热效率是指热机所作的功与从高温热源吸收热量的比值。逆向循环的性能指标，对于用于制冷的为制冷系数，制冷系数是指从低温热源吸取的热量与消耗的净功的比值；对用于热泵供热的为供热系数，供热系数是指向高温热源所供的热量与所消耗净功的比值。

2. 热力学第二定律所解释的是能量转换和传递的方向、条件和限度问题，具体内容表达为：

（1）不可能制造只从一个热源取得热量使之完全变成机械能而不引起其它变化的循环发动机。

（2）不可能把热量从低温物体传到高温物体而不引起其它变化。

（3）在热机热力循环中，工质由热源得到的热量不可能全部，而且连续的转化为机械功。

3. 熵及温熵图

熵的定义式为： $ds = \frac{dq}{T}$

熵没有简单的物理意义，也不能用某种仪表测量出来，但它是工质的状态参数。

以温度 T 为纵坐标，熵 s 为横坐标对热力过程及热力循环描述的直角坐标图，由于过程线下面的面积表示热量，故又称为示热图。

4. 卡诺循环

由可逆等温压缩、绝热压缩、等温膨胀、绝热膨胀四个过程组成的热力循环为卡诺循环。

卡诺循环是热效率最高的循环。

习 题 四

1. 热力学第二定律的下列说法能否成立？

（1）功量可以转化成热量，但热量不能转化为功量。

（2）自发过程是不可逆的，但非自发过程是可逆的。

（3）从任何具有一定温度的热源取热，都能进行热变功的循环。

2. 下列说法是否正确？

（1）系统熵增大的过程必然是不可逆过程。

（2）系统熵减小的过程无法进行。

（3）系统熵增大的过程必然是吸热过程，是否可能是放热过程？

（4）系统熵不变的过程必然是绝热过程。

（5）系统熵减小的过程必然是放热过程，是否可能是吸热过程？

3. 循环的热效率越大，则循环净功越多；反之，循环净功越大，则循环的热效率也越大，对吗？

4. 卡诺定律的意义表现在什么方面？

5. 热机、制冷机、热泵分别是用什么原理进行的循环？其性能分别用什么表示？

6. 家用电冰箱是一个接受功的系统，并仅与单一热源（室内环境）进行热交换，这违反热力学第二定律吗？为什么？

7. 蓄电池仅与环境热源进行热交换，但却可以从中获得功，这违反热力学第二定律吗？为什么？

8. 热机从热源吸热 1000kJ，对外界作功 1000kJ，这个结果______。

A. 违反热力学第一定律，B. 违反热力学第二定律，C. 违反热力学第一、二定律。

9. 某卡诺热机工作于 500℃及 40℃两个热源之间，设热机从高温热源取热为 120kJ/s。求（1）卡诺热机的热效率；（2）卡诺热机的功率；（3）每分钟排向冷源的热量。

10. 若某住宅用逆卡诺热泵供暖，室外环境温度为 -10℃，室内温度为 16℃，房间的热负荷为 350W。求（1）该热泵每小时从室外吸取多少热量；（2）热泵所需的功率；（3）若采用电炉供暖，电炉的功率应为多少？

11. 一制冷系数为 5 的制冷机用热效率为 32% 的热机拖动，若热机每小时排向高温热源的热量为 7000kJ 的热量，则制冷机的制冷量为多少？

12. 2kg 温度为 300℃的氧气在自然环境中冷却为 25℃，容积膨胀为原来的 3 倍，试计算熵的变化量。并表示在 T-s 图上。

第五章　水　蒸　气

水蒸气是热力工程中常用的工质之一。它是实际气体，不同于理想气体，是一种刚刚离开液态，而又比较接近液态的气体物质，而且在工作过程中常发生相态变化。因此分子之间的作用力及分子本身所占有的容积不能忽略。

实际气体的热力性质远比理想气体复杂，其状态参数之间的关系不能用 $pv = RT$ 来描绘，也很难用单纯的数学方法来描述水蒸气的物理性质，常用经过实验和计算所制定出来的水蒸气图表来解决有关水蒸气的计算问题。

本章主要介绍水蒸气的产生及基本热力过程，水蒸气的性质及水蒸气图表的应用。

第一节　基　本　概　念

物质在不同条件下可以有三种不同状态，即固态、液态和气态。在分析水蒸气的一些具体问题时，常用到汽化与凝结及饱和状态等一些概念。

（一）汽化　物质由液态变为汽态的过程称为汽化，汽化有两种形式：蒸发与沸腾。

1. 蒸发　它是在液体表面进行的汽化过程。液体表面附近动能较大的分子克服表面张力飞散到自由空间去，这样将使得液体内部分子的平均动能减少，温度下降。蒸发可在任何温度下进行，但液体温度越高，蒸发越快。蒸发可分为两种情况，靠消耗自身的内能汽化的自然蒸发；靠外界供给能量蒸发的强制蒸发。

2. 沸腾　在一定压力下，当液体被加热到某一温度时，在液体内部和表面同时进行的剧烈的汽化现象，称为沸腾。

沸腾可以在敞开的容器内进行，也可以在密闭的容器内进行，工业上的沸腾多在密闭的容器内进行。液体沸腾时，在液体内部产生大量气泡，气泡到达液面破裂而逸入空间，而放出大量的蒸汽。工业上所用的蒸汽都是以沸腾方式获得的。

实验证明：液体在沸腾时，虽然对它继续加热，但液体的温度仍保持不变，而且液体与蒸汽的温度相同。液体沸腾时的温度称为沸点（或饱和温度），用 t_s 表示。

（二）凝结

物质由汽态变为液态的过程称为凝结（液化），蒸汽凝结时要放出热量。显然，凝结过程与汽化过程相反。

在一定压力下，水蒸气遇冷放热成为液体，液体的沸点也就是蒸汽的凝结温度。在凝结温度下，汽、液同时存在，若此时不断地向液体供给热量，则发生沸腾，液体就会转变为汽体，如水在锅炉内汽化过程。若此时不断地由蒸汽放出热量，则发生凝结，汽体就会转变为液体，如蒸汽供暖系统就是靠蒸汽凝结放热向房间内供热的。

（三）饱和状态

当液体在有限的密闭空间内汽化时，液体表面有分子脱离液面逸入空间中去，液体温度越高、液面上部空间的分子越多，则进入空间的分子越多。与此同时，空间的蒸汽分子也会撞击液体表面回到液体中去。当液面上部空间单位容积内的蒸汽分子数（密度）越大，撞回液体的分子就越多。即液面上蒸汽的压力越大，液化越快。因此，液化速度取决于蒸汽的压力，而汽化速度取决于液体的温度。当液面上部空间单位容积内的蒸汽分子数（密度）达到一定程度时，在单位时间内逸出液面和回到液体的分子数目相等。亦即汽化速度等于液化速度时，若不再改变它们的温度，则蒸汽和液体的物量保持不变，汽、液两相处于动态平衡。这种处于两相动态平衡的状态称为饱和状态。这时蒸汽和液体的压力相同，称为饱和压力，而它们的温度也相同，称为饱和温度（即沸点）。若对液体继续加热，使其温度升高，则汽化速度加快，并大于液化温度，平衡遭到破坏，蒸汽空间的分子数将增加，压力亦升高。当温度升高到某一值不再加热时，汽、液两相又将重新建立动态平衡，此时蒸汽压力对应于新的温度下的饱和压力。由此可见，在一定的饱和温度下，必有与之对应的饱和压力，即 $P_s = f(t_s)$。处于饱和状态下的蒸汽称为饱和蒸汽，处于饱和状态下的液体称为饱和液体。

由实验测得水的饱和压力与饱和温度的关系如表 5-1 所示。

水的饱和压力与饱和温度关系 **表 5-1**

饱和压力 P_s （MPa）	0.005	0.05	0.1	0.2	0.3	0.4	0.5	1.0
饱和温度 t_s （℃）	32.90	81.35	99.63	120.23	133.54	143.62	151.85	179.88

由表中看出饱和压力随饱和温度升高而升高，其原因可用分子热运动观点来解释。当液体温度升高时，液体分子的平均动能增大，单位时间内逸出液面的分子数增多，因而蒸汽的密度增大。同时，随着温度的升高，蒸汽分子运动的平均速度增大，使得蒸汽分子撞击液面和器壁的次数增多，且撞击作用加强，所以饱和压力随着饱和温度升高而增大。

第二节 定压下水蒸气的形成过程

工程上所用的水蒸气是在锅炉内定压加热产生的。为了便于分析问题，我们用一个简单的实验设备，假设水在气缸内进行定压加热，这与在锅炉内水蒸气定压产生是相当的。用此来研究水蒸气的定压形成过程。

一、定压下水蒸气的形成过程

将 1kg 水置于气缸中，如图 5-1 所示。活塞上加以恒定的压力 p，使水变为蒸汽的全部过程保持在一定压力下进行，此过程可以分为三个阶段。

（一）未饱和水的定压预热阶段

假设初始状态的水温度为 0℃，压力为 p，比容为 v，水温低于饱和温度，为未饱和水。如图 5-1（a）所示。对未饱和水加热，水的压力保持不变，水温逐渐上升，比容略有增加。当水温达到与压力 p 对应的饱和温度 t_s 时，水开始沸腾，在水的内部产生汽泡，这时水称为饱和水，如图 5-1（b）。水在定压下从未饱和水加热到饱和水称为预热阶段。该阶段水所吸收的热量称为液体热，又称预热热，用符号 q_l 表示。

即
$$q_l = h' - h_0 \tag{5-1}$$

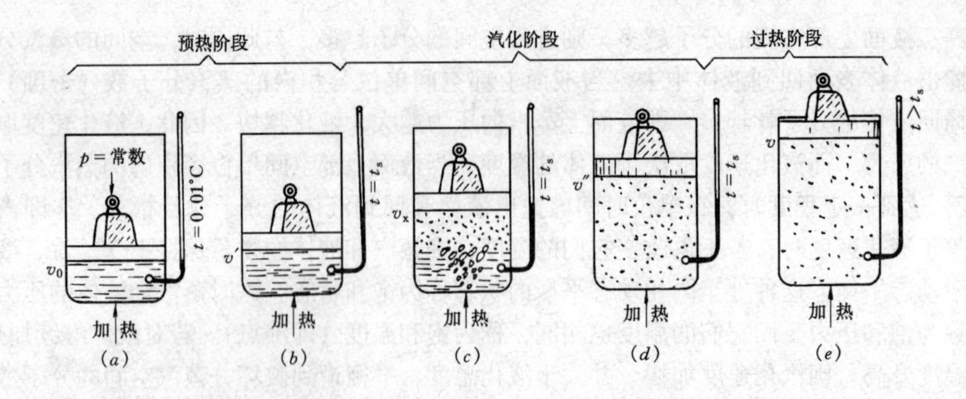

图 5-1 水蒸气定压形成过程示意图

(a) 未饱和水；(b) 饱和水；(c) 湿饱和蒸汽；(d) 干饱和蒸汽；(e) 过热蒸汽

式中 h'——饱和水的焓，kJ/kg；

h_0——0℃的未饱和水焓，kJ/kg。

（二）饱和水的定压汽化阶段

将预热到饱和温度的水继续加热，水便逐渐汽化形成蒸汽。这时水和蒸汽的温度仍保持饱和温度 t_s 不变。随着汽化阶段的进行，容器中的水量逐渐减少，蒸汽逐渐增多，比容随蒸汽的增多而迅速增大。这种蒸汽与饱和水共存的状态称为湿饱和蒸汽，简称湿蒸汽，如图 5-1（c）所示。湿蒸汽的比容用符号 v_x 所示。

再继续加热，当容器中最后一滴饱和水完全变为蒸汽时，温度仍然为饱和温度，这时的蒸汽称为干饱和蒸汽，或简称干蒸汽，如图 5-1（d）所示。干饱和蒸汽的比容用 v''表示。由饱和水完全变成干饱和蒸汽的阶段是一个等温加热阶段，这一阶段所吸收的热量称为汽化热，即把 1kg 饱和水定压加热成干饱和蒸汽所需要的热量也称为汽化潜热。用符号 r 表示。即

$$r = h'' - h' \tag{5-2}$$

式中 h''——干饱和蒸汽焓，kJ/kg；

h'——饱和水的焓，kJ/kg。

湿蒸汽的温度与压力存在着对应关系，要表明湿蒸汽的状态，还需了解湿蒸汽中饱和水与干饱和蒸汽所占比例。两者的含量比例可用干度或湿度表示。1kg 湿蒸汽中所含干蒸汽的质量称为干度，用符号 x 表示，即

$$x = \frac{m_g}{m_g + m_s} \tag{5-3}$$

式中 m_g——湿蒸汽中干饱和蒸汽的质量，kg；

m_s——湿蒸汽中饱和水的质量，kg。

1kg 湿蒸汽中所含饱和水的质量称为湿度，用符号（$1-x$）表示。干度和湿度是同一问题的两种表述方法，其实质是一致的，应注意联系与区别。很显然干度越大，湿度越小。当干度 $x=1$ 时，其湿度（$1-x$）$=0$。

（三）干饱和蒸汽的定压过热阶段

对干饱和蒸汽继续定压加热，蒸汽温度上升，比容增大，这时的蒸汽称为过热蒸汽，

如图 5-1（e）所示。过热蒸汽的比容用 v 表示，温度用 t 表示。此时蒸汽温度 t 超过相应压力下饱和温度 t_s 之数值（$t-t_s$），称为过热度，用符号 D 表示。过热度越高，说明蒸汽离饱和状态越远。此时过热蒸汽的比容远大于饱和蒸汽的比容，可以容纳更多的蒸汽分子，也就越不容易凝结。

干饱和蒸汽在定压下加热到过热蒸汽称为过热阶段，相当于蒸汽在锅炉的过热器中定压过热过程。

1kg 干饱和蒸汽在定压下加热成过热蒸汽所吸收的热量叫过热热量，用符号 q_{su} 表示。

即
$$q_{su}=h-h'' \tag{5-4}$$

式中 h——过热蒸汽的焓，kJ/kg；

h''——干饱和蒸汽的焓，kJ/kg。

二、水蒸气的 *p-v* 图和 *T-s* 图

为了进一步分析水在定压下加热为蒸汽的整个过程的特点及状态参数变化表示在图 5-2 的 p-v 图和 T-s 图上。

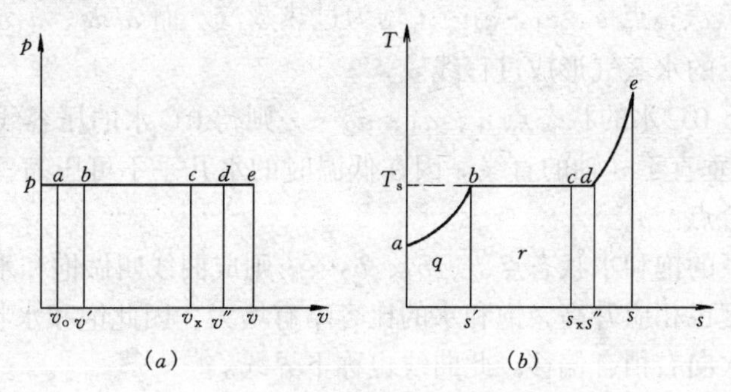

图 5-2 水蒸气形成过程的 p-v 图和 T-s 图
（a）p-v 图；（b）T-s 图

图中的 a 点为 0℃ 水的未饱和水状态，比容为 v_0，温度为 T_0，熵为 s_0。b 点为饱和水状态，比容为 v'，温度为 T_s，熵为 s'。c 点为湿蒸汽某一状态，比容为 v_x，温度为 T_s，熵为 s_x。d 点为干饱和蒸汽状态，比容为 v''，温度为 T_s，熵为 s''。e 点为过热蒸汽某一状态，比容为 v，温度为 T，熵为 s。

在 p-v 图中水蒸气形成的三个阶段是一条连续的平行于 v 轴的直线。水蒸汽形成过程中，p 不变，v 不断增加，即 $v_0<v'<v_x<v''<v$。

在 T-s 图中水蒸气形成的三个阶段是一条连续变化的曲线。温度 $T_0<T_s<T$；熵 $s_0<s'<s_x<s''<s$，且 a-b 段为由 a 点向右上方延伸的一条对数曲线，b-c 段为一条平行于 s 轴的直线，d-e 段为由 d 点向右上方延伸的一条对数曲线。

在 p-v 与 T-s 图中，过程线 a-b、b-d、d-e 以下的面积，分别表示预热热 q_l、汽化潜热 r、过热热 q_{su}，而 $abde$ 以下的面积表示过热蒸汽的总热量 $q_{sh}=h-h_0$。

下面进一步分析水蒸气形成过程中状态参数变化及物态变化。将不同压力下水蒸气形成的 5 个状态，三个阶段表示在 p-v 及 T-s 图上，则得图 5-3 所示的水蒸气的 p-v 及 T-s 图。

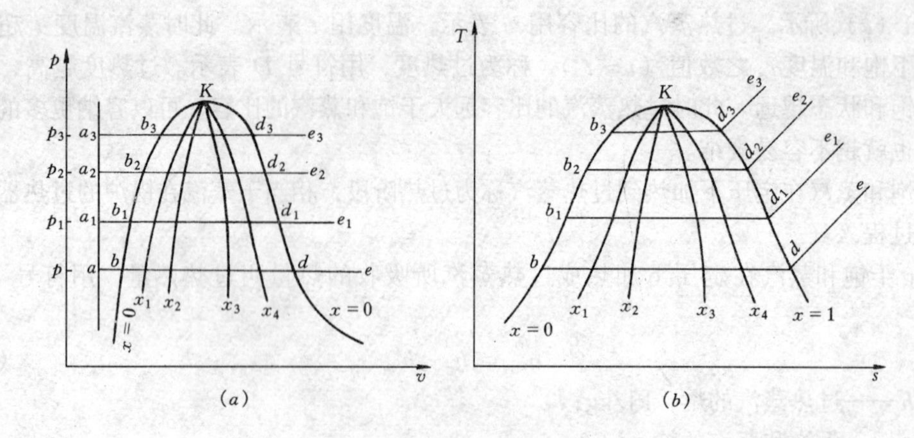

图 5-3 水蒸气的 p-v 图及 T-s 图

(a) p-v 图；(b) T-s 图

点 a、a_1、a_2……均为 0℃时的未饱和水；点 b、b_1、b_2……均为饱和水；点 d、d_1、d_2……均为干饱和蒸汽；点 e、e_1、e_2……均为过热蒸汽。而 $abde$、$a_1b_1d_1e_1$、$a_2b_2d_2e_2$……均为不同压力下的水蒸气形成过程线。

连接不同压力下 0℃水的状态点 a、a_1、a_2……则得 0℃水的压容线 $a\,a_1a_2$……它在 p-v图中为一条几乎垂直于 v 轴的直线。因在低温时的水几乎不可压缩，故 v_0 基本不变。在 T-s 图上为一重合点。

连接不同压力下的饱和水状态点 b、b_1、b_2……则成曲线叫做饱和水线。它随压力的增大，水的饱和温度也相应升高，饱和水的比容略有增大，因此饱和水状态点 b、b_1、b_2……随压力升高依次向右稍有偏移。此曲线也称下界线。

连接不同压力下的干饱和蒸汽状态点 d、d_1、d_2……则成曲线叫做干饱和蒸汽曲线，又称上界线。该曲线上各点为不同压力下的干饱和蒸汽，其 $x=1$。由于蒸汽受热膨胀影响小于压力升高的压缩影响，因此干饱和蒸汽状态点 d、d_1、d_2……随压力升高而向左上方倾斜，其比容 v''和熵 s''随压力 p 的升高而减小。由于饱和水曲线和干饱和蒸汽曲线变化不同，使得饱和水与干饱和蒸汽间的距离逐渐减小，b、d 两点将重合为一点 K（即上界线与下界线的交点），该点称为临界点。这一特殊状态为临界状态。临界状态的压力、温度和比容分别称为临界压力、临界温度和临界比容。不同的工质，临界状态的参数不同，但同一工质的临界状态点是固定的，对水来说，它的临界状态参数为：

临界压力 $p_{1j}=22.129$MPa

临界温度 $t_{1j}=374.15$℃

临界比容 $v_{1j}=0.00317\text{m}^3/\text{kg}$。

在临界压力下，水的汽化阶段压缩为一点，即汽化在瞬间完成。在临界点上，水与汽的状态参数完全相同，水与汽的差别完全消失，汽化潜热为零。在临界温度以上，不可能采用单纯的压缩方法使蒸汽液化，必须增压降温至临界温度以下。

饱和水线 b-K 与饱和蒸汽线 K-d 将 p-v 与 T-s 图分为三个区域。在 0℃水线与饱和水线 b-K 之间是未饱和水状态区。在饱和水线 b-K 与干饱和蒸汽线 K-d 之间为湿蒸汽状态区。干饱和蒸汽线 K-d 的右侧为过热蒸汽状态区。

所以，水蒸气形成的上述相变图线，可以归结为一点（临界点），两线（上界线与下界线），三区（未饱和水区，湿蒸汽区，过热蒸汽区），五态（未饱和水状态，饱和水状态，湿蒸汽状态，干蒸汽状态，过热蒸汽状态）。

第三节　水和水蒸气的热力性质表

水蒸气的热力性质很复杂，因而压力、绝对温度和比容之间的关系不再符合理想气体状态方程式。对水蒸气热力性质的研究是按各个相区分别进行的。通过实验测定，并按热力学关系式分析、计算，最后将得到的各种状态下饱和水和饱和蒸汽的热力学参数，编制成水蒸气热力性质表，供工程上对饱和水与饱和蒸汽的热力计算使用。

水蒸气表有两种。一种是饱和水与饱和蒸汽表，或简称饱和蒸汽表；另一种是未饱和水与过热蒸汽表。而饱和蒸汽表又分为按温度排列的和按压力排列的饱和蒸汽表两种。

为说明水及水蒸气的热力性质表，先介绍一下零点的规定。根据1963年第六届国际水蒸气会议的决定，以水的三相点的液相水为基准点（即273.16K），规定在该状态下液相水的内能和熵值为零，即

$$u_0 = 0\text{kJ/kg}$$
$$s_0 = 0\text{kJ/(kg}\cdot\text{K)}$$

此时水的比容 $v_0 = 0.00100022\text{m}^3/\text{kg}$，压力 $p_0 = 0.0006112\text{MPa}$ 焓可通过定义式 $h = u + pv$ 来计算，即

$$h_0 = u_0 + p_0 v_0 = 0 + 0.0006112 \times 0.00100022 \times 10^6/10^3$$
$$= 0.000614 \approx 0\text{kJ/kg}$$

这是一个很小的数值，因而 h_0 可以认为是零，在工程上已足够准确。

应当指出，水的三相点温度为273.16K，而摄氏温度的零点是水在标准大气压下的冰点，其冰点为273.15K，故上述基准点的温差为0.01K。因此，水在0℃的内能、焓及熵都有极小的负值，但在工程计算中，常将 u_0、h_0 及 s_0 视为0。

一、饱和水与饱和蒸汽性质表

附录5-1是以温度为序列出不同温度下饱和水和干饱和蒸汽所对应的各个参数值及汽化潜热；附录5-2是以压力为序列出不同压力下饱和水和干饱和蒸汽所对应的各个参数值及汽化潜热。表中饱和水参数在右上角标以“′”，即饱和水比容 v'、焓 h'、熵 s'；干饱和蒸汽参数在右上角标以“″”，即干饱和蒸汽的比容 v''、焓 h''、熵 s'' 和汽化潜热 r 的数值。

饱和水与饱和蒸汽性质表中无内能项，可据 $h = u + pv$ 去计算饱和水内能 u' 和干饱和蒸汽内能 u''。

各种压力或各种温度下的饱和水及干饱和蒸汽的状态参数确定可查按压力排列或按温度排列的饱和水和饱和蒸汽性质表（详见附录5-1、5-2）。

【例5-1】　若饱和水的压力为0.005MPa，试确定它的各状态参数。

【解】　查以压力排列的饱和水与饱和蒸汽性质表得

$$t_s = 32.9℃;\ v' = 0.0010052\text{m}^3/\text{kg};$$
$$h' = 137.77\text{kJ/kg};\ s' = 0.4762\text{kJ/(kg}\cdot\text{K)};$$

由 $h=u+pv$ 得

$$u'=h'-pv'=137.77-0.005\times106\times0.0010052/10^3$$

$$\doteq137.765\text{kJ/kg}$$

【例 5-2】 100℃的沸水放在一个密闭的容器内，试确定它的维持压力。

【解】 查以温度排列的饱和水与饱和蒸汽性质表可得 $P_s=0.101325\text{MPa}$。

由于饱和水与饱和蒸汽性质表无湿蒸汽的状态参数，故无法查出有关数值，只能根据湿蒸汽的干度 x 及给定压力或给定温度查出饱和水及干饱和蒸汽的状态参数后进行计算，来确定湿蒸汽的状态参数。

1kg 湿蒸汽由 x（kg）干饱和蒸汽和（$1-x$）（kg）饱和水组成，所以 1kg 湿蒸汽的比容应该等于 x（kg）干饱和蒸汽的比容加上（$1-x$）（kg）饱和水的比容之和，即

$$v_x=xv''+(1-x)v'\ (\text{m}^3/\text{kg}) \tag{5-5}$$

式中 v''——湿蒸汽压力下干饱和蒸汽的比容，m^3/kg；

v'——湿蒸汽压力下饱和水的比容，m^3/kg。

同理，湿蒸汽的焓为

$$h_x=xh''+(1-x)h'=h'+xr\ (\text{kJ/kg}) \tag{5-6}$$

湿蒸汽的内能为

$$u_x=h_x-pv_x\quad(\text{kJ/kg}) \tag{5-7}$$

湿蒸汽的熵为

$$s_x=xs''+(1-x)s'\quad(\text{kJ/(kg·K)}) \tag{5-8}$$

式中 s''——湿蒸汽压力下干饱和蒸汽熵，kJ/（kg·K）；

s'——湿蒸汽压力下饱和水熵，kJ/（kg·K）。

【例 5-3】 蒸汽锅炉上压力表指针所指读数为 1.0MPa，该锅炉产生的蒸汽干度为 0.96，试确定该湿蒸汽的状态参数。

【解】 蒸汽的饱和压力为 $p=1.0+0.1=1.1\text{MPa}$，由附录 5-2 查得：

饱和温度 $t_s=184.06$℃

饱和水比容 $v'=0.0011331\text{m}^3/\text{kg}$；

饱和蒸汽比容 $v''=0.17739\text{m}^3/\text{kg}$；

饱和水焓 $h'=781.1\text{kJ/kg}$；

饱和蒸汽焓 $h''=2780.4\text{kJ/kg}$；

饱和水的熵 $s'=2.1786$kJ/（kg·K）；

饱和蒸汽的熵 $s''=6.5515$kJ/（kg·K）。

湿蒸汽的比容：

$$v_x=xv''+(1-x)v'$$

$$=0.96\times0.17739+(1-0.96)\times0.0011331=0.17\text{m}^3/\text{kg}$$

湿蒸汽的焓

$$h_x=xh''+(1-x)h'$$

$$=0.96\times2780.4+(1-0.96)\times781.1=2700.43\text{kJ/kg}$$

湿蒸汽的内能：

$$u_x = h_x - pv_x$$
$$= 2700.43 - 1100 \times 0.17 = 2513.43 \text{kJ/kg}$$

湿蒸汽的熵：

$$s_x = xs'' + (1-x)\ s'$$
$$= 0.96 \times 6.5515 + (1-0.96) \times 2.1786 = 6.2023 \text{kJ/(kg·K)}$$

二、未饱和水与过热蒸汽性质表

未饱和水与过热蒸汽是非饱和状态的工质，故它们的状态参数需要由两个独立参数才能确定，由于压力与温度是较易测定的参数，因此把 v、h、s 这些参数列成 p、t 的函数。绘制了未饱和水与过热蒸汽性质表，此表显示了液相区及汽相区的未饱和水和过热蒸汽在各种压力及温度下的比容、焓及熵的值。附录 5-3 中粗黑线表示未饱和水与过热蒸汽的分界线，黑线以上为未饱和水的状态参数，黑线以下为过热蒸汽的状态参数。

各种压力与各种温度下的未饱和水及过热蒸汽的状态参数确定，可查未饱水与过热蒸汽性质表。见附录 5-3。

【例 5-4】 试确定 $p = 0.5$MPa、$t = 200$℃及 $p = 1$MPa，$t = 100$℃时的状态及焓、比容和熵。

【解】 (1)查附录 5-3

当 $p = 0.5$MPa 时，$t_s = 151.85$℃。因此当 $t = 200$℃时为过热蒸汽，其参数为

$h = 2855.5$kJ/kg　$v = 0.425 \text{m}^3/\text{kg}$　$s = 7.0602$kJ/(kg·K)

当 $p = 1$MPa 时，$t_s = 179.88$℃。因此当 $t = 100$℃时为未饱和水（因为 $t < t_s$），其参数为

$h = 419.7$kJ/kg　$v = 0.0010432 \text{m}^3/\text{kg}$　$s = 1.3062$kJ/(kg·K)

第四节　水蒸气的焓-熵图

水蒸气表是不连续的，利用水蒸气表确定水蒸气的状态参数的优点是数值精确度高，但不可能将所有的状态参数值一一列出，在求表列值间隔中的数据时，必须使用内插法；此外，水蒸汽表不能直接查得湿蒸汽的参数值。为了分析计算和研究问题的需要，人们根据水蒸气表中的数据，绘制了以焓（h）为纵坐标、熵（s）为横坐标的焓-熵图（即 h-s 图），则可由图查得全部参数。同时又能将热力过程清晰地表示在图上，便于对热力过程的状态参数变化的计算，增大了 h-s 图的实用价值。

h-s 图结构如图 5-4 所示。图中 a-K 线为饱和水线，K-d 线为饱和蒸汽线，在 a-K-d 线的下面为湿蒸汽区，a-K-d 线的右上方为过热蒸汽区。在 h-s 图中清楚地表示压力曲线、温度曲线、干度线及比容曲线，其特点是：

定压线是由左下方向右上方伸展的一簇呈发散状的线群。其压力由右向左逐渐升高。

定温线在湿蒸汽区内，一个压力对应着一个饱和温度，因此，定温线与定压线重合；在过热蒸汽区，定温线自左向右上方略微倾斜，并随压力降低定温线越来越平坦。温度高的定温线在上，温度低的定温线在下。

定干度线是湿蒸汽区内特有的曲线群，它包括 $x = 0$ 的下界线和 $x = 1$ 的上界线。它是各压力线上由 $x = 0$ 至 $x = 1$ 的各等分点的连线，其方向与上界线的延伸方向基本一致。

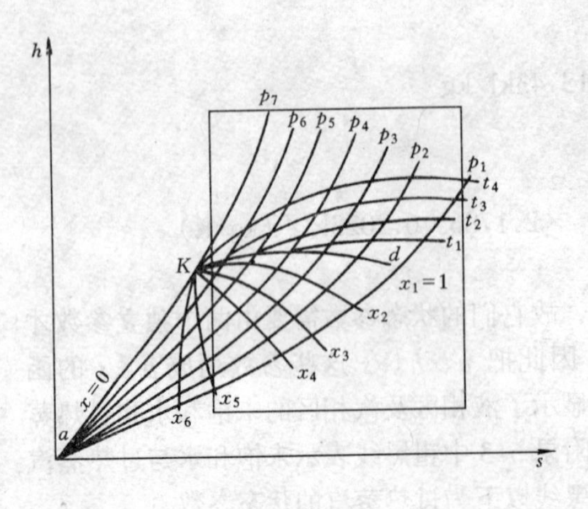

图 5-4 水蒸气的 h-s 图

干度大的定干度线在上，干度小的定干度线在下。

定容线也是一簇由左下方向右上方伸展的线群，但定容线的斜率大于定压线。为了能把这两种线群区别清楚，故 h-s 图上定容线为红色，其比容从右向左逐渐减小。

在动力工程上一般采用过热蒸汽和干度较高的湿蒸汽。所以实用的 h-s 图只绘出图 5-4 上方粗黑线框出的部分（详见附录 5-4 水蒸气 h-s 图）。

应用水蒸气的 h-s 图，可以根据二个独立的状态参数确定其状态点在图中的位置，去查其余各个参数。h-s 图无定内能线，其内能需按 $u=h-pv$ 计算。

【例 5-5】 已知饱和蒸汽压力为 0.7MPa，试应用焓-熵图确定该蒸汽的饱和温度、焓及比容。

【解】 $t_s=165℃$，$h''=2763\text{kJ/kg}$，$v''=0.28\text{m}^3/\text{kg}$。

【例 5-6】 已知水蒸气压力为 1MPa，干度 $x=0.95$，试应用焓-熵图确定该水蒸气的 h、s 及 v。

【解】 $h=2682\text{kJ/kg}$，$s=6.36\text{kJ/(kg·K)}$，$v=0.185\text{m}^3/\text{kg}$。

水暖通风专业主要研究热能的应用规律，重点学会在 h-s 图上根据已知初状态的两个独立参数，查得其它初状态参数；根据基本热力过程的各初状态参数点及另一个终状态参数，查得终状态的其它参数。并根据查得的有关初、终状态参数来计算水在锅炉内被定压加热成饱和蒸汽及过热蒸汽的吸热量。

【例 5-7】 蒸汽锅炉给水压力 $p=1.0\text{MPa}$，给水温度 $t_1=70℃$，若将给水定压加热成 250℃ 的过热蒸汽，试求：1kg 未饱和水变成过热蒸汽所吸收的热量？

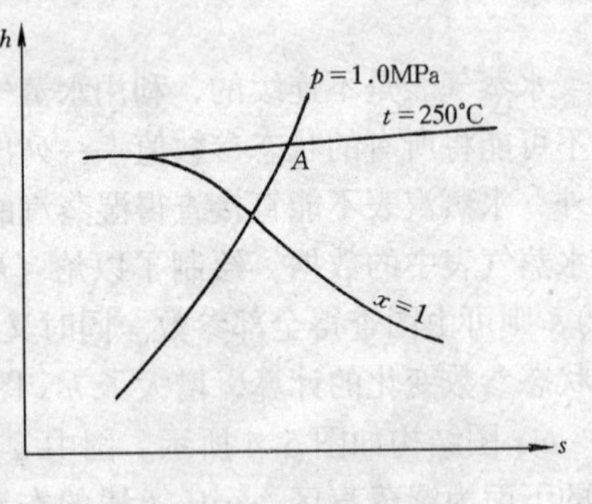

图 5-5 例题 5-7 附图

【解】 (1) 先在未饱和水与过热蒸汽性质表（附录 5-3）中查得：

未饱和水焓 $h_1=293.8\text{kJ/kg}$；

饱和温度 $t_s=179.88℃$；

饱和水焓 $h'=762.6\text{kJ/kg}$；

饱和蒸汽焓 $h''=2777\text{kJ/kg}$；

过热蒸汽焓 $h_2=2942.65\text{kJ/kg}$。

1kg 未饱和水变成饱和水所吸收液体热：

$$q_p=h'-h_1=762.6-393.8=468.8\text{kJ/kg}$$

(2) 1kg 饱和水变成 1kg 饱和蒸汽的汽化热：

$$r=h''-h'=2777-762.6=2014.4\text{kJ/kg}$$

(3) 1kg 饱和蒸汽变成 1kg 过热蒸汽吸收的过热热：

$$q_{su}=h_2-h''=2942.65-2777.0=165.65\text{kJ/kg}$$

（4）1kg 饱和水变成 1kg 过热蒸汽所吸收的总热量：

$$q_{总}=h_2-h_1=2942.65-293.8=2648.85\text{kJ/kg}。$$

【例 5-8】 锅炉出口的饱和蒸汽压力 $p=1.3\text{MPa}$，干度为 0.95，经过热器定压加热成过热蒸汽其温度 $t=300℃$，试用 h-s 图确定该蒸汽在过热器中的吸热量？

【解】 在 h-s 图上找出 $p=1.3\text{MPa}$，干度 $x=0.95$，的交点 1，沿 $p=1.3\text{MPa}$ 等压线与 $t=300℃$ 等温线交点 2。

查得：$h_1=2684\text{kJ/kg}$

$h_2=3044\text{kJ/kg}$

则每公斤蒸汽在过热器中的吸热量为：

$q=h_2-h_1=3044-2686=360\text{kJ/kg}$。

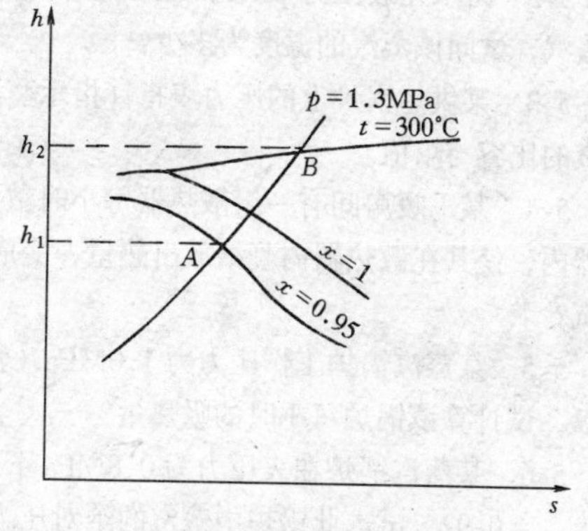

图 5-6 例题 5-8 附图

小 结

本章主要介绍水蒸气的性质及水蒸气图表的应用。首先要弄清楚汽化与凝结和饱和状态的概念。并要会分析定压下水蒸气形成的三个阶段，即饱和水的定压预热阶段、饱和水的定压（定温）汽化阶段和干饱和蒸汽的定压过热阶段。在水蒸气形成的三个阶段中对液体热、汽化热、过热热要会计算。水蒸汽形成的 p-v、T-s 图。在 p-v、T-s 图上会表示不同压力下形成的临界点、上下界限曲线、三区（未饱和水区；饱和蒸汽区；过热蒸汽区）五态（未饱和水、饱和水、湿蒸汽、干饱和蒸汽及过热蒸汽）。

汽、液两相的平衡状态为饱和状态。在饱和状态下，一定的饱和温度对应着确定的饱和压力。饱和温度越高对应的饱和压力越高。干度 x 是饱和蒸汽的特有参数，饱和水的 $x=0$；干饱和蒸汽的 $x=1$。

水蒸气是实际气体，常用水蒸气表及焓-熵（h-s）图确定状态参数。饱和水及干饱和蒸汽的状态参数可根据压力或温度查饱和水与饱和蒸汽性质表；未饱和水及过热蒸汽的状态参数可根据压力和温度查未饱和水与过热蒸汽性质表；湿蒸汽的状态参数可根据压力或温度查饱和水与饱和蒸汽性质表，并结合干度 x 去进行计算。在 h-s 图上，可根据两个独立状态参数查湿蒸汽，干饱和蒸汽及过热蒸汽的状态参数。在 h-s 图上可确定湿蒸汽或过热蒸汽的初、终状态参数，并会表示水蒸汽的基本热力过程中的定压与绝热过程；计算过程的热量。两个热力过程的热量计算公式：

定压过程 $q_p=h_2-h_1$

定熵（绝热）过程 $q_s=0$

习 题 五

5-1 利用水蒸气表，确定下列水或水蒸气的状态、并求出其他各参数。

1. $p=1\text{MPa}$，$x=1$

2. $p=2\text{MPa}$，$t=150℃$

3. $p=0.8\text{MPa}$，$v=0.22\text{m}^3/\text{kg}$

4. $p=0.5\text{MPa}$，$t=200℃$

5. $p=4.8\text{MPa}$，$t=260℃$

5-2　将水在表压力 $p=2.9\text{MPa}$ 下，加热至231℃时是否沸腾？若将这种水变为过热度为10℃的过热蒸汽，试问该蒸汽的温度为多少？

5-3　某供热锅炉上的压力表指针指示蒸汽压力为0.3MPa。经测定，蒸汽干度 $x=0.95$，试求此湿蒸汽的比容与焓值。

5-4　某采暖房间有一组散热器每小时散出10000W热量。现有表压力为0.1MPa的饱和蒸汽送入散热器内，使其在散热器内凝结放出热量，变成饱和水再从散热器排出。试计算每小时需要多少公斤饱和蒸汽？

5-5　某蒸汽锅炉工作压力为1.0MPa（表压力），蒸汽产量为4t/h，蒸汽干度为0.98，给水温度为20℃，试计算该锅炉每小时的吸热量？

5-6　某蒸汽锅炉在表压力为0.8MPa下运行，进入锅炉的给水温度为65℃，此锅炉所产生的蒸汽干度 $x=0.92$，试求此锅炉中蒸汽的绝对压力和温度，蒸汽的焓。如果此锅炉每小时能产生2t蒸汽，则锅炉在1h内需要吸收多少热量？

5-7　某空气调节系统用绝对压力 $p=0.2\text{MPa}$、干度 $x=0.92$ 的湿蒸汽来加热空气。通过空气加热器的空气量为 $V=5000\text{Nm}^3/\text{h}$，空气在加热器中从0℃等压加热到100℃。设湿汽经过散热后变为同压力下的凝结水，试求每小时需要供给加热器多少蒸汽量。

5-8　利用 h-s 图确定下列三种蒸汽的焓值：(1) 绝对压力为0.8MPa的干饱和蒸汽；(2) 绝对压力为0.8MPa和干度为0.9的湿蒸汽；(3) 绝对压力为0.8MPa，温度为250℃的过热蒸汽。

5-9　利用 h-s 图确定绝对压力为1.3MPa，干度为0.95时水蒸气的诸参数。

5-10　已知蒸汽的绝对压力 $p=0.8\text{MPa}$，焓 $h=2512\text{kJ/kg}$，试利用 h-s 图求出蒸汽的干度、比容和熵。

第六章　湿　空　气

由于江河中水的不断蒸发，使得万物赖以生存的地球表面的大气层中含有水蒸气。我们称含有水蒸气的空气叫湿空气，而不含水蒸气的空气称为干空气。因此，湿空气是干空气和水蒸气组成的混合气体。

在许多工程实际中都要利用湿空气，例如生产过程中物料的干燥、建筑物内的采暖通风以及车间内空气的温度、湿度的调节、用于冷却循环水的冷却塔等，都与空气中所含水蒸气的状态和数量有密切关系。

因此，本章主要介绍湿空气的性质、组成和状态参数；湿空气的焓湿图；湿空气的露点温度和干、湿球温度以及与湿空气有关的热力过程。

第一节　湿空气的概念

在通风与空气调节工程及冷却塔中所用到的湿空气一般都处于常压下，其中所含水蒸气的分压力很低，通常只有几百帕，比容很大，分子之间的距离足够远，处于过热状态，所以可以近似看作是理想气体，这样湿空气就可以作为理想气体来处理。但必须指出，这种混合气体——湿空气与单纯气体组成的混合物有不同之处，单纯气体混合物的各组成成分总保持恒定不变的，而湿空气中水蒸气的含量随着温度的变化一般总在改变。所以对湿空气的状态的描述和对状态变化过程的分析要比一般混合气体复杂得多。湿空气的性质除了与它的压力、温度等状态参数有关以外，还取决于它的组成气体水蒸气含量的多少。

由于湿空气可以视为理想气体，那么它的压力、比容和温度之间的关系可以用理想气体的状态方程式来描述，即

$$pv = RT$$

或

$$pv = mRT$$

式中气体常数 R 的数值取决于气体本身的性质。对于干空气 $R_g = 287.05\text{J/(kg·K)}$，水蒸气的气体常数 $R_{zq} = 461.5\text{J/(kg·K)}$。

第二节　湿空气的状态参数

一、湿空气的压力

根据道尔顿分压定律，湿空气的总压力等于干空气分压力与水蒸气分压力之和。即：

$$p = p_g + p_{zq}$$

式中　p——湿空气的总压力；

p_g——干空气的分压力；

p_{zq}——水蒸气的分压力。

以上三种压力的单位必须一致。

在以湿空气作为介质的实际工程中，一般采用大气，这时，湿空气的压力就是大气压力 B，上式成为：

$$B = p_{g} + p_{zq} \tag{6-1}$$

式中干空气和水蒸气的分压力，可由状态方程决定。

由于湿空气中含水蒸气量的多少和温度的高低不同，水蒸气所处的状态也不同，因而有饱和湿空气和未饱和湿空气之分。

干空气与过热水蒸气的混合物称为未饱和湿空气。

干空气与饱和水蒸气的混合物称为饱和湿空气。

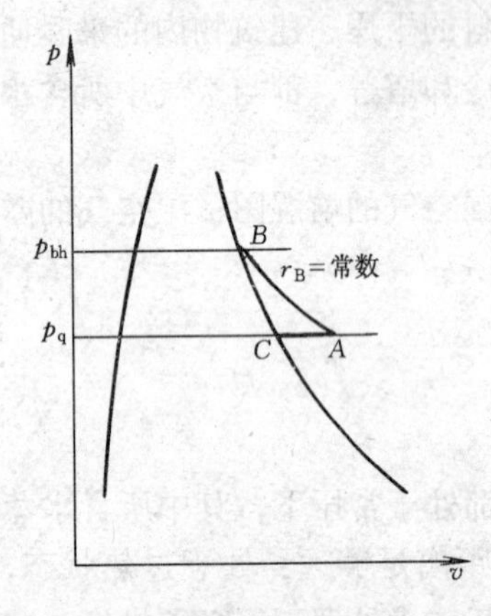

图 6-1　湿空气中水蒸气的 p-v 图

若湿空气的压力（一般取为大气压力），与温度分别为 p 与 t，湿空气中水蒸气的温度也应是 t。对应于温度 t，水蒸气的饱和压力为 p_{bh}，例如室温为 30℃时，水的饱和压力由附录中饱和水蒸气表或水蒸气的 h-s 图查得应为 0.04325×10^5 帕。如湿空气中水蒸气的分压力 p_{zq} 等于此饱和压力 p_{bh}，该水蒸气就处于饱和状态，如图 6-1 中的点 B，此时的湿空气就称之为饱和湿空气。饱和湿空气中水蒸气的含量已达到最大限度，除非提高温度，否则饱和湿空气中水蒸气的含量不会再增加。实际上，大气中水蒸气的分压力一般总是低于湿空气温度所对应的水蒸气的饱和压力，即 $p_{zq} < p_{bh}$，如图 6-1 中的点 A，此时，水蒸气处于过热状态，这种湿空气称为未饱和湿空气。

通常，大气都是未饱和湿空气，未饱和湿空气中的水蒸汽处于过热状态，说明它还具有一定的吸湿能力。过热度愈大，吸湿能力愈强，反之，吸湿能力就愈弱。

二、湿空气的温度

湿空气是由干空气和水蒸气组成的混和气体，而混合气体中各组成气体的温度都等于混合气体的温度，所以干空气和水蒸气的温度均等于湿空气的温度，即

$$T = T_{g} = T_{zq} \tag{6-2}$$

三、绝对湿度与相对湿度

湿空气既然是混合气体，要确定它的状态除了必须知道湿空气的温度和压力外，还必须知道湿空气的成分，特别是湿空气中所含的水蒸气的量。湿空气中水蒸气的含量通常用湿度来表示，有三种表示方法：绝对湿度、相对湿度和含湿量。

1. 绝对湿度

每 $1m^3$ 的湿空气中所含的水蒸气的质量（kg）称为湿空气的绝对湿度。因此，在数值上绝对湿度等于在湿空气的温度和水蒸气的分压力 p_{zq} 下水蒸气的密度 ρ_{zq}，单位为 kg/m^3。ρ_{zq} 的值可由水蒸气表查得，或由下式计算：

$$\rho_{zq} = \frac{m_{zq}}{V} = \frac{m_{zq}}{V_{zq}} \tag{6-3}$$

式中　m_{zq}——水蒸气的质量，kg；

V——湿空气的体积，m^3；

V_{zq}——水蒸气的体积，m^3。

根据理想气体的状态方程式：

$$p_{zq}V = m_{zq}R_{zq}T$$

则
$$\frac{m_{zq}}{V} = \frac{p_{zq}}{R_{zq}T}$$

将上式代入式（6-3）得：

$$\rho_{zq} = \frac{m_{zq}}{V} = \frac{p_{zq}}{R_{zq}T} \tag{6-4}$$

式中　R_{zq}——水蒸气的气体常数。

从上式得知，若保持湿空气温度 T 不变，而使空气中水蒸气含量增加（绝对湿度变大）时，水蒸气的分压力将增加。从图 6-1 同样可以看出，状态 A 为过热状态，是未饱和湿空气，若从状态 A 沿定温线向左移，直到与干饱和蒸汽线相交于 B 点，即水蒸气达到饱和状态。从状态 A 到状态 B，随着水蒸气含量的增加，水蒸气的分压力也在增加。在 B 点，水蒸气的含量为最大。

$$\rho_{zq} = \rho'' = \rho_{max} = \frac{1}{v''}$$

式中　v''——对应湿空气温度 t 下干饱和蒸汽的比容，m^3/kg。

2. 相对湿度

大气中水蒸气的数量，可在零与饱和状态时的密度 ρ'' 之间变化，绝对湿度只表示湿空气中实际水蒸气含量的多少，而不能说明在该状态下湿空气饱和的程度或吸收水蒸气能力的大小，因此，常用相对湿度来表示湿空气的潮湿程度。

湿空气的绝对湿度与同温度下饱和湿空气的绝对湿度的比值称为相对湿度，用符号 φ 表示，即

$$\varphi = \frac{\rho_{zq}}{\rho_{bh}} = \frac{\rho_{zq}}{\rho''} \times 100\% \tag{6-5}$$

相对湿度 φ 值愈小，表示湿空气愈干燥，离饱和状态愈远，吸收水分的能力则愈强；反之 φ 值愈大，表示湿空气愈潮湿，吸收水分的能力愈弱，愈接近饱和状态。所以，相对湿度反映了湿空气中水蒸气的含量接近饱和的程度，故又称为饱和度。当 $\varphi = 0$ 时，为干空气；$\varphi = 1$ 时，则为饱和湿空气。所以不论湿空气的温度如何，由 φ 值的大小可直接看出它的干湿程度。

由于湿空气中水蒸气可以看作理想气体，应用理想气体状态方程可得：

$$p_{zq}v_{zq} = R_{zq}T$$
$$p_{bh}v_{bh} = R_{zq}T$$

而 $\rho = \frac{1}{v}$，故

$$p_{zq} = R_{zq}\rho_{zq}T$$
$$p_{bh} = R_{zq}\rho_{bh}T$$

两式相除得：

$$\frac{\rho_{zq}}{\rho_{bh}} = \frac{p_{zq}}{p_{bh}}$$

即
$$\varphi = \frac{\rho_{zq}}{\rho_{bh}} = \frac{p_{zq}}{p_{bh}} \times 100\% \tag{6-6}$$
式中 p_{bh}表示在温度 t 时，湿空气中水蒸气可能达到的最大分压力。t 一定时，p_{bh}相应有一定的值。

上式说明，相对湿度也可用湿空气中水蒸气的实际分压力 p_{zq}与同温度下水蒸气的饱和压力 p_{bh}之比来表示。

当相对湿度已知时，该式可用来求得湿空气中水蒸气的分压力 p_{zq}。即
$$p_{zq} = \varphi p_{bh} \tag{6-7}$$

【例 6-1】 已知湿空气的绝对湿度为 0.015kg/m³，温度为 30℃，试求该湿空气的相对湿度。

【解】 由附录 5-1 查得，当 $t = 30$℃时，$p_{bh} = 4241$Pa。

根据式（6-4），可得：
$$\begin{aligned} p_{zq} &= \rho_{zq} R_{zq} T = 0.015 \times 461.5 \times (273 + 30) \\ &= 2097.5\text{Pa} \end{aligned}$$

空气相对湿度
$$\varphi = \frac{p_{zq}}{p_{bh}} = \frac{2097.5}{4241} = 49.5\%$$

【例 6-2】 某车间内空气的压力和温度分别为 0.1MPa 和 21℃。如测得相对湿度为 60%，试求空气中水蒸气的分压力为多少？

【解】 由附录 5-1 查得，$t = 21$℃时，水蒸气的饱和压力
$$p_{bh} = 2486\text{Pa}$$
根据式（6-7），水蒸气的分压力：
$$p_{zq} = \varphi p_{bh} = 0.6 \times 2486 = 1491.6\text{Pa}$$

四、湿空气的含湿量

物料的干燥以及冷却塔中冷却水的过程，都是利用空气来吸收水分。然而，无论湿空气的状态如何变化，其中干空气的质量总是不变的，而所含的水蒸气的质量却有改变。为了分析和计算方便，常采用 1kg 质量的干空气作为计算基准来表示湿空气的湿度。

在含有 1kg 干空气的湿空气中，所含水蒸气的质量（以 g 计），称为湿空气的含湿量，以符号 d 表示，其单位为 g/kg（g）。

设湿空气中干空气的质量为 m_g（kg），水蒸气的质量为 m_{zq}（kg），则
$$d = \frac{m_{zq}}{m_g} \times 1000 = \frac{\rho_{zq}}{\rho_g} \times 1000 \tag{6-8}$$

值得注意的是，上式以“kg 干空气”为计算基准，它不同于 1kg 质量的湿空气，它是将所含水蒸气的质量 d 计算在干空气之外，也即在质量为（$1 + 0.001d$）kg 的湿空气中才含有 d（g）水蒸气。由于干空气质量不变，因此，只要根据含湿量 d 的变化，就可以判断出过程中湿空气的干湿程度。

水蒸气和干空气作为理想气体，满足理想气体状态方程式，则：
$$p_{zq} = \rho_{zq} R_{zq} T$$
$$p_g = \rho_g R_g T$$

两式相除

$$\frac{p_{zq}}{p_g}=\frac{\rho_{zq}R_{zq}}{\rho_g R_g}$$

将以上关系式代入式（6-8）得

$$d=\frac{p_{zq}R_g}{p_g R_{zq}}\times 1000$$

将 $R_{zq}=461.5\text{J}/(\text{kg}\cdot\text{K})$，$R_g=287.05\text{J}/(\text{kg}\cdot\text{K})$ 代入上式：

$$d=\frac{287.05p_{zq}}{461.5p_g}\times 1000=622\frac{p_{zq}}{p_g} \tag{6-9}$$

又根据式（6-1）知：

$$p_g=B-p_{zq}$$

代入上式

$$d=622\frac{p_{zq}}{B-p_{zq}} \tag{6-10}$$

由式（6-10）知，当大气压力 B 一定时，含湿量 d 只取决于水蒸气的分压力，随水蒸气的分压力增大而增大。

又由式（6-6）知

$$p_{zq}=\varphi p_{bh}$$

故

$$d=622\frac{\varphi p_{bh}}{B-\varphi p_{bh}} \tag{6-11}$$

从上式可以看出，当已知湿空气的温度时，可由附表查得 p_{bh}，这样相对湿度 φ 和含湿量 d 之间的关系即可由上式进行换算。

当水蒸气的分压力达到饱和分压力时，相对湿度 $\varphi=1$，湿空气的含湿量达到最大值，此时的含湿量称为饱和含湿量，用 d_{bh} 表示，即

$$d_{bh}=622\frac{p_{bh}}{B-p_{bh}} \tag{6-12}$$

由于在一定温度下水蒸气的饱和压力 p_{bh} 为定值，因此，对应于一定的温度，就有固定的饱和含湿量值。

不同温度下的饱和含湿量值可见附录 6-1。

将式（6-10）与式（6-12）相除可得：

$$\frac{d}{d_{bh}}=\frac{p_{zq}}{p_{bh}}\frac{B-p_{bh}}{B-p_{zq}}=\varphi\frac{B-p_{bh}}{B-p_{zq}}$$

由于 B 与 p_{bh} 和 p_{zq} 相比要大得多，因此可近似认为：

$$B-p_{bh}\approx B-p_{zq}$$

则

$$\varphi\approx\frac{d}{d_{bh}}\times 100\% \tag{6-13}$$

利用上式计算带来的误差不超过 2%～3%。

【例 6-3】 室内空气压力 $p=0.1\text{MPa}$，温度 $t=30℃$，如已知相对湿度 $\varphi=50\%$，试计算空气中水蒸气的分压力、含湿量、饱和含湿量。

【解】 由饱和水蒸气表查得 30℃时 $p_{bh}=4241\text{Pa}$，由式（6-7）得：

$$p_{zq}=\varphi p_{bh}=0.5\times4241=2120.5\text{Pa}$$

又由式（6-10），可得：

$$d=622\frac{p_{zq}}{B-p_{zq}}=622\times\frac{2120.5}{100000-2120.5}=13.48\text{g/kg (g)}$$

由式（6-12）可得：

$$d_{bh}=622\frac{p_{bh}}{B-p_{bh}}=622\times\frac{4241}{100000-4241}=27.54\text{g/kg (g)}$$

【例 6-4】 某地空气温度为 20℃，含湿量为 10g/kg（g），当地大气压力为 0.1MPa，试问空气的相对湿度为多少?

【解】 由附录 6-1 查得，当 $t=20℃$ 时，饱和分压力 $p_{bh}=2337\text{Pa}$，饱和含湿量 $d_{bh}=14.88\text{g/kg (g)}$。

由式（6-10）可得：

$$p_{zq}=\frac{dB}{622+d}=\frac{10\times100000}{622+10}=1582.3\text{Pa}$$

又可由式（6-6）得：

$$\varphi=\frac{p_{zq}}{p_{bh}}\times100\%=\frac{1582.3}{2337}\times100\%=67.7\%$$

若按式（6-13）可得：

$$\varphi=\frac{d}{d_{bh}}\times100\%=\frac{10}{14.88}\times100\%=67.2\%$$

按近似式求得的误差为 0.7%。

五、湿空气的焓

在湿空气的工程应用中，大都是在稳定流动下工作，因而在进行工程计算时，焓是个很重要的参数。了解到湿空气中焓的变化，可以求得湿空气吸收或放出的热量。

湿空气的焓应等于干空气的焓与其中所含水蒸气的焓之和。若以 1kg 干空气为计算基准，则湿空气的焓等于 1kg 干空气的焓与 $0.001d$kg 水蒸气的焓之和，即：

$$h=h_g+0.001dh_{zq} \tag{6-14}$$

式中 h——对应于含 1kg 干空气的湿空气的焓，kJ/kg（g）；

h_g——1kg 干空气的焓，kJ/kg；

h_{zq}——1kg 水蒸气的焓，kJ/kg。

取 0℃时干空气的焓值为零，则干空气的焓可按下式计算：

$$h_g=c_p\cdot t$$

式中 t 为湿空气温度，c_p 为干空气的定压比热，在温度变化范围不大（100℃以下）时，可将空气 c_p 作为定值，认定：

$$c_p=1.005\text{kJ/(kg}\cdot\text{K)}$$

低压下水蒸气的焓可近似用下式计算：

$$h_{zq} = 2501 + 1.86t \quad kJ/kg$$

式中2501为0.01℃时饱和水蒸气的焓值；1.86为常温低压下水蒸气的平均定压比热。

此时湿空气的焓近似为：

$$h = 1.005t + 0.001d\ (2501 + 1.86t) \tag{6-15}$$

【例6-5】 如例6-3中的已知条件，试求该空气的焓值。

【解】 由例6-3已求得湿空气的含湿量 $d = 13.48g/kg\ (g)$，则由式（6-15），湿空气的焓：

$$\begin{aligned} h &= 1.005t + 0.001d\ (2501 + 1.86t) \\ &= 1.005 \times 30 + 0.001 \times 13.48 \times\ (2501 + 1.86 \times 30) \\ &= 64.6kJ/kg\ (g) \end{aligned}$$

六、露点温度与湿球温度

在湿空气中水蒸气的 p-v 图（见图6-1）上可以看出，若保持未饱和湿空中水蒸气的含量不变，则水蒸气的分压力 p_{zq} 也不变，改变其温度，使湿空气中的水蒸气沿定压线 A-C 冷却，温度下降。当过程进行到 C 点时，也达到饱和状态，若再冷却，水分就将凝结成水滴从湿空气中分离出来。

在湿空气中，对应于水蒸气分压力 p_{zq} 下的饱和温度，称为露点温度，简称露点。

图6-1中 C 点的温度即露点温度，用符号 t_{ld} 表示。湿空中的 p_{zq} 与 t_{ld} 有一一对应关系。

露点温度在实际中有很大的现实意义。空气中水蒸气多时，水蒸气的分压力就高，它所对应的饱和温度即露点也高；反之，空气中水蒸气少时，露点就低。因此，测定出湿空气的露点的实用价值在于：如在农业上可以预报是否有霜冻；在建筑结构中可以判断厨房、卫生间等房间的外墙内表面是否结露；在锅炉设备的尾部烟道（受热面），若烟气侧金属壁温度低于烟气中水蒸气的露点温度，则凝结下来的水滴将与烟气中的 SO_x 化合成酸类，从而造成对管壁的腐蚀，即低温腐蚀。另外，对燃煤炉还可能造成堵灰。关于露点温度在实际工程上的应用，还会在专业课中讨论。

露点可用专门的仪器测量。用露点测定仪测得湿空气的露点温度后，就可从湿空气物理性质表中查得对应的饱和含湿量和饱和水蒸气分压力。反之，若已知湿空气状态的含湿量或水蒸气分压力，也可从表中查得相应的露点温度（饱和温度）。

有两支完全相同的温度计，将其中的一支温度计的水银球用湿纱布包起来，并将纱布一端浸在水中。由于毛细作用，湿纱包将保持湿润。这支温度计称为湿球温度计。而另一支温度计的水银球完全裸露在空气中，称这支温度计为干球温度计。一段时间后，两支温度计上显示温度不变，同时会发现两个显示温度不同，湿球温度计测得的温度较干球温度计测得的温度低。干球温度计测得的叫干球温度，即空气温度，用 t_g 来表示。湿球温度计测得的叫湿球温度，用 t_s 来表示。

干球温度和湿球温度之所以出现差值，是由于空气未达到饱和，具有一定的吸湿能力，那么湿纱布中的水就会不断地蒸发。水分的蒸发，首先从水的本身吸取所需的汽化潜热，这样导致湿纱布的温度下降。无论原来的水温多高，经过一段时间后，水温终将下降至空气干球温度以下。这样就出现了空气向纱布中的水传热。空气与水的温差越大，空气向水传热越快。当水温降至某一值时，空气传给水的热量恰等于水分蒸发所消耗的热量，无需再从水中吸取热量，此时，水温不再下降，这个温度就反映了纱布中水的温度，即湿球温度。

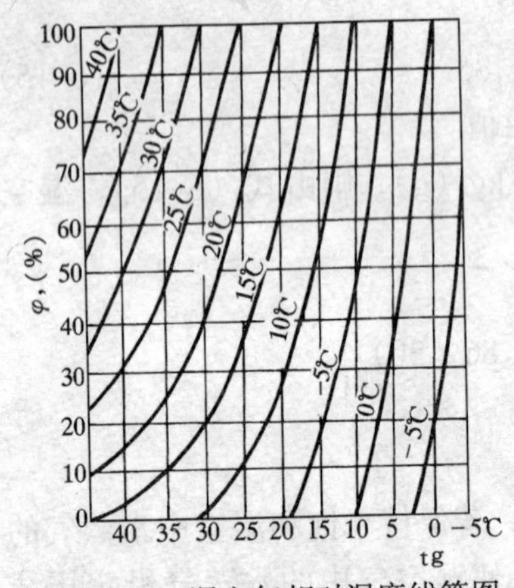

图 6-2　湿空气相对湿度线算图

(图中各曲线上所示温度为湿球温度)

干球温度与湿球温度的差值大小与空气的相对湿度有关。空气的相对湿度愈大，纱布中的水分蒸发愈慢，干湿球温度差就愈小，反之，空气相对湿度愈小，水分蒸发的愈快，干湿球温差就愈大。当空气的相对湿度达到 100%，水分不再蒸发，则干湿球温差等于零，此时湿球温度与干球温度相等。为方便起见，将空气相对湿度 ϕ 与干球温度 t_g 及湿球温度 t_s 之间的关系制成表格或线图，这样，可根据测得的干球温度 t_g 和湿球温度 t_s 的值从表或图中查得相对湿度的值。图 6-2 为湿空气相对湿度线算图。

例如：大气的干、湿球温度分别为 $t_g=30℃$、$t_s=25℃$，查图 6-2 可以求得相对湿度 $\varphi=68\%$。

【例 6-6】　室内空气压力 $B=0.1\text{MPa}$，温度 $t=30℃$，如已知相对湿度 $\varphi=40\%$，试计算空气中水蒸气分压力、露点和含湿量。

【解】　由饱和水蒸气表查得 30℃时 $p_{bh}=4241\text{Pa}$。

由式（6-7）得：

$$p_{zq}=\varphi p_{bh}=0.4\times4241=1696.4\text{Pa}$$

从饱和水蒸气表上查得 p_{zq} 对应的饱和温度即为露点温度。

$$t_{zd}=14.9℃$$

又由式（6-10）得：

$$d=622\times\frac{p_{zq}}{B-p_{zq}}=622\times\frac{1696.4}{100000-1696.4}=10.73\text{g/kg（g）}$$

【例 6-7】　某空气经实测，干球温度 $t_g=20℃$，湿球温度 $t_s=15℃$，试求该空气的状态参数 φ、d 和 h。（已知空气压力 $B=0.1\text{MPa}$）

【解】　从湿空气的相对湿度线算图上查得：$t_g=20℃$、$t_s=15℃$时，$\varphi=64\%$。

由饱和水蒸气性质表查得 20℃时 $p_{bh}=2338\text{Pa}$。

由式（6-11）得：

$$d=622\frac{\varphi p_{bh}}{B-\varphi p_{bh}}=622\times\frac{0.64\times2338}{100000-0.64\times2338}$$
$$=9.45\text{g/kg（g）}$$

又由式（6-15）得：

$$h=1.005t+0.001d（2501+1.86t）$$
$$=1.005\times20+0.001\times9.45\times（2501+1.86\times20）$$
$$=44.1\text{kJ/kg（g）}$$

第三节　湿空气的焓湿图

在与湿空气有关的空调设备或其它设备的设计、运行及管理维护过程中，往往需要确定湿空气的状态及状态参数，并研究湿空气在设备中的状态变化过程，用公式来计算和分析是比较复杂的，若将这些参数关系画于一个线图上，则为湿空气的计算和分析带来了方便。这就是湿空气的焓湿图。

图 6-3 为湿空气的 h-d 图。在 h-d 图中，以湿空气的焓 h 为纵坐标，以湿空气的含湿量 d 为横坐标，为了使曲线清楚起见，纵坐标与横坐标的交角不是直角而是 135°。定含湿量线平行于纵坐标。不过通过坐标原点的水平线以下部分没有用，因此，将斜角横坐标 d 上的刻度投影到水平轴上。

h-d 图是在一定的大气压力下，根据公式（6-11）和公式（6-15）绘制的。图中各参数的值均为含有 1kg 干空气的湿空气的数值。图上每一点都表示湿空气的一种状态，具有确定的状态参数。在图上还可以用线段表示湿空气的状态变化过程。

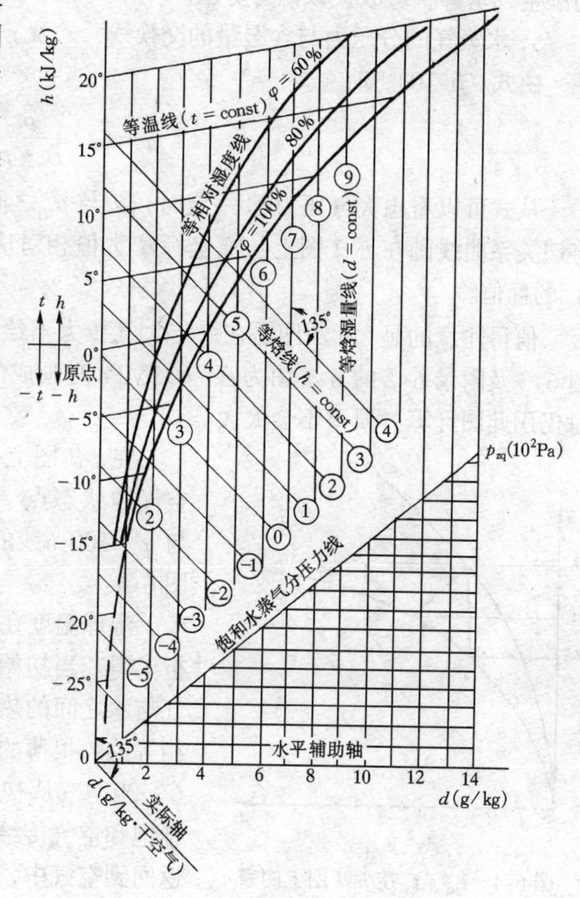

图 6-3　湿空气的 h-d 图

在 h-d 图上有等焓线，等含湿量线、等温线、等相对温度线四种等值线群和一条水蒸气分压力与含湿量 d 的交换线。见图 6-3。

1. 等焓线

因为 h-d 图采用 135°的斜角坐标，所以，等焓线是一组相互平行并与纵坐标成 135°（与水平线成 45°角）的直线。过坐标原点的 $h=0$，h 值自下而上逐渐增加，原点以上为正值，以下为负值。

2. 等含湿量线

等含湿量线是一组与纵坐标平行的直线。过坐标原点的 $d=0$，d 值自左向右逐渐增加。

3. 等温线

根据式（6-15）可知：$h=1.005t+0.001d\,(2501+1.86t)$，当温度一定时，焓 h 与含湿量 d 成直线关系，所以在 h-d 图上的等温线群为斜率不同的直线。从式（6-15）可以看出，对于不同的温度，直线有不同的斜率，所以等温线之间并不互相平行。不过由于 $1.86t$ 远小于 2501，这样直线斜率随温度变化甚微，故等温线又几乎是平行的。由公式：$t=0$℃时，$h=2.501d>0$，因此，过坐标原点的 $t \neq 0$℃。h 值是随空气温度 t 的增加而增加的，这样，在 h-d 图，t 值自下而上是逐渐增加的。

4. 等相对湿度线

根据式（6-11）可知：$d=622\frac{\varphi p_{bh}}{B-\varphi p_{bh}}$，当湿空气的压力 B 和温度为某一定值（即 p_{bh}亦为定值）时，在给定的等温线上对应不同的 d 值，就有不同的 φ 值，将各等温线上的相对湿度 φ 值相同的点连起来，成为一条向上凸出的曲线，即为等相对湿度线。

当 $\varphi=0\%$ 的等相对湿度线为干空气线，此时，$d=0$，故与纵坐标重合。$\varphi=100\%$ 的等相对湿度线称为饱和空气曲线或称为临界曲线，此线将 h-d 图分为两部分。线上部分为未饱和湿空气区，从左至右，φ 值逐渐增大。线下部分表示蒸汽已开始凝结为水，此时的湿空气呈雾状，故又该区为雾区。

5. 水蒸气的分压力与含湿量的交换线

由式（6-10）知：

$$d=622\frac{p_{zq}}{B-p_{zq}}$$

从式可以看出大气压力 B 一定时，d 与 p_{zq}之间存在单值对应关系，即 $p_{2q}=f(d)$。将该关系曲线画在 h-d 图上与横坐标 d 数值相对应的另一根横坐标上，该横坐标上列有 p_{zq}的标值。

值得注意的是：h-d 图是在一定大气压力下绘制的，不同的大气压力下的线图不同。图 6-3 及附录 6-2 的 h-d 图为 $B=0.1$MPa 时画成的。通常的实际问题中，气压相差不大时仍用此图计算，误差不会太大。

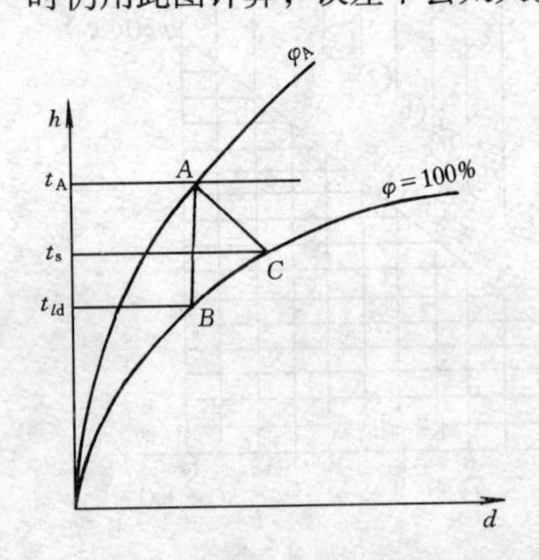

图 6-4　t_{ld}、t_s 在 h-d 图上的表示

在 h-d 图上很容易求出湿空气的露点温度 t_{ld}。过湿空气的状态点 A（t_A，φ_A）作等含湿量线（垂直线），与 $\varphi=100\%$线的交点 B，B 点对应的温度 $t_B=t_{ld}$，见图 6-4。

湿球温度在 h-d 图上的表示方法，可通过下面的分析求得。当初始状态为 A 的空气流经湿球时，由于空气与水之间的热湿交换，在湿球周围形成了一层与水温相等的、很薄的饱和空气层。设该饱和空气层的状态为 C。当空气从初状态点 A 变为饱和空气状态 C 时，由于饱和空气传给纱布中水的热量全部以汽化潜热的形式返回到空气中，故可认为空气的焓值基本保持不变，湿球周围饱和空气层的形成过程，即由 A 到 C 的过程，可近似地认为是等焓过程。在 h-d 图上，过 A 点作等焓线与 $\varphi=100\%$ 的饱和曲线相交于 C 点，该点的温度即是湿球温度 t_s，见图 6-4。

严格来讲，在湿球温度的形成过程中，空气的焓值应略有增加。这是因为水在蒸发到空气中时，带到空气中的不仅有汽化潜热还有液体热。但液体热与汽化潜热相比很小，可以忽略不计，因此，在实际中将湿球温度的形成过程近似认为是等焓过程。

6. 热湿比线

为了说明湿空气状态变化过程中焓和含湿量的变化，通常用状态变化前后的焓差和含湿量差的比值来描述过程变化的方向和特征。这个比值称为热湿比，用符号 ε 表示，即：

$$\varepsilon = \frac{h_B - h_A}{\frac{d_B - d_A}{1000}} = \frac{\Delta h}{\frac{\Delta d}{1000}} \tag{6-16}$$

从图 6-5 中可以看出，ε 是过程线 AB 的斜率。它反映了过程直线与水平方向的倾斜角度，故又称 ε 为角系数，图中每一条直线对应一定的斜率，因此，在 h-d 图上的每一个状态变化过程线应对应一定的角系数。对于湿空气的各种状态变化过程，只要它们的角系数 ε 相同，过程线就必定互相平行，而与过程的初始状态无关。在 h-d 图上分析湿空气的状态变化过程，确定状态参数时，利用角系数可简化制图和运算程序。实际使用的 h-d 图上，常以 $h=0$、$d=0$ 作为起点，作一系列角系数线，见图 6-6。为避免图线交叉，往往只在图框外保留角系数线的末端；也可在 h-d 图的边角处单独绘制一角系数线图。使用时可用三角尺将角系数线平移至已知状态点。

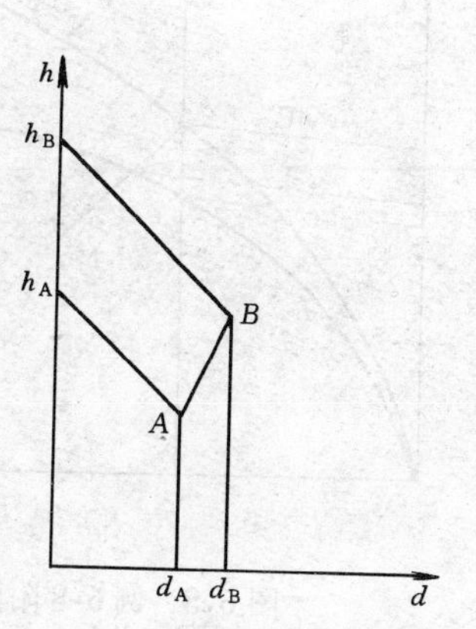

图 6-5　角系数定义图

在 h-d 图上，用等焓线和等含湿量线可将图划分为四个象限，见图 6-7。由式（6-16）知，等焓过程 $\Delta h=0$，角系数 $\varepsilon=0$；等湿过程 $\Delta d=0$，角系数 $\varepsilon=\pm\infty$。各象限间的角系数分别为：

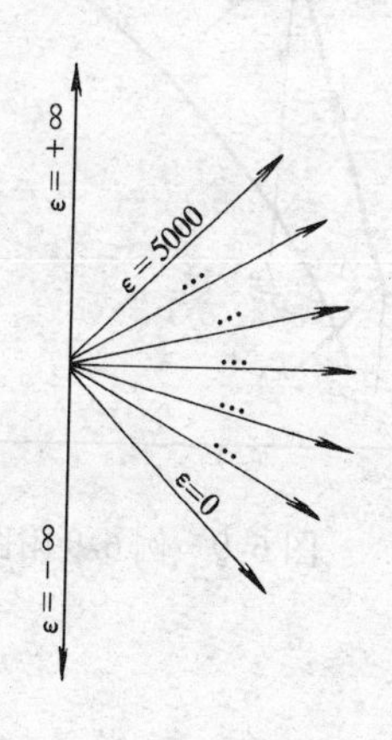

图 6-6　角系数线

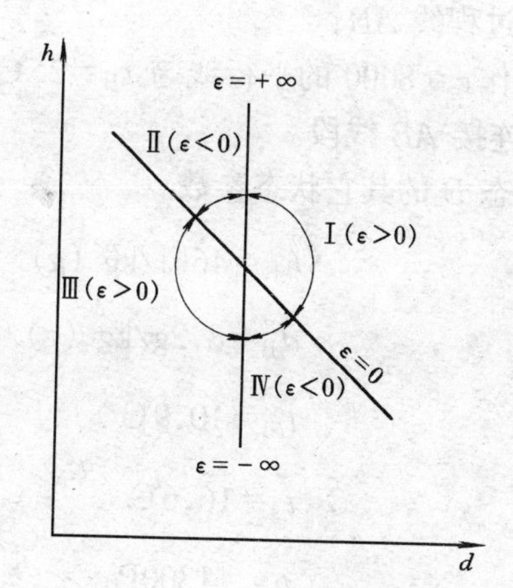

图 6-7　h-d 图上四个象限内过程的特征

第一象限：$\Delta h>0$，$\Delta d>0$，即增焓，增湿过程，$\varepsilon>0$；

第二象限：$\Delta h>0$，$\Delta d<0$，即增焓，减湿过程，$\varepsilon<0$；

第三象限：$\Delta h<0$，$\Delta d<0$，即减焓，减湿过程，$\varepsilon>0$；

第Ⅳ象限：$\Delta h<0$，$\Delta d>0$，即减焓，增湿过程，$\varepsilon<0$；

【例 6-8】　测得空气压力 $B=0.1$MPa，$\varphi=60\%$，$t=30$℃，试在 h-d 图上求出该空气的其余状态参数。

【解】　参见附录 6-2 的湿空气的 h-d 图，从图中找出 $t=30$℃，$\varphi=60\%$的状态点 A，见图 6-8。

于是查得该空气的其余状态参数：

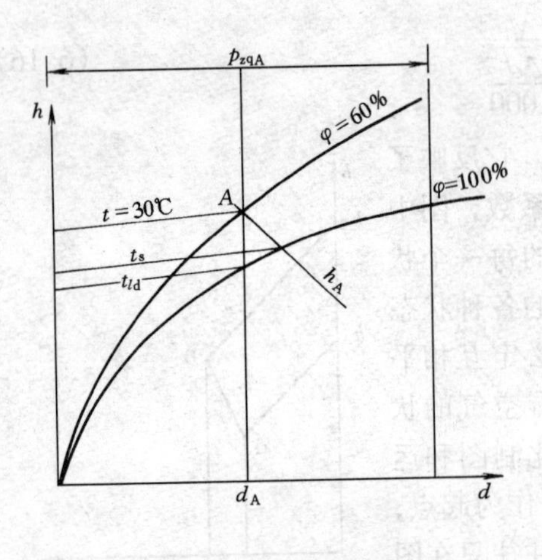

图 6-8　例 6-8 附图

$h_A=71.7kJ/kg$（g）

$d_A=16.3g/kg$（g）

$p_{zqA}=2560Pa$

$t_{ld}=21.7℃$

$t_s=23.9℃$

【例 6-9】　已知空气的初始状态为 $t_A=15℃$，$\varphi_A=60\%$ 若向空气中加入 $q=16kJ/kg$（g）的热量和 2g/kg（g）的含湿量后空气的温度变为 $t_B=25℃$，试在 h-d 图上确定空气的状态变化过程线、过程线角系数以及末状态的其余状态参数。

【解】　1. 在 h-d 图上标出空气的初始状态点 A（t_A，φ_A），见图 6-9；

2. 计算出空气状态变化过程线的角系数；

$$\varepsilon=\frac{\Delta h}{\frac{\Delta d}{1000}}=\frac{16}{\frac{2}{1000}}=8000$$

3. 确定过程线 AB；

过 A 点作 $\varepsilon=8000$ 的平行线与 $t_B=25℃$ 线的交点即为 B，连接 AB 线段。

4. 求状态 B 的其它状态参数。

$h_B=46kJ/kg$（g）

$d_B=8.2g/kg$（g）

$t_{ld}=10.9℃$

$t_s=16.6℃$

$p_{zq}=1300Pa$

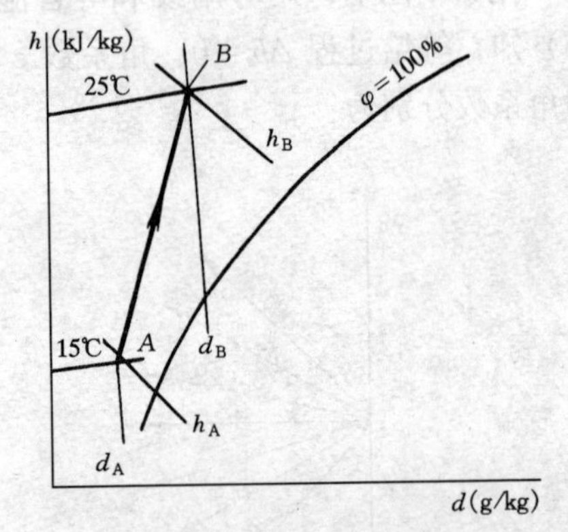

图 6-9　例 6-9 附图

第四节　湿空气的热力过程

一、等湿加热和等湿冷却过程

湿空气在加热过程中，吸收热量，温度上升，含湿量保持不变。例如空气调节工程中利用表面式加热器和电加热器来处理空气的过程。

如图 6-10 所示，已知空气的入口参数为 t_1、h_1，即可在图中确定出状态点 1，然后沿等含湿量线垂直向上与温度为 t_2 的等温线相交，即可得出口状态点 2。

在 1-2 过程中：

$$\Delta h>0\quad \Delta d=0\quad \Delta t>0$$

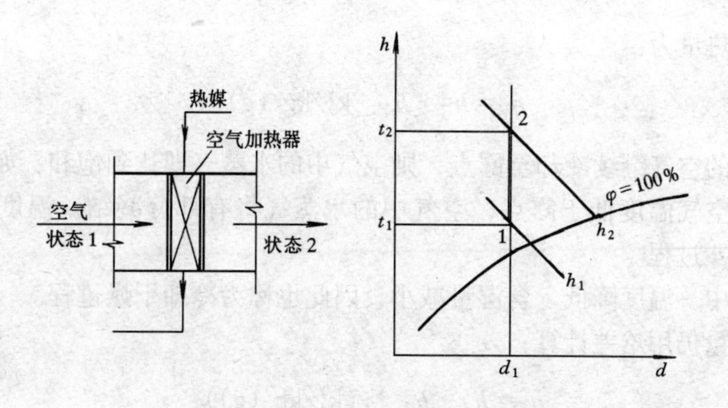

图 6-10　湿空气的等湿加热过程

因此

$$\varepsilon=\frac{\Delta h}{\frac{\Delta d}{1000}}=+\infty$$

显然，这一过程可以用来干燥空气。

过程中的加热量可用焓差求得：

$$q=h_2-h_1 \quad (\mathrm{kJ/kg\ (g)})$$

湿空气在冷却过程中，温度逐渐降低，在降至露点温度之前，空气含湿量保持不变。这一过程称为等湿冷却过程。例如空调工程中一般是利用表冷器对空气进行等湿冷却。

如图 6-11 所示，状态 1 的湿空气经过冷却后，温度降低，焓值下降，只要不低于露点温度，空气中的水蒸气就不能凝结。如图中的 1-2 过程。

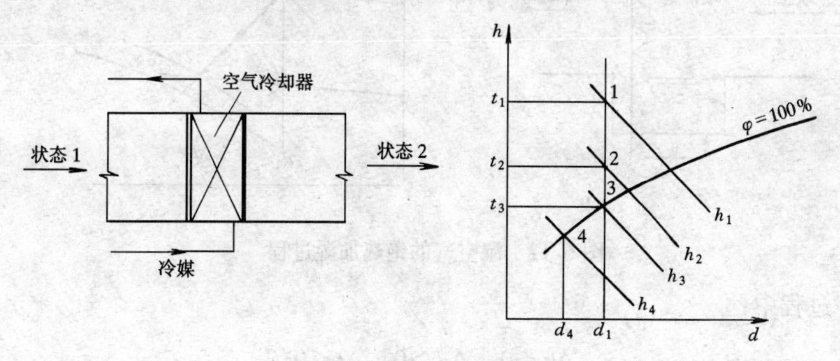

图 6-11　湿空气的冷却过程

在 1-2 过程中：

$$\Delta h<0 \quad \Delta d=0 \quad \Delta t<0$$

因此，过程的角系数：

$$\varepsilon=\frac{\Delta h}{\frac{\Delta d}{1000}}=-\infty$$

在这一过程中，温度降低，相对湿度却增大，即相当于对空气冷却加湿。

过程中的放热量为：

$$q' = h_2 - h_1 \quad \text{kJ/kg (g)}$$

若将状态2的空气继续冷却至露点，则空气中的水蒸气即达到饱和，如图中的2-3过程。如冷却后的空气温度低于露点，空气中的水蒸气将有部分凝结。温度越低，凝结越多。如图中的3-4过程。

在这一过程中，温度降低，含湿量减小，因此也称为冷却干燥过程。

过程的放热量仍用焓差计算：

$$q' = h_4 - h_1 \quad (\text{kJ/kg (g)})$$

析出的水分：

$$\Delta d = d_4 - d_1 \quad (\text{kJ/kg (g)})$$

二、绝热加湿过程

空气在绝热条件下完成的加湿过程称为绝热加湿过程。例如在空调工程中在喷水室喷淋循环水来处理空气的过程。

因为过程中与外界无热交换，空气温度高于水温，水分蒸发所需要的热量完全来自空气本身，该过程与湿球温度的形成过程相同。所以空气在处理后焓值基本不变，温度降低，含湿量增大，如图6-12所示。

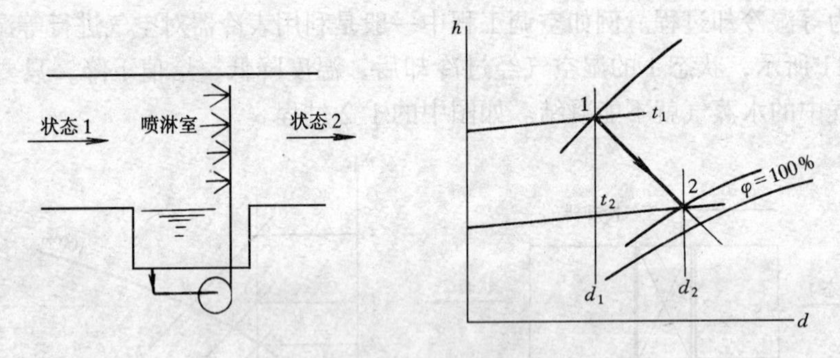

图6-12 湿空气的绝热加湿过程

在1-2过程中：

$$\Delta h = 0 \quad \Delta d > 0 \quad \Delta t < 0$$

因此，过程的角系数：

$$\varepsilon = \frac{\Delta h}{\frac{\Delta d}{1000}} = 0$$

在这一过程中，温度降低，相对湿度增加，所以又叫做蒸发冷却过程。

过程中空气的吸湿量：

$$\Delta d = d_2 - d_1 \quad (\text{kJ/kg (g)})$$

三、等温加湿过程

在空调工程中向空气中喷入接近大气压力的饱和蒸汽，即可认为是等温加湿过程。虽然蒸汽的温度很高，但进入空气后，将继续膨胀变成过热蒸汽，吸收本身的热量，最终空气温度不变。如果喷入的蒸汽使空气变成饱和空气，且要再有部分凝结，空气温度将升高很多。所以等温加湿的条件是，不能使空气达到饱和。在 h-d 图上这一过程可表示为 1-2 过程，如图 6-13 所示。

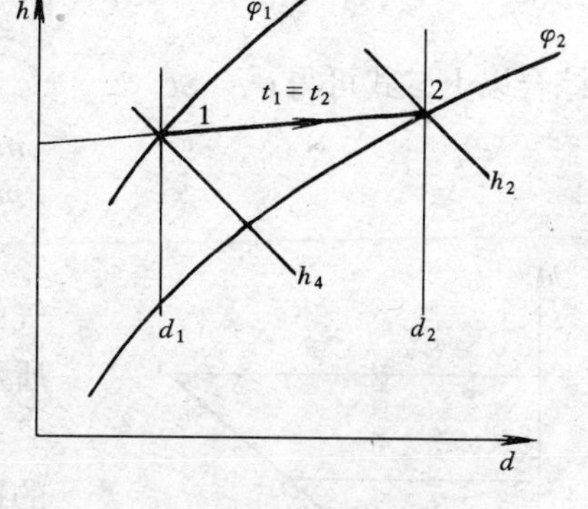

图 6-13　湿空气的等温加湿过程

在这一过程中：

$$\Delta h > 0 \quad \Delta d > 0 \quad \Delta t = 0$$

焓的增加值 Δh 为：

$$\Delta h = \frac{\Delta d}{1000} h_q$$

式中　h_q——水蒸气的焓，kJ/kg；

$$h_q = 2501 + 1.86t$$

Δd——每公斤干空气所吸收的蒸汽量，g/kg（g）。

因此，过程的角系数：

$$\varepsilon = \frac{\Delta h}{\frac{\Delta d}{1000}} = \frac{\frac{\Delta d h_q}{1000}}{\frac{\Delta d}{1000}} = h_q = 2501 + 1.86t$$

这一过程的加湿量：

$$\Delta d = d_2 - d_1 \quad (\text{g/kg (g)})$$

对于 100℃左右的低压蒸汽：

$$\varepsilon = h_q = 2501 + 1.86t = 2501 + 1.86 \times 100 \approx 2690$$

这一过程线与等温线近似平行，故可认为该过程为等温过程。

四、绝热混合过程

在空调一次（或二次）回风系统中，经常遇到两种不同状态空气的混合情况。主要是为了节省冷量或热量，提高空调系统的经济性。

设空气 1 对应的状态参数为 t_1、h_1、d_1、φ_1，流量为 m_1，空气 2 对应的状态参数为 t_2、h_2、d_2、φ_2，流量为 m_2。两股空气混合后为空气 3，对应的状态参数为 t_3、h_3、d_3、φ_3，流量为 m_3。

根据质量守恒：

$$m_1 + m_2 = m_3 \tag{a}$$

根据能量守恒：

$$m_1 h_1 + m_2 h_2 = m_3 h_3 \tag{b}$$

根据湿量守恒：

$$m_1 d_1 + m_2 d_2 = m_3 d_3 \tag{c}$$

由（a）（b）二式可得：

$$\frac{m_1}{m_2} = \frac{h_3 - h_2}{h_1 - h_3}$$

由（a）（c）二式可得：

$$\frac{m_1}{m_2}=\frac{d_3-d_2}{d_1-d_3}$$

综合以上二式可得：

$$\frac{m_1}{m_2}=\frac{h_3-h_2}{h_1-h_3}=\frac{d_3-d_2}{d_1-d_3} \tag{6-17}$$

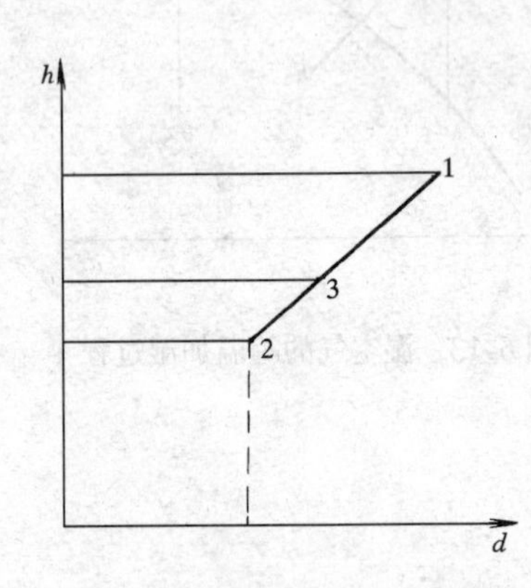

图 6-14　湿空气的混合过程

式（6-17）是一直线的二段式方程，它说明两股空气的状态点与混合后的状态点在一条直线上。如图 6-14 所示。

根据几何学中的相似原则，对应的各边之比呈一定的比例，则：

$$\frac{\overline{32}}{\overline{13}}=\frac{h_3-h_2}{h_1-h_3}=\frac{d_3-d_2}{d_1-d_3}=\frac{m_1}{m_2} \tag{6-18}$$

混合后的状态点 3，将直线分为两段，即$\overline{13}$和$\overline{32}$。这两段直线的长度与参加混合的空气质量成反比。也就是说，混合点靠近质量大的空气状态一边。

从上述分析可知，确定混合后空气的状态及状态参数有两种方法：

（1）计算法：即用公式（b）、（c）分别求出 d_3 和 h_3，然后在 h-d 图上确定状态点，从而再查出其余状态参数。

（2）作图法：首先连接状态 1 和状态 2 得直线$\overline{12}$，然后根据质量的比值分割直线$\overline{12}$，分割点为混合后空气的状态点，从而查出该点的其余状态参数。

【例 6-10】　已知大气压力为 101325Pa。状态 1 的空气 $m_1=2000$kg/h，温度为 $t_1=20$℃，相对湿度 $\varphi_1=60\%$；状态 2 的空气 $m_2=500$kg/h，温度为 $t_2=30$℃，相对湿度为 80%。试求两种空气混合后的状态及状态参数。

【解】　在 h-d 图上先找出状态点 1 和 2，连接 1 和 2，见图 6-15。

$h_1=41.8$kJ/kg（g）　$d_1=8.7$g/kg（g）

$h_2=86.2$kJ/kg（g）　$d_2=21.7$g/kg（g）

（1）用计算法：

由公式（b）可得：

$$h_3=\frac{m_1h_1+m_2h_2}{m_1+m_2}=\frac{2000\times41.8+500\times86.2}{2000+500}$$

$$=50.68\text{kJ/kg (g)}$$

由公式（c）可得：

$$d_3=\frac{m_1d_1+m_2d_2}{m_1+m_2}=\frac{2000\times8.7+500\times21.7}{2000+500}$$

$$=11.3\text{g/kg (g)}$$

在 h-d 图上找出 h_3（或 d_3）与$\overline{12}$线的交点即为混合后的状态 3。

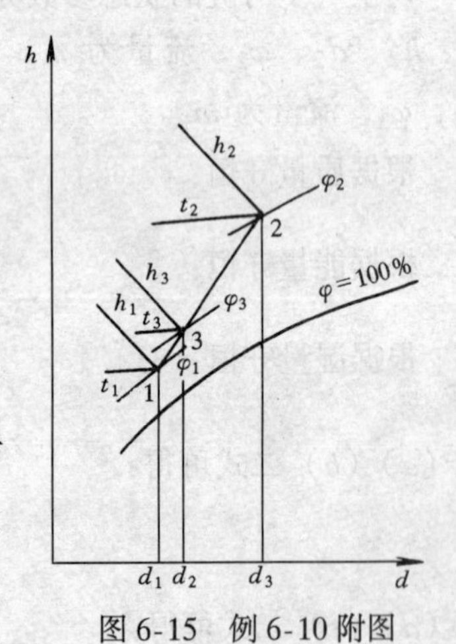

图 6-15　例 6-10 附图

则

$$t_3=22.3℃$$

$$\varphi_3=67\%$$

（2）用作图法：

由式（6-18）知：

$$\frac{\overline{23}}{\overline{31}}=\frac{m_1}{m_2}=\frac{2000}{500}=\frac{4}{1}$$

将线段 1-2 五等分，则 3 点位于靠近 1 点的一等分处。从 h-d 图上查得：

$$h_3 = 50.7\text{kJ/kg(g)}$$
$$d_3 = 11.4\text{g/kg(g)}$$
$$t_3 = 22.1℃$$
$$\varphi_3 = 67.5\%$$

小　结

本章主要讲述了湿空气的性质、组成和状态参数；湿空气的露点温度和干、湿球温度；湿空气的焓湿图；湿空气的有关的热力过程。

一、湿空气作为理想混合气体的理由及应用；湿空气的组成；饱和湿空气与未饱和湿空气的区别。

二、湿空气的 6 种状态参数（温度 t、压力 p、绝对湿度 ρ、相对湿度 φ、含湿量 d、焓 h），每种状态参数的定义及相互之间的换算关系。

三、湿空气的露点温度和湿球温度的形成过程、实用意义及在 h-d 图上的表示。

四、湿空气 h-d 图的构成及各种参数线群在图上的表示，利用 h-d 来表示湿空气的状态及状态变化过程的过程线及角系数。

五、湿空气的 4 种热力过程（等湿加热或等湿冷却过程、绝热加湿过程、等温加湿过程、绝热混合过程）在空调工程中的实际应用，了解掌握在湿空气的状态变化过程中含湿量、焓、温度、相对湿度等参数的变化规律及过程在 h-d 图上的表示。

习 题 六

6-1　60℃的空气中所含水蒸气的分压力为 0.01MPa。试问该空气是饱和还是未饱和状态？

6-2　傍晚测得空气温度为 10℃，相对湿度为 30%，天气预报晚上最低气温为 −2℃，问晚上有霜冻出现吗？

6-3　已知饱和空气温度为 18℃时，绝对湿度为 0.0107kg/m³ 时，空气的相对湿度是多少？又温度为 30℃，饱和空气的绝对湿度为 0.0301kg/m³，当绝对湿度为 0.0153kg/m³ 时，空气的相对湿度又是多少？试问这两种空气哪一种较为干燥？

6-4　湿空气的温度 $t=30℃$，相对湿度 $\varphi=80\%$，如果当时的大气压力 $B=0.1\text{MPa}$。试求（1）湿空气的绝对湿度；（2）水蒸气的分压力；（3）湿空气的含湿量。

6-5　若大气压力为 101325Pa，空气温度 $t=25℃$，相对湿度 $\varphi=60\%$，试计算该空气的含湿量和饱和含湿量。

6-6　若大气压力为 101325Pa，空气温度 $t=18℃$，相对湿度 $\varphi=40\%$，试计算该空气的焓值。

6-7　已知空气温度 $t=20℃$，含湿量为 8g/kg（g），如果大气压力为 101325Pa，试计算该空气中水蒸气的分压力和焓。

6-8　利用 h-d 图找出 $t=35℃$ 时空气中水蒸气的最大压力？

6-9　已知空气温度 $t=28℃$，相对湿度 $\varphi=70\%$，试在 $h\text{-}d$ 图上求空气的焓、分压力和含湿量。

6-10　已知空气中水蒸气的分压力为 0.01MPa，相对湿度 $\varphi=60\%$，试利用 $h\text{-}d$ 图确定空气的温度和焓。

6-11　已知湿空气的焓为 60kJ/kg（g），温度 t 为 25℃，试用 $h\text{-}d$ 确定其相对湿度。

6-12　空气的原有温度为 30℃，含湿量为 10g/kg（g）。如果向该空气加湿 5g/kg（g），同时温度下降 5℃，问空气的焓值如何变化？

6-13　若空气温度为 30℃，相对湿度为 85%，试利用 $h\text{-}d$ 求露点温度和湿球温度。

6-14　湿空气温度为 30℃，压力为 0.1MPa，露点为 22℃，求其相对湿度和含湿量。

6-15　用干湿球温度计测得空气的 $t_g=30℃$，$t_s=20℃$，试用 $h\text{-}d$ 确定空气的其它状态参数。

6-16　已知空气的初状态 $t_A=15℃$，$\varphi=50\%$。若向空气中加入 100kJ/kg 的热量，同时加湿 20g/kg（g），试在 $h\text{-}d$ 图上确定空气吸热吸湿后的状态变化过程线及过程角系数的值。

6-17　压力为 0.1MPa 的湿空气在 $t_1=5℃$，$\varphi_1=60\%$ 下进入加热器，在 $t_2=20℃$ 下离开。试确定

（1）在此定压过程中对空气供给的热量；

（2）离开加热器时湿空气的相对湿度。

6-18　已知空气温度为 20℃，相对湿度为 50%，若向空气喷入低压蒸汽，使空气相对湿度达到 80%，问喷入的蒸汽量为多少？

6-19　大气的温度为 32℃，相对湿度 $\varphi=60\%$，要求经过空气处理后温度为 22℃，相对湿度为 45%。首先空气要冷却减湿，析出水分，然后加热至所需的温度。试求

（1）析出的水分量；

（2）冷却系统带走的热量；

（3）加热空气所需的热量。

6-20　某空调工程，系统的总送风量为 15000kg/h，其中回风量为 10000kg/h。新风参数 $t_1=36℃$，$\varphi=60\%$。回风参数为 $t=25℃$，$\varphi=70\%$，试求混合后的状态参数。

第七章　气体和蒸汽的流动与节流

在很多热力设备中，能量转换是在工质流动速度及热力状态同时变化的热力过程中实现的。例如汽轮机、叶轮式压气机、锅炉注水器、采暖喷射器、通风机以及空气调节诱导器等都是使气体流过喷管或扩压管进行工作的。在这类设备中，工质不断流进和流出，所以取为开口系统。工质在流动时流动状态的变化是以速度变化为标志的。当气体流过喷管时，流速增加，压力降低，工质的压能变为动能，高速的气流来推动叶轮做功或引射低压流体。当气体流过扩压管时，速度降低，压力增大，工质的动能变为压能，使气体获得较高的压力。综上所述，气体经过喷管或扩压管的流动过程，是具有状态变化、流速变化及能量转换的特殊热力过程。同时，气流的流速还与流道的截面尺寸及系统边界的外部条件有关。因此，本章主要分析气流在流经喷管和扩压管时，状态参数的变化规律以及流道截面变化之间的关系，还要分析气流通过孔板、阀门时的绝热节流现象。

第一节　稳定流动的基本方程

在实际中，很多工质的流动都是稳定的或接近稳定的，所以以下仅讨论气流的一元稳定流动。根据已学过的热力学基本知识来分析工质的流动问题，归纳起来，稳定流动所用到的基本方程不外乎是连续性方程、稳定流动能量方程以及反映工质状态变化的绝热过程方程。

一、连续性方程

连续性方程是建立在质量守恒定律基础上，它普遍适用于稳定而连续的流动过程。它可以表达为：单位时间内流入热力系统的工质质量与流出热力系统的工质质量相等，且恒等于常数。

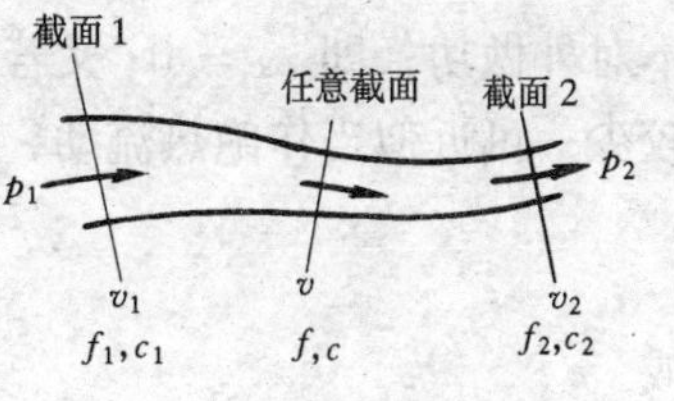

图 7-1　气体在流道中的连续流动

如图 7-1 所示的流道中，截面 1 的面积为 f_1（m^2），工质比容为 v_1（m^3/kg），密度为 ρ_1（kg/m^3），流速为 c_1（m/s），质量流量为 m_1（kg/s）；截面 2 的面积为 f_2（m^2），工质比容为 v_2（m^3/kg），密度为 ρ_2（kg/m^3），流速为 c_2（m/s），质量流量为 m_2（kg/s）。则通过截面 1 的质量流量为：

$$m_1 = \frac{f_1 c_1}{v_1} = \rho_1 f_1 c_1$$

同理，通过截面 2 的质量流量为：

$$m_2 = \frac{f_2 c_2}{v_2} = \rho_2 f_2 c_2$$

流过任意截面的质量流量为：

$$m=\frac{fc}{v}=\rho fc$$

根据质量守恒定律，在连续稳定流动中，流道各个不同截面上的质量流量必然相等，且恒等于常数，即

$$m_1=m_2=m=\text{常数}$$

或

$$\frac{f_1c_1}{v_1}=\frac{f_2c_2}{v_2}=\frac{fc}{v}=\text{常数}$$

$$\rho_1f_1c_1=\rho_2f_2c_2=\rho fc=\text{常数}$$

$$m=\frac{fc}{v}=\rho fc=\text{常数} \tag{7-1}$$

式（7-1）就是稳定流动的连续性方程，它说明了流速、截面积和比容之间的关系。

对不可压缩流体，v 或 ρ 可视为常数，则上式简化为：

$$fc=\text{常数} \tag{7-2}$$

从式（7-2）可以看出，不可压缩流体的流速与截面积成反比，即流道截面缩小时，流体流速增加，反之，流道截面增大时，流体流速则降低。

气体和蒸汽为可压缩流体，v 或 ρ 随着状态的变化而变化，则其流速、截面面积和比容之间的关系符合式（7-1）。

二、稳定流动的能量方程

稳定流动能量方程是根据能量守恒定律得来的，对开口系统的热力学第一定律的解析式，在第二章已详细推导并得出：

$$q=(h_2-h_1)+\frac{1}{2}(c_2^2-c_1^2)+g(z_2-z_1)+w$$

当工质在流道中流动，高度 z 的变化很小，位能差 $g(z_2-z_1)$ 可略去不计；工质又不对外做功，即 $w=0$；又若工质流速较大，流经流道所需的时间极短，故与外界热交换较少，可近似当作绝热流动，即 $q=0$，则上式可简化成：

$$(h_2-h_1)+\frac{1}{2}(c_2^2-c_1^2)=0$$

或

$$h_1+\frac{c_1^2}{2}=h_2+\frac{c_2^2}{2}=h+\frac{c^2}{2}=\text{常数} \tag{7-3}$$

上式表明，工质在绝热稳定流动过程中，工质不对外作功时，任一截面上的焓与动能之和保持不变。换言之，工质速度的增加是由于工质焓的减少；反之，工质速度降低，将使工质的焓增加。

三、绝热过程方程

绝热过程方程式是按照过程的特点由状态方程式导出的数学关系式。它描述了工质在流动中状态参数的变化规律。

在稳定流动中，如果既无摩擦又无扰动，并且管道内垂直于轴向的任一截面上的气流参数都均匀一致，且与外界无热量交换（或者很小可略去不计），则该过程可视为可逆绝热流动。此时，过程方程式可写为：

$$p_1 v_1^k = p_2 v_2^k = p v^k = \text{常数} \tag{7-4}$$

上式描述了可逆绝热流动中压力和比容的变化关系。式中 k 为绝热指数，对于理想气体 $k = c_p/c_v$，比热可为定值也可为平均值，对水蒸气，k 值纯粹为经验数据，且是个变数，在第五章已作介绍。

第二节　喷管流动的基本规律

一、音速方程

在研究工质流动时，常涉及到音速的概念。从物理学中得知，音速是微弱扰动波在介质中的传播速度。例如说话，将气体介质产生周期性的疏密波而向远方传播。音速的大小与气体的性质和状态有关，用符号 a 表示，其计算式为：

$$a = \sqrt{kpv} \tag{7-5}$$

对于理想气体而言，$k = c_p/c_v$，且

$$a = \sqrt{kpv} = \sqrt{kRT} \tag{7-5a}$$

可见音速正比于$\sqrt{T}$，即当气流温度升高时，音速增大。而且气体的性质不同，音速也会不同。对于实际气体，音速不仅与温度有关还与压力有关。例如：在标准状态下，空气中的 $a = 331\text{m/s}$；在一个标准大气压，100℃的干饱和蒸汽中 $a = 445\text{m/s}$。

由于音速是随介质状态而变的参数，一个状态对应一个确定的音速，在此，为分析问题的方便，引入当地音速的概念。当地音速就是某一状态下的音速值。在流动中气流各点的状态不同，它们的当地音速也不同。

在分析流体流动时，常以音速作为流体速度的比较标准。人们把气流中任一确定点的速度 c 与该介质中当地音速 a 之比，这一无因次量称为该点气流的马赫数，用符号 M 来表示，即

$$M = \frac{c}{a} \tag{7-6}$$

马赫数是研究气体和蒸汽流动特性的一个很重要的量。当气流速度小于当地音速时，即 $M<1$，称之为亚音速流动；当气流速度大于当地音速时，$M>1$，称之为超音速流动；而当 $M=1$ 时表示气流速度等于当地音速。

二、喷管、扩压管的作用与类型

凡是用来使气流压力降低，速度增大的管道都称为喷管。由于气流流经喷管时的流速很高，时间很短，来不及和外界进行热交换，则认为气流在喷管内的流动为绝热稳定流动。由于气流压力降低，根据绝热方程式 $pv^k = \text{常数}$，比容 v 必然增大，所以气流在喷管中的流动过程为绝热膨胀过程。又由于气流的速度增加，根据绝热稳定流动能量方程，气流的焓必然降低，因此，喷管的作用就在于在气体和蒸汽的膨胀过程中，将部分焓转变成动能，使气流以较高的速度从喷管流动。

常用的喷管有两种：渐缩喷管和缩放喷管，它们的形状分别如图 7-2 和 7-3 所示：

在喷管中，工质状态的变化与管道截面有关。喷管截面变化可分为两种形式：截面积逐渐减小的叫渐缩喷管；截面积先收缩后再扩大的叫缩放喷管。

扩压管是使气流速度降低、压力升高的短管。具有高速低压的气流在流经扩压管时，

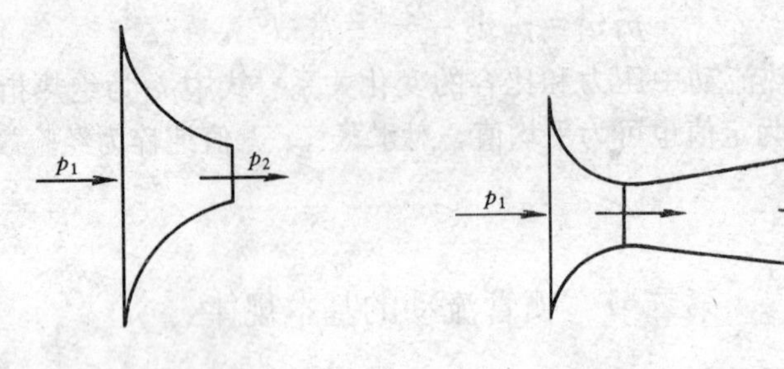

图 7-2　渐缩喷管　　　　图 7-3　缩放喷管

同样可以看作绝热稳定流动过程。由于气流压力逐渐升高，则比容必然减小，所以气流在扩压管中进行的是绝热压缩过程。从能量转换的角度来看，气体的动能降低，但焓值增加，因此，扩压管的作用就是促使气流在绝热压缩的过程中，将动能转变成焓，使气流的压力和温度升高。

扩压管有两种结构形式：渐扩形扩压管和渐缩渐扩形扩压管。它们的形状如下所示：

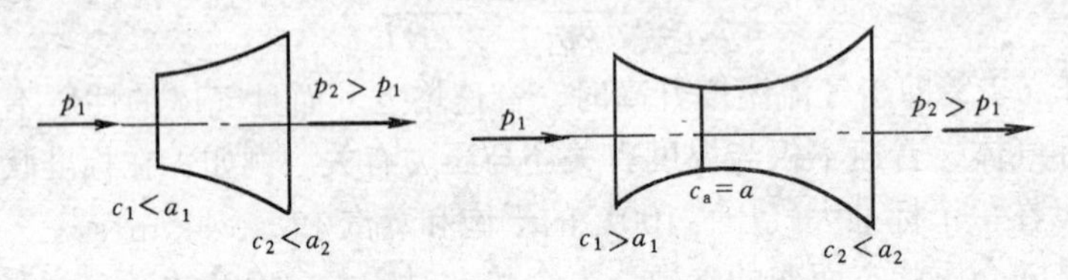

图 7-4　渐扩形扩压管　　　　图 7-5　渐缩渐扩形扩压管

气流在扩压管中的能量转换过程和参数变化规律与在喷管中的情况正好相反，因此，扩压管相当于倒置的喷管。关于这点，可以从下面的分析中比较得知。

喷管和扩压管在实际中得到了广泛的应用，采暖系统的蒸汽喷射器就是一个例子，如图 7-6。它由喷管、引水室、混合室、扩压室四部分组成。当喷射器工作时，具有一定压力的蒸汽通过喷管产生较高的流速，同时在喷管出口及其四周形成较低的压力把采暖系统的部分回水吸入引水室并进入混合室。在混合室中，蒸汽被凝结，回水被加热，混合后的热水以较高的速度进入扩压管。在扩压管内，热水流速逐渐降低，压力和温度逐渐升高，离开扩压管后进入采暖系统。

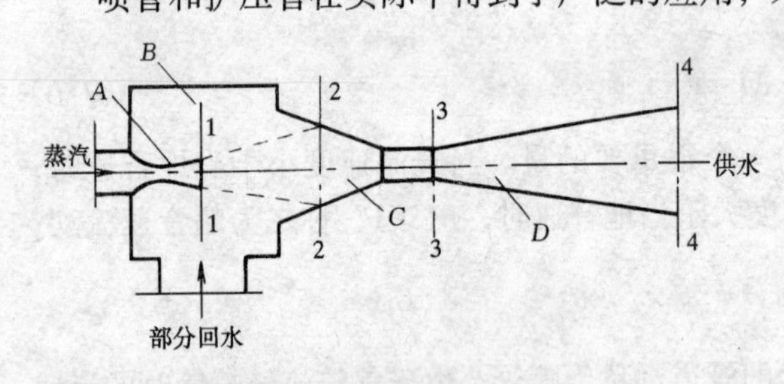

图 7-6　蒸汽喷射器的工作原理

A—拉伐尔喷管；B—引水室；C—混合室；D—扩压管

三、喷管截面变化与气流速度变化的关系

由以上的分析可知，气流在喷管内的状态及速度变化均与流道的形状有关，下面根据上节所述的基本方程式，来建立喷管截面变化与气流速度变化的关系。

由稳定流动的连续性方程式（7-1）

$$\frac{fc}{v} = \text{常数}$$

取对数，得：

$$\ln f + \ln c - \ln v = 常数$$

对上式微分后得：

$$\frac{\mathrm{d}f}{f} + \frac{\mathrm{d}c}{c} - \frac{\mathrm{d}v}{v} = 0$$

即

$$\frac{\mathrm{d}f}{f} = \frac{\mathrm{d}v}{v} - \frac{\mathrm{d}c}{c} \tag{7-7}$$

从上式可以看出，管道截面的变化与气流的比容变化和速度变化的相对关系有关。如工质速度的变化率较比容的变化率大，$\frac{\mathrm{d}c}{c} > \frac{\mathrm{d}v}{v}$，即$\frac{\mathrm{d}v}{v} - \frac{\mathrm{d}c}{c} < 0$时，则$\frac{\mathrm{d}f}{f} < 0$，截面积应逐渐缩小；反之，如比容的变化率较速度的变化率大，$\frac{\mathrm{d}v}{v} > \frac{\mathrm{d}c}{c}$，即$\frac{\mathrm{d}v}{v} - \frac{\mathrm{d}c}{c} > 0$时，则$\frac{\mathrm{d}f}{f} > 0$，截面积应逐渐放大。

由绝热流动能量方程式（7-3）可知：

$$h_1 + \frac{c_1^2}{2} = h_2 + \frac{c_2^2}{2}$$

即

$$h_2 - h_1 = -\frac{1}{2}\left(c_2^2 - c_1^2\right) \tag{a}$$

根据焓的定义：

$$h = \mu + pv$$

则

$$\mathrm{d}h = \mathrm{d}\mu + p\mathrm{d}v + v\mathrm{d}p$$

根据热力学第一定律的微分形式：

$$\mathrm{d}q = \mathrm{d}\mu + p\mathrm{d}v$$

所以

$$\mathrm{d}h = \mathrm{d}q + v\mathrm{d}p$$

对绝热过程：

$$\mathrm{d}h = v\mathrm{d}p$$

即

$$h_2 - h_1 = \int_1^2 v\mathrm{d}p \tag{b}$$

比较（a）（b）两式，可得：

$$\frac{1}{2}(c_2^2 - c_1^2) = -\int_1^2 v\mathrm{d}p \tag{c}$$

将（c）式写成微分形式：

$$\frac{1}{2}\mathrm{d}c^2 = -v\mathrm{d}p$$

即

$$c\mathrm{d}c = -v\mathrm{d}p \tag{7-8}$$

式（7-8）说明了绝热稳定流动中速度与压力的相互制约关系。可以看出，$\mathrm{d}c$与$\mathrm{d}p$的符号总是相反的。欲使$\mathrm{d}c > 0$，则必须使$\mathrm{d}p < 0$，即要使流速增加，就必须让气体有膨胀的机会使压力降低，如气体在喷管中的流动，反之，欲使$\mathrm{d}p > 0$，则必须使$\mathrm{d}c < 0$，就是说要使气体压缩提高压力，就必须设法降低它的流速，如气体在扩压管中的流动。

根据稳定流动的绝热过程方程式：

$$pv^{k}=\text{常数}$$

微分后得：

$$k\frac{dv}{v}+\frac{dp}{p}=0$$

即
$$dp=-kp\frac{dv}{v}$$

将上式代入式（7-8），得：

$$c\,dc=kpv\frac{dv}{v}$$

即
$$\frac{dv}{v}=\frac{c\,dc}{kpv}=\frac{c^2}{kpv}\frac{dc}{c}$$

根据音速计算式 $a=\sqrt{kpv}$，所以 $a^2=kpv$，代入上式得：

$$\frac{dv}{v}=\frac{c^2}{a^2}\frac{dc}{c}$$

而$\frac{c}{a}=M$，所以得：

$$\frac{dv}{v}=M^2\frac{dc}{c} \tag{7-9}$$

式（7-9）说明了速度变化与比容变化之间的制约关系。可以看出 dv 与 dc 是同向的，即速度增大，比容也增大，但这两个参数的变化率并不相同。若工质速度小于同一截面上的当地音速（亚音速流动），$c<a$，即 $M=\frac{c}{a}<1$ 时，则$\frac{dv}{v}<\frac{dc}{c}$，这就是说亚音速流动的速度变化较比容变化快；当工质速度大于同一截面上的当地音速（超音速流动），$c>a$，即 $M>1$ 时，则$\frac{dv}{v}>\frac{dc}{c}$，即超音速流动时速度变化较比容变化慢。可见亚音速和超音速流动具有根本不同的物理特性，从而对管道截面积有不同的要求。为了建立 c 与 f 的单值函数关系，将 c 与 v 的变化关系式（7-9）代入式（7-7）中可得：

$$\frac{df}{f}=(M^2-1)\frac{dc}{c} \tag{7-10}$$

式（7-10）是绝热稳定流动的连续性方程、能量方程、绝热方程和音速之间的综合结果。从该式得知，dc 与 df 之间的变化规律决定于M，它说明了管内流动时速度变化所需要的几何条件。

对喷管来说沿着流动方向，气体因绝热膨胀比容不断增大，压力降低而流速增加，这时气流截面的变化规律为：

1. 当喷管进口流速为亚音速时，$c<a$，即 $M<1$，这时（M^2-1）为负值，因此 $df<0$，喷管截面为渐缩形的，如图 7-7（a）。喷管内工质比容的变化率小于流速的变化率，$\frac{dv}{v}<\frac{dc}{c}$，如图 7-8。

2. 当喷管进口速度为超音速时，$c>a$，即 $M>1$，这时（M^2-1）为正值，因此 $df>0$，喷管截面为渐扩形的，如图 7-7（b）。喷管内工质比容的变化率大于流速的变化率，$\frac{dv}{v}>\frac{dc}{c}$，如图 7-8。

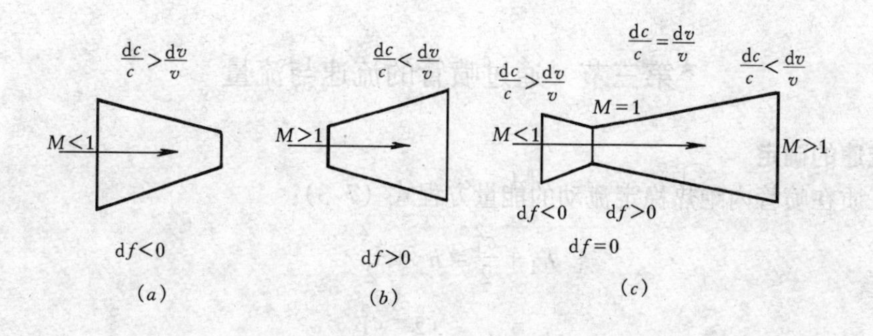

图 7-7 不同喷管中气流速度的变化规律
（a）渐缩形；（b）渐扩形；（c）缩放形

3. 如果工质在喷管内从亚音速一直膨胀到超音速，即气流从 $M<1$ 连续加速到 $M>1$ 时，其截面变化必然是先收缩而后扩张，中间有一最小截面，亦称喉部。它是气流从亚音速加速到超音速的转折点，亦称为临界截面，此处 $df=0$，$M=1$，$c=a$，如图 7-7（c）。喷管内工质比容的变化率与流速变化率的比较在临界截面的前后有所不同，如图7-8。

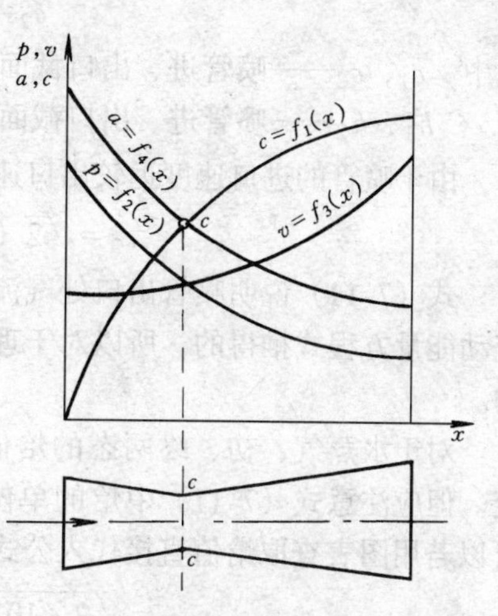

图 7-8 喷管中气流参数与速度的变化关系

四、喷管与扩压管截面形状的正确选用

从上面的分析可以看出，要使气流在喷管中充分膨胀，不断加速，达到理想的加速效果，喷管的截面大小必须与气流状况相适应。

1. 在渐缩喷管中，$df<0$，气流速度小于或等于当地音速，如图 7-8，但不能大于音速。因此，在渐缩喷管中只能实现气流从亚音速到亚音速或当地音速的加速。

2. 要使气流速度由亚音速加速到超音速，喷管的截面必须是由渐缩转变为渐扩的缩放型喷管。

气流通过扩压管时，因气流在扩压管中的能量转换过程与在喷管中的过程正好相反，所以前面分析过的气流在喷管中流动的理论同样适用于扩压管。

1. 如果进入扩压管的气流速度小于当地音速，即 $M<1$，由式（7-10），而 $dc<0$，则 $df>0$，那么扩压管的截面积沿着气流方向应该逐渐扩大，这就是渐扩形扩压管，如图 7-4 所示。

2. 如果进入扩压管的气流速度大于当地音速，即 $M>1$，而出口流速又小于当地音速（$M<1$），则根据式（7-10）同样得知，扩压管的截面积沿着气流方向先缩小，使气流速度降低到临界速度，然后截面积逐渐扩大，使气流速度降低到亚音速，从而获得较高的气流出口压力。这就是渐缩渐扩形（缩放型）扩压管，如图 7-5 所示。

综上所述，确定某一管道是喷管还是扩压管，主要取决于管道中介质状态的变化，而不是决定于管道的形状。

★第三节　通过喷管的流速与流量

一、流速的确定

根据工质在喷管内绝热稳定流动的能量方程式（7-3）：

$$h_1+\frac{c_1^2}{2}=h_2+\frac{c_2^2}{2}$$

即

$$h_1-h_2=\frac{c_2^2-c_1^2}{2}$$

由上式可得喷管出口流速的计算公式：

$$c_2=\sqrt{2\ (h_1-h_2)\ +c_1^2}$$

式中　c_1、c_2——喷管进、出口截面上的流速；

h_1、h_2——喷管进、出口截面上的焓。

由于喷管的进口速度远较出口速度小，故 $c_1^2 \ll c_2^2$，所以通常可略去 c_1^2。这时

$$c_2=\sqrt{2\ (h_1-h_2)}=1.414\sqrt{h_1-h_2} \tag{7-11}$$

式（7-11）说明喷管出口处气流速度 c_2 只取决于气体膨胀前后的焓差。它是由稳定流动能量方程式推得的，所以对于理想气体和实际气体、可逆过程和不可逆过程都是适用的。

对于水蒸气，初、终两态的焓值可由初、终两态的压力、温度在 h-s 图上准确的确定。但应注意式（7-11）中焓的单位为 J/kg，而 h-s 图和水蒸气表上焓的单位是 kJ/kg，所以若用图表查取焓值直接代入公式，则式（7-11）应改为：

$$c_2=\sqrt{2\times10^{-3}\ (h_1-h_2)}=44.72\sqrt{h_1-h_2} \tag{7-12}$$

对于理想气体，若取比热为定值（或平均值），则 $h_1-h_2=c_p\ (T_1-T_2)$，所以

$$c_2=\sqrt{2c_p\ (T_1-T_2)}$$

又根据公式 $c_p-c_v=R$ 和 $\kappa=\frac{c_p}{c_v}$ 可得公式 $c_p=\frac{\kappa R}{\kappa-1}$，代入上式得：

$$c_2=\sqrt{2\frac{\kappa}{\kappa-1}R(T_1-T_2)}=\sqrt{2\frac{\kappa}{\kappa-1}RT_1\left(1-\frac{T_2}{T_1}\right)}$$

将理想气体状态方程式 $pv=RT$ 和可逆绝热过程中温度与压力之间的关系式 $\frac{T_2}{T_1}=\left(\frac{p_2}{p_1}\right)^{\frac{\kappa-1}{\kappa}}$ 代入上式可得

$$c_2=\sqrt{2\frac{\kappa}{\kappa-1}p_1v_1\left[1-\left(\frac{p_2}{p_1}\right)^{\frac{\kappa-1}{\kappa}}\right]} \tag{7-13}$$

式中　p_1——喷管入口处气体的压力；

p_2——喷管出口处气体的压力；

v_1——喷管入口处气体的比容；

T_1——喷管入口处气体的绝对温度；

κ——气体的绝热指数。

式（7-13）仅适用于理想气体的可逆绝热过程。可见喷管出口速度决定于工质的性质、初参数 p_1 和 v_1、以及进、出口截面上的压力比$\frac{p_2}{p_1}$。当工质和初态一定时，出口速度 c_2 只随压力比$\frac{p_2}{p_1}$而变。当$\frac{p_2}{p_1}$逐渐减小时，c_2 也就逐渐增大，两者的变化关系如图 7-9 所示。

当$\frac{p_2}{p_1}=1$时，$c_2=0$，流速为零，气体不会流动。

当$\frac{p_2}{p_1}$逐渐减小时，流速增加，若出口截面压力降到趋于零时，即$\frac{p_2}{p_1}=0$时，流速达到最大值。

$$c_{2\max}=\sqrt{2\frac{\kappa}{\kappa-1}p_1v_1}$$

显然，这在实际中是不可能的。因为 $p_2=0$，则 v_2 为无穷大，f_2 也趋于无穷大，这是办不到的。

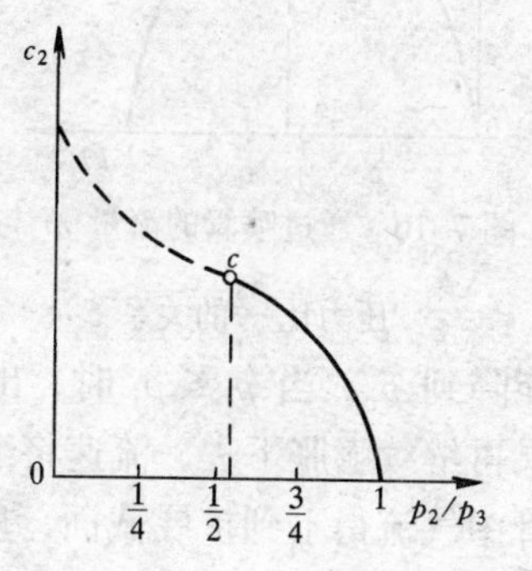

图 7-9　c_2 与$\frac{p_2}{p_1}$的关系曲线

【例 7-1】　压力 $p_1=2$MPa，温度 $t_1=250$℃的蒸汽进入喷管中绝热膨胀至压力 $p_2=0.3$MPa，试计算喷管出口处的蒸汽流速。

【解】　在 h-s 图上找出 $p_1=2$MPa 与 $t_1=250$℃的交点 1，查得 $h_1=2900$kJ/kg。过 1 点作等熵线与 $p_2=0.3$MPa 交于点 2，查得 $h_2=2552$kJ/kg。

根据式（7-12），可求出喷管出口处蒸汽流速为

$$c_2=\sqrt{2\times10^3\ (h_1-h_2)}=\sqrt{2\times10^3\times\ (2900-2552)}=834.27\text{m/s}$$

二、流量的确定

对于稳定流动流体在任何截面的质量流量相等，通常是计算出口截面的流量。喷管的流量从连续性方程求得：

$$m=\frac{fc}{v}=\frac{f_2c_2}{v_2}\quad(\text{kg/s})$$

对于水蒸气，通过喷管的流量：

$$m=\frac{f_2}{v_2}\sqrt{2\times10^3\ (h_1-h_2)}\tag{7-14}$$

对于理想气体，通过喷管的流量：

$$m=\frac{f_2}{v_2}\sqrt{2\frac{\kappa}{\kappa-1}p_1v_1\left[1-\left(\frac{p_2}{p_1}\right)^{\frac{\kappa-1}{\kappa}}\right]}\tag{7-15}$$

或将 $v_2=v_1\left(\frac{p_1}{p_2}\right)^{\frac{1}{\kappa}}$代入上式得：

$$m=f_2\sqrt{2\frac{\kappa}{\kappa-1}\frac{p_1}{v_1}\left[\left(\frac{p_2}{p_1}\right)^{\frac{2}{\kappa}}-\left(\frac{p_2}{p_1}\right)^{\frac{\kappa+1}{\kappa}}\right]}\tag{7-16}$$

上式表明工质的流量随喷管出口截面积 f_2、工质的初态参数 p_1、v_1 及出口截面处的

压力 p_2 而定。当 f_2、κ 及 p_1、v_1 一定时，流量只随压力比 $\frac{p_2}{p_1}$ 而变。两者之间的变化关系如图 7-10 所示。

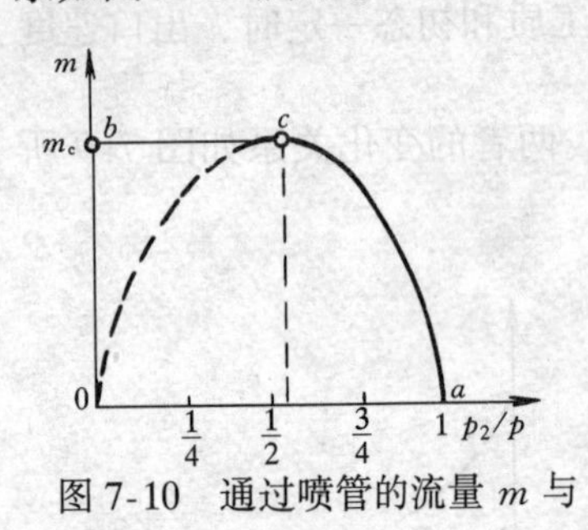

图 7-10 通过喷管的流量 m 与压力比 $\frac{p_2}{p_1}$ 的关系

当 $\frac{p_2}{p_1}=1$ 时，流量 $m=0$，气体不流动。当喷管出口外压力（称为背压，用符号 p_b 表示）逐渐降低时，喷管出口压力 p_2 也逐渐降低，且数值上与 p_b 相等，此时流量逐渐增加，按图中 a-c 线变化。

当 $p_b=p_2$ 降到某个数值时，流量达到最大，这时的压力称为临界压力 p_c。若 p_b 再降低，流量似乎将沿虚线 c-0而减小。实际上虚线部分不可能出现，这是因为对渐缩喷管出口截面上压力不可能降低到小于 p_c 的数值，最多只能降到 p_c。当 $p_b<p_c$ 时，出口截面压力 p_2 不再降低，仍等于 p_c 而不等于 p_b。因为如果再继续膨胀下去，流速将继续增加至超音速，此时要求气流截面必须扩张。而在渐缩喷管中气流得不到扩展截面，所以不能继续膨胀，此时气流在喷管内只能膨胀到 p_c 为止，不可能达到低于 p_c 的背压 p_b。出口速度也只能达到当地音速，而不能再增加，流量也达到最大流量，不再变化。故实际过程中流量按 a-c-b 曲线变化。

【例 7-2】 已知渐缩喷管进口截面上空气参数为 $p_1=0.5\text{MPa}$，$v_1=0.5\text{m}^3/\text{kg}$。喷管出口截面压力 $p_2=0.3\text{MPa}$，出口截面为 26cm^2，求流过喷管的空气流量。

【解】 空气的 $k=1.4$，根据式（7-16），流过喷管的空气流量为：

$$m=f_2\sqrt{2\frac{\kappa}{\kappa-1}\frac{p_1}{v_1}\left[\left(\frac{p_2}{p_1}\right)^{\frac{2}{\kappa}}-\left(\frac{p_2}{p_1}\right)^{\frac{\kappa+1}{\kappa}}\right]}$$

$$=0.0026\sqrt{2\times\frac{1.4}{1.4-1}\times\frac{0.5\times10^6}{0.5}\times\left[\left(\frac{0.3\times10^6}{0.5\times10^6}\right)^{\frac{2}{1.4}}-\left(\frac{0.3\times10^6}{0.5\times10^6}\right)^{\frac{1.4+1}{1.4}}\right]}$$

$$=1.76\text{kg/s}$$

三、临界压力比和最大流量

在缩放喷管的最小截面处，流速等于当地音速，此时，气流的状态称为临界状态。该状况下的气流参数为临界参数，如临界压力 p_{lj}、临界比容 v_{lj}、临界速度 c_{lj} 等。将临界压力 p_{lj} 与初压力 p_1 之比，称为临界压力比，用符号 β_{lj} 表示，即

$$\beta_{lj}=\frac{p_{lj}}{p_1}$$

由式（7-13）可得：

$$c_{lj}=\sqrt{2\frac{\kappa}{\kappa-1}p_1v_1\left[1-\left(\frac{p_{lj}}{p_1}\right)^{\frac{\kappa-1}{\kappa}}\right]}$$

又由于此处流速等于音速

$$c_{lj}=\sqrt{\kappa p_{lj}v_{lj}}$$

则
$$\sqrt{2\frac{\kappa}{\kappa-1}p_1v_1\left[1-\left(\frac{p_{lj}}{p_1}\right)^{\frac{\kappa-1}{\kappa}}\right]}=\sqrt{\kappa p_{lj}v_{lj}}$$

根据绝热方程式：

$$\frac{v_{lj}}{v_1} = \left(\frac{p_1}{p_{lj}}\right)^{\frac{1}{\kappa}}$$

代入上式：

$$\frac{2}{\kappa-1}\left[1-\left(\frac{p_{lj}}{p_1}\right)^{\frac{\kappa-1}{\kappa}}\right] = \left(\frac{p_{lj}}{p_1}\right)^{\frac{\kappa-1}{\kappa}}$$

即
$$\frac{2}{\kappa-1}\left[1-\beta_{lj}^{\frac{\kappa-1}{\kappa}}\right] = \beta_{lj}^{\frac{\kappa-1}{\kappa}}$$

所以
$$\beta_{lj} = \left(\frac{2}{k+1}\right)^{\frac{\kappa}{\kappa}} \tag{7-17}$$

由上式可见，临界压力比 β_{lj} 只是绝热指数 k 的函数。而 k 的数值与气体性质有关。只要绝热指数 k 值确定，临界压力比 β_{lj} 就可以确定。表 7-1 列出了几种常用气体的绝热指数和临界压力比 β_{lj}。

几种常用气体的绝热指数 k 和临界压力比 β_{lj} **表 7-1**

气体种类	绝热指数 $\kappa=\frac{c_p}{c_c}$	临界压力比 $\beta_{lj}=\frac{p_{lj}}{p_1}$	气体种类	绝热指数 $\kappa=\frac{c_p}{c_c}$	临界压力比 $\beta_{lj}=\frac{p_{lj}}{p_1}$
单原子气体	1.67	0.487	湿蒸汽	$1.035+0.1x$	
双原子气体及干空气	1.40	0.528	干饱和蒸汽	1.135	0.577
多原子气体	1.30	0.546	过热蒸汽	1.30	0.546

临界压力比 β_{lj} 是一个很重要的参数，根据它可以得知在一定的进口条件下，气体的压力下降到多少时流速恰等于当地音速，达到临界状态。因此它是划分亚音速气流和超音速气流的标准。同样，可以利用它来进行喷管选择。

1. $\frac{p_2}{p_1}>\beta_{lj}$ 时，即 $p_2>\rho_{lj}$，出口截面上为亚音速流动，喷管应为渐缩形；

2. $\frac{p_2}{p_1}<\beta_{lj}$ 时，即 $p_2<\rho_{lj}$，出口截面上为超音速流动，喷管应为缩放型。

由前述得知当渐缩喷管或缩放喷管喉部截面上的压力为临界压力时，流量达到最大值。临界流量（最大流量）可按下式求得：

$$m_{lj} = m_{\max} = f_{\min}\sqrt{2\frac{\kappa}{\kappa-1}\frac{p_1}{v_1}\left[\beta_{lj}^{\frac{2}{\kappa}} - \beta_{lj}^{\frac{\kappa+1}{\kappa}}\right]}$$

式中 $f_{\min}$——渐缩喷管的出口截面或缩放喷管的喉部截面。

把 $\beta_{lj}=\left(\frac{2}{\kappa+1}\right)^{\frac{\kappa}{\kappa-1}}$ 代入上式，经过整理得：

$$m_{\max} = f_{\min}\sqrt{\kappa\frac{p_1}{v_1}\left(\frac{2}{k+1}\right)^{\frac{\kappa+1}{\kappa-1}}} \quad \text{kg/s} \tag{7-18}$$

上式表明，在初态参数相同的情况下，因不同气体的绝热指数 k 值不同，临界流量也不同。

【例 7-3】 已知压力 $p_1=2\text{MPa}$，温度 $t_1=300℃$ 的过热蒸汽，经喷管绝热膨胀至

$p_2 = 0.1\text{MPa}$。若蒸汽流量为 $m = 5\text{kg/s}$，试确定喷管形式，并计算最小截面和出口截面积。

【解】 由表 7-1 查得过热蒸汽临界压力比 $\beta_{lj} = 0.546$，而实际的 $\frac{p_2}{p_1} = \frac{0.1 \times 10^6}{2 \times 10^6} = 0.05$，$\frac{p_2}{p_1} < \beta_{lj}$，因此应该选用缩放喷管。

由水蒸气的 h-s 图查得喷管进、出口截面处的蒸汽参数为：

$$h_1 = 3024\text{kJ/kg},\quad v_1 = 0.127\text{m}^3/\text{kg}$$

$$h_2 = 2464\text{kJ/kg},\quad v_2 = 1.329\text{m}^3/\text{kg}$$

由表 7-1，过热蒸汽的 $k = 1.3$。

根据式（7-18），喷管喉部截面积为：

$$f_{\min} = \frac{m_{\max}}{\sqrt{2\frac{\kappa}{\kappa+1}\left(\frac{2}{\kappa+1}\right)^{\frac{2}{\kappa-1}}\frac{p_1}{v_1}}}$$

$$= \frac{5}{\sqrt{2 \times \frac{1.3}{1.3+1} \times \left(\frac{2}{1.3+1}\right)^{\frac{2}{1.3-1}} \times \frac{2 \times 10^6}{0.127}}} = 18.9\text{cm}^2$$

喷管出口截面积为：

$$f_2 = \frac{m_{\max} v_2}{c_2} = \frac{m_{\max} v_2}{\sqrt{2 \times 10^3 (h_1 - h_2)}}$$

$$= \frac{5 \times 1.329}{\sqrt{2 \times 10^3 \times (3024 - 2464)}} = 62.8\text{cm}^2$$

第四节 气体和蒸汽的绝热节流

流体在管道中流动时，遇到阀门、孔板等装置使通道截面积突然减小，由于局部阻力而使流体压力降低，这种现象称为节流。因为流体通过狭小截面的时间极短，来不及与外界发生热交换，所以可以看作是绝热过程，因此又把此过程称为绝热节流。

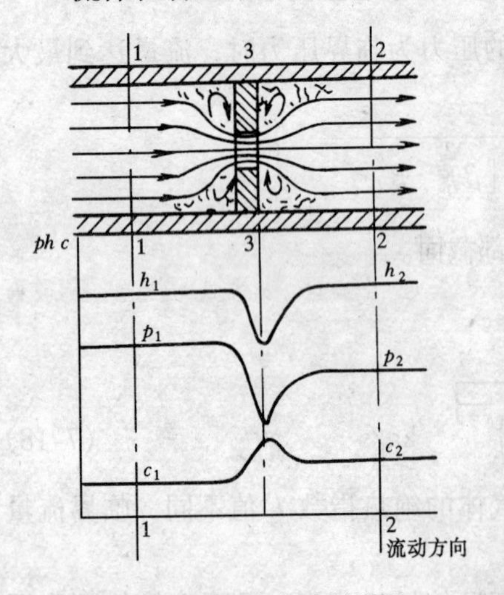

图 7-11 节流过程分析

气体在管道中流动，如果遇到截面突然缩小，在缩孔内流速增加很大，而压力急剧下降，在缩孔前后一段区域内，因为气体未能充满整个管道截面，气流发生了强烈的扰动与涡流。但稍过一段距离，又恢复了气体的稳定流动状态。图 7-11 中 2-2 截面为稳定后的状态。

对于节流过程的研究，主要是讨论节流前 1-1 截面处与节流后 2-2 截面处各种参数的变化情况。

由于流经缩孔时工质不与外界发生热交换，同时又不作功，势能差也可不考虑，所以应满足绝热稳定流动能量方程式：

$$h_1+\frac{c_1^2}{2}=h_2+\frac{c_2^2}{2}$$

可见气流的焓随着流速而变。由于在缩口处气流内部产生强烈扰动，即使同一截面上各同名状态参数值也不相同，故无法进一步分析。但可对离缩口稍远（不受扰动影响）的截面1-1、2-2进行讨论，认为在一般情况下流速变化不大，$c_1 \approx c_2$，故$\frac{1}{2}$（$c_2^2-c_1^2$）极小，可忽略不计，则上式成为：

$$h_1=h_2$$

即在绝热节流过程中，节流前的焓和节流后的焓相等。这是绝热节流过程的基本特性。

在此必须指出的是以上结论的得出是依据节流前后流速不变，而实际上，由于节流后压力降低，比容增加，流速稍有增加，但动能的变化与焓值相比可以忽略不计。事实上，气流在缩口处速度变化很大，焓值是降低的，此焓降用来增加蒸汽的动能，并使它变成涡流与扰动，而涡流与扰动的动能又转化为热能，重新被蒸汽吸收，使焓值又恢复到节流前的数值，因此，不能说节流过程是等焓过程。

对于理想气体，焓仅仅是温度的函数。节流前后焓值不变，温度也不变。理想气体的内能也仅仅是温度的函数，温度不变，节流前后的内能同样也不变。同时因$\frac{p_1v_1}{T_1}=\frac{p_2v_2}{T_2}$，而 $T_1=T_2$，故 $p_1v_1=p_2v_2$。由于 $p_2<p_1$，所以 $v_2>v_1$，即节流后的比容增大。同时绝热节流过程是不可逆的，因为有摩擦、涡流与扰动，节流后熵是增加的。

这样，理想气体绝热节流后状态参数的变化如下：

$$\Delta p<0;\ \Delta h=0;\ \Delta T=0;\ \Delta u=0;\ \Delta v>0;\ \Delta s>0。$$

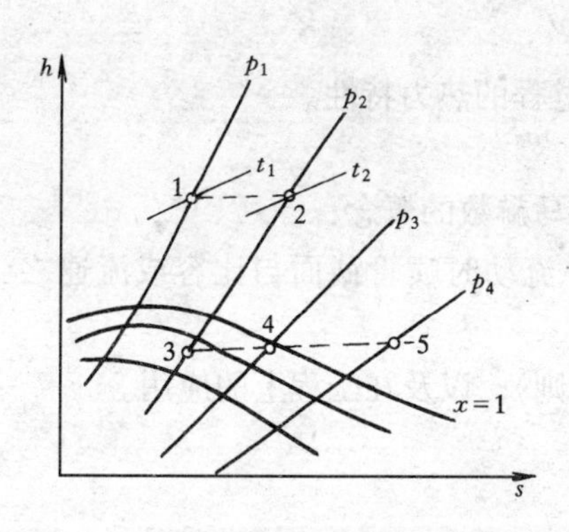

图7-12　水蒸气的绝热节流

对于实际气体，焓不仅是温度的函数，问题就复杂得多。但节流后压力降低，比容增加，熵增加，焓不变等这些与理想气体相同。至于节流后的温度可能降低，可能不变，也可能升高。节流后的内能也不是定值。对于水蒸气，绝热节流后温度总是有所降低的。

水蒸气经节流后的状态变化如图7-12所示。如果节流过程通过饱和区，则只有在靠近临界点的饱和蒸汽线下面一小块区域中干度减小外，在大多数情况下，节流后干度均有所增加。对湿蒸汽进一步节流，甚至会使其变为过热蒸汽，如图中的3-4-5过程。

干蒸汽节流后将变成过热蒸汽，如图中的过程4-5。

过热蒸汽进行节流，温度虽然降低了，但过热度却增加了。

这样，水蒸气经绝热节流后各状态参数的变化如下：

$$\Delta p<0;\ \Delta v>0;\ \Delta s>0;\ \Delta T<0;\ \Delta h=0。$$

绝热节流在工程实际中得到了广泛的应用。利用节流降压这个特性，如：用来降低工质的压力，在氧气瓶上装一个调节阀，使阀后的压力降低；还可利用节流来减少工质的流量；还可利用节流孔板来测定流体的流量和流速。

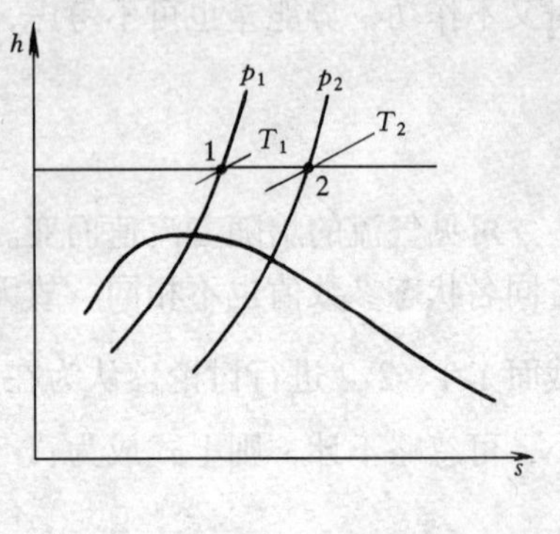

图 7-13　例 7-4

【例 7-4】　压力为2MPa,温度为 470℃的蒸汽，经节流阀后压力降为 1MPa，求绝热节流后蒸汽温度降为多少?

【解】　由初压 $p_1=2\text{MPa}$、$t_1=470℃$ 在水蒸气的 h-s 图上找出节流前的状态点 1，因绝热节流前后焓值相等，过 1 点作水平线与节流后的压力线 $p_2=1\text{MPa}$ 的交点即为节流后的状态点 2，由图中查得该点对应的温度

$$t_2=463℃$$

小　结

本章讲述了绝热稳定流动的基本方程式；喷管、扩压管截面变化的规律；通过喷管的流速与流量的计算；气体和蒸汽的绝热节流。

一、气体稳定流动的三个基本方程式

1. 稳定流动的连续性方程：$m=\frac{fc}{v}=\rho fc=$常数，它说明了流量、流速、截面积和比容之间的关系；

2. 稳定流动的能量方程：$h+\frac{c^2}{2}=$常数，它反映了工质在稳定流动时能量守恒的原则，体现在焓与流速的关系上。

3. 绝热过程方程：$pv^k=$常数，它反映了稳定流动过程的热力特性。

二、喷管流动的基本规律

1. 利用音速的定义及计算式建立亚音速、超音速及马赫数的概念；

2. 通过三个方程式推导出气流在喷管（扩压管）中流动时喷管截面与比容或流速之间的变化关系，从而得出喷管（扩压管）的形状；

3. 喷管（扩压管）的分类、作用，选用的方法（原则），以及在工程上的应用。

三、喷管流速与流量的计算

1. 区别对理想气体、实际气体计算公式的不同。

2. 临界压力比 β_{lj}的概念，注意在计算中利用它判断喷管的型式以及流量流速的变化规律与计算。

四、气体和蒸汽的绝热节流现象、过程的特点及节流前后状态参数的变化情况及节流的实际应用。

习　题　七

7-1　$p_1=2\text{MPa}$、$t_1=350℃$的蒸汽，经渐缩喷管流入压力 $p_b=1.0\text{MPa}$ 的空间，已知蒸汽流量为

2kg/s，求蒸汽的出口流速和出口截面积。

7-2 $p_1=1.5$MPa、$t_1=400$℃的蒸汽，经渐缩喷管流入背压为1.0MPa的空间，喷管出口截面积为$2cm^2$，求出口流速及质量流量。

7-3 初态为3.5MPa、360℃的蒸汽，经缩放喷管膨胀到0.5MPa，若流量为10kg/s，求临界速度、喉部截面积、出口速度及出口截面积。

7-4 已知贮气罐内空气的压力为0.15MPa、温度为20℃，若使空气经喷管流入压力为0.1MPa的大气中，试确定喷管的型式、喷管出口截面积、空气的流速及温度。

★7-5 压缩空气管路管端接一出口面积$f_2=10cm^2$的渐缩喷管，空气进入喷管之前的压力$p_1=2.5$MPa、温度$t_1=80$℃，若喷管出口压力为$p_2=1.5$MPa，试求空气经喷管的射出速度、流量，以及出口处空气的状态参数。

★7-6 蒸汽喷射式采暖系统中的蒸汽引射器进口处的蒸汽压力$p_1=0.5$MPa，温度$t_1=200$℃，蒸汽在喷管中绝热膨胀至$p_2=0.3$MPa。若蒸汽流量为2000kg/h，试求喷管出口处的截面积f_2。

7-7 $p_1=1$MPa、$x_1=0.97$的湿蒸汽要节流到温度$t_1'=120$℃的过热蒸汽时压力降低到多少？蒸汽的温度是升高还是降低？

7-8 压力$p_1=1$MPa和干度$x_1=0.98$的湿蒸汽沿蒸汽管路流动。一部分蒸汽经节流阀进入压力$p_2=0.12$MPa的蒸汽管路中，试求低压管路中蒸汽的状态参数t_2、v_2、h_2和s_2，并将节流过程表示在h-s图上。

第二篇　传　热　学

第八章　稳　定　导　热

热传导简称导热。导热是热量传递的三种基本方式之一。它是依靠物体直接接触来传递热量的。温度较高的物体将热量传递给与之接触的温度较低的物体。这种热量传导过程是依靠物体中微观粒子的热运动来完成的，因此，物体各部分之间不发生宏观的相对位移。这种发生在固体中的导热现象称为纯导热。发生在液体与气体中的导热不属于纯导热，因为气体与液体具有流动特性，在产生导热的同时往往伴随宏观相对位移（即对流）而使热量转移。本章主要研究发生在密实固体中的纯导热传递热量的规律。

第一节　导热的基本概念

两物体相接触只要有温差存在，热量就会从高温物体传导给低温物体，例如供热锅炉炉墙内侧接受炉膛高温火焰的热量温度升高，通过导热炉墙外侧温度也会升高。两接触物体间温差越大，传导的热量就越多，各处的温度均相等的物体中不会有导热现象。要研究物体的导热，必须首先了解物体中的温度分布。

一、温度场

导热过程的进行与物体内部温度的分布密切联系在一起。在某一瞬间，空间所有各点的温度分布称为温度场。在一般情况下，温度 t 是空间坐标 x、y、z 和时间 τ 的函数，其数学表达式为：

$$t = f(x, y, z, \tau) \tag{8-1}$$

这种随时间而改变的温度场称不稳定温度场。若温度场中任何一点的温度都不随时间而改变，则称稳定温度场。稳定温度场的数学表达式为：

$$t = f(x, y, z) \tag{8-2}$$

由于稳定温度场中各点温度不随时间变化，因此由温度差引起的热量传导也不随时间变化。这种稳定温度场的导热称为稳定导热。反之，不稳定温度场中的导热过程称为不稳定导热。

温度分布可以是三个坐标、两个坐标或一个坐标方向上变化，因而温度场有三维、二维或一维温度场之区别。如锅炉在正常运行时，炉墙的温度分布可近似看成是沿炉墙厚度方向传热的一维稳定温度场。此时温度仅在 x 坐标方向上变化，它具有最简单的数学表达式

$$t = f(x) \tag{8-3}$$

当温度在空间 x、y 两个坐标方向上变化时称为二维温度场，此时

$$t = f(x, y) \tag{8-4}$$

二、等温面与等温线

在同一瞬间，温度场中具有相同温度的点连接成的线或面称为等温线或等温面。在同一时间内，空间同一个点不能有两个不同的温度，所以温度不同的等温线或等温面绝不会相交。

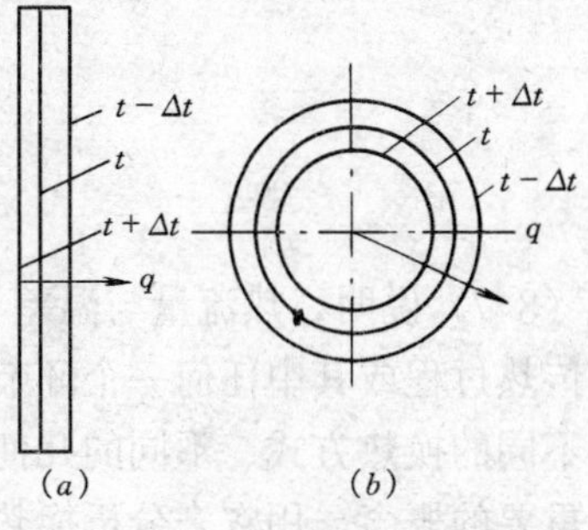

图 8-1 平板及圆筒壁的等温面

(a) 平板；(b) 圆筒壁

温度场通常用等温面图或等温线图来表示。在形状规则、材料均匀的物体上，很容易找到等温面或等温线。如材料均匀的大面积、等厚度平板，只要两个表面温度均匀，其等温面就是平行于表面的平面，如图 8-1 (a) 所示。同样，材料均匀的等厚度圆筒壁，只要内外表面温度均匀，其等温面就是一系列同心圆柱面，如图 8-1 (b) 所示。显然，沿等温面（或等温线）不会进行热量传递，热量只能从温度场的高温面向低温等温面传递，且热量传递的方向只能是沿着等温面的法线方向，常称为热流方向，如图(8-1)(a)(b)箭头所示。

第二节　稳定导热的基本定律

一、傅立叶简化导热定律

1822 年法国数学物理学家傅立叶，根据大量的固体导热实验研究结果，揭示了不透明均质固体中的导热规律，即傅立叶定律。这一定律可表述如下：在均质固体壁面的一维稳定导热中，单位时间内通过固体壁面的导热量与壁面两侧的温度差和垂直于热流方向的截面积成正比，与壁面厚度成反比，并比壁面材料性质有关。如图(8-2)所示。其数学表达式称为傅立叶简化导热定律，可写为

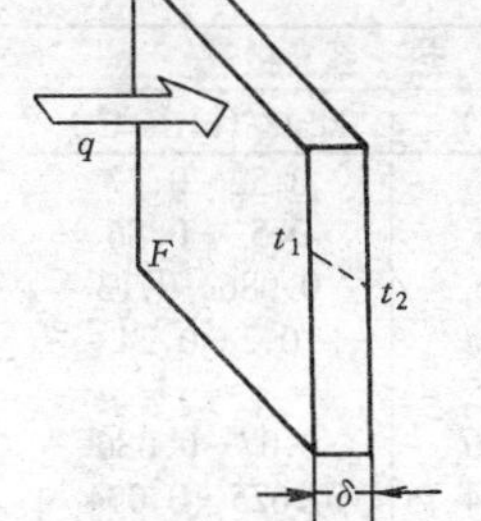

图 8-2 通过固体壁面的导热

$$Q = \lambda \frac{t_1 - t_2}{\delta} F \quad \text{(W)} \tag{8-5}$$

式中 Q——单位时间通过平壁的导热量，W；

$t_1 - t_2$——固体壁面两侧的温度差，℃；

F——垂直于热流方向的固体壁面面积，m^2；

δ——固体壁面的厚度，m；

λ——导热系数，W/(m·℃)。

单位时间通过单位面积所传递的热量，称为热流量，用符号 q 表示。傅立叶简化导热定律按热流量的形式写出，即为

$$q = \frac{Q}{F} = \frac{t_1 - t_2}{\dfrac{\delta}{\lambda}} \quad \text{W/m}^2 \tag{8-6}$$

公式 (8-5)、(8-6) 均为傅立叶简化导热定律的数学表达式，适合于导热系数为定值，沿热流方向面积不变的一维稳定导热。

公式（8-6）和电学中的欧姆定律 $I=\frac{U}{R}$相比，可看出它们在形式上是类似的：热流量 q 对应着电流强度 I，传热温差（t_1-t_2）对应着电压 U，故称温压；δ/λ 对应着电阻 R，它表示了热量传递过程中热流沿途所遇到的阻力，称热阻。这里是平壁的导热故称平壁导热热阻，用 R_λ 表示平壁导热热阻，公式（8-6）可写成：

$$q=\frac{\Delta t}{R_\lambda}=\frac{温压}{热阻}$$

$$R_\lambda=\frac{\delta}{\lambda}\quad (m^2\cdot ℃/W) \tag{8-7}$$

式（8-7）说明，热流量与温差（温压）成正比，与热阻成反比。这一结论无论对一个总的传热过程或其中任何一个环节都是正确的，正如欧姆定律用于串联、并联电路一样。只是不同的换热方式、不同的几何形状的传热系统，其热阻的表现形式不同罢了。热阻是个很重要的概念，用它来分析换热问题很方便。

二、导热系数

导热系数是表明材料导热能力大小的一个物理量，在数值上它等于沿导热方向厚度为1m，温压为1℃时每秒钟通过每平方米壁面的导热量。其单位为W/（m·℃）。显然，λ 的数值越大，标志着物质的导热能力越强。

影响导热系数因素分析如下：

1．材料性质的影响

不同物质的导热系数相差很大。如表（8-1）给出的各种材料的导热系数。从表(8-1)中可以看出，导热系数的值以金属材料为最大，非金属固体材料次之，液体材料更次之，气体材料为最小。原因是金属中自由电子的运动大大增强了导热过程的进行；非金属中则没有自由电子。所以，金属的导热系数比非金属导热系数大。当金属中含有杂质时，杂质阻碍了自由电子的运动，使得导热系数下降。因此导热系数的大小还与金属的纯度有关。

各种材料的导热系数 **表 8-1**

材料名称	导热系数		材料名称	导热系数	
	W/（m·℃）	kcal/（m·h·℃）		W/（m·℃）	kcal/（m·h·℃）
金　属			玻璃	0.6～0.9	0.52～0.77
银	407～419	350～360	石灰泥	0.6～1.0	0.52～0.86
铜	349～396	300～400	木材	0.1～0.15	0.086～0.13
铝	210～233	180～200	黄砂	0.24～0.28	0.2～0.24
黄铜	93～117	80～100	绝热材料		
钢、生铁	47～59	40～50	石棉	0.08～0.10	0.07～0.086
合金钢	18～35	15～30	玻璃纤维	0.03～0.04	0.025～0.034
液、气体			蛭石	0.08～0.10	0.7～0.086
水	～0.51	～0.44	甘蔗板	0.05～0.07	0.043～0.06
轻质油	～0.12	～0.10	泡沫塑料	0.02～0.04	0.017～0.034
氟里昂12液体	～0.06	～0.05	矿渣棉	0.04～0.05	0.034～0.043
空气	～0.02	～0.017	软木板	0.04～0.08	0.034～0.7
氢气	～0.15	～0.128	硅藻土	～0.15	～0.13
建筑材料			珍珠岩	0.068～0.085	0.058～0.073
耐火砖	0.9～1.2	0.77～1.03	其它材料		
红砖	0.5～0.7	0.43～0.6	锅炉水垢	0.5～2.0	0.43～1.7
混凝土	0.7～1.1	0.6～0.95	烟渣	0.05～0.1	0.043～0.086

通常把常温下 $\lambda<0.23$W/（m·℃）的材料称为绝热材料或保温材料。如：石棉、矿渣棉、硅藻土、膨胀珍珠岩、膨胀蛭石和膨胀塑料等。

2. 材料温度的影响

温度与导热系数关系尤为密切。从图（8-3）、图（8-4）、图（8-5）中可以看出不同温度下导热系数的数值。在导热过程中，由于沿途温度不同，导热系数也不同。在温度范围变化不大时，对于绝大多数的导热材料的导热系数值 λ 与温度 t 呈直线关系，即

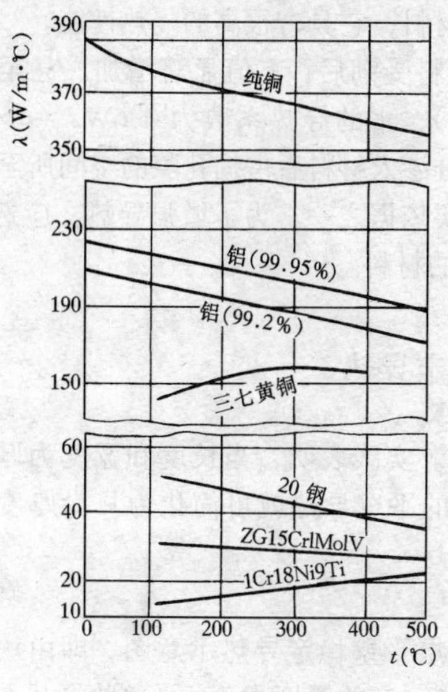

图 8-3 金属的导热系数

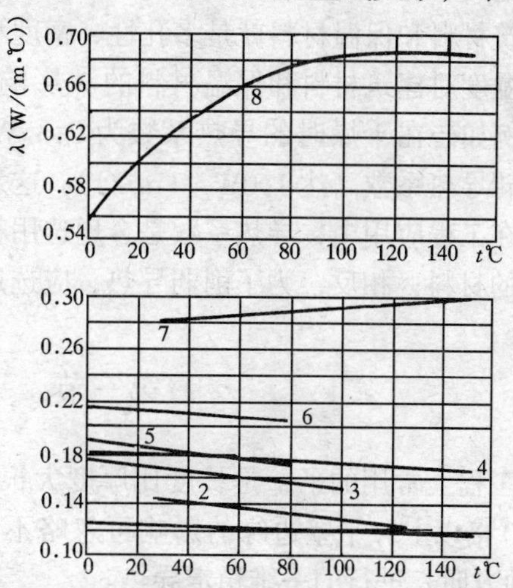

图 8-4 液体的导热系数

1—凡士林油；2—苯；3—丙酮；4—蓖麻油

5—乙醇；6—甲醇；7—甘油；8—水

$$\lambda = \lambda_0 + bt \tag{8-8}$$

式中 λ——温度为 t_0 时的导热系数；

λ_0——温度为 0℃时的导热系数；

b——常数，与材料物理性质有关，由实验测得。

为了使问题简化，工程计算中采用的都是平均导热系数，即公式（8-8）中的温度用平均温度 $\bar{t}=\dfrac{t_1+t_2}{2}$ 代入 $\bar{\lambda}=\lambda_0+b\bar{t}$，这就是说用相应于 $t_1 \sim t_2$ 范围内的平均导热系数 $\bar{\lambda}$，去代替由 $t_1 \sim t_2$ 导热过程中随温度变化的导热系数 λ，符号仍用 λ。本书以后使用的都是平均导热系数，并作常量处理。

在一般情况下，大多数金属在温度升高时，原子振动虽加剧，但自由电子的迁移受到阻碍，λ 值反而减少；大多数非金属固体材料在温度升高时，原子振动加剧，λ 值是升高的，如图（8-3）所示。对于气体，温度升高时分子碰撞次数增加使 λ 值增加，如图（8-5）所示；而液体导热机理较复杂，由于分子密集，相互作用力比气体大得多，除水和甘油外，大多数液体的 λ 值随温度升高而减小，见图（8-4）。

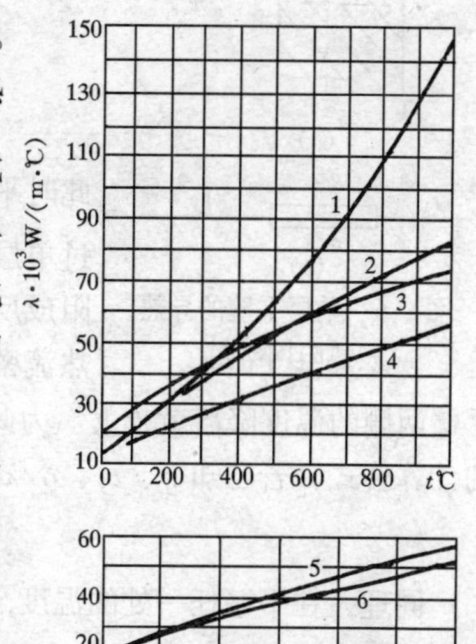

图 8-5 几种气体的 λ 与温度的关系

1—水蒸气；2—二氧化碳；3—空气；

4—氩；5—氧；6—氮

3. 材料结构的影响

同一种材料，若内部结构、密度和湿度不同，其导热系数也不同。

多孔性结构的材料，密度必减小。由于孔隙中充满空气，孔隙小空气无法流动，使得这些空气只有导热作用，而空气的 λ 值又很小，所以材料的导热系数下降。工程上常用的建筑材料和保温材料就是多孔性、密度小的轻质材料，它具有很高的隔热性能。

湿度对建筑材料和保温材料的 λ 影响极大。材料受潮后，λ 值显著增加，甚至超过水。例如砖在干燥时的导热系数为 0.35W/（m·℃），水的导热系数为 0.6W/（m·℃），而湿砖导热系数高达 1.0W/（m·℃）。这是由于水分渗入材料后占据孔隙的空间所至。

在工程应用中，导热系数是合理选用材料的重要依据之一。为了增强导热，应选用 λ 值大的材料；相反，为了削弱导热，应选用 λ 值小的材料。

第三节　平壁的稳定导热

工程上常用的平壁是长度比厚度大很多的平壁。实践表明，当长度和宽度为厚度的 8—10 倍以上，平壁边缘的影响可忽略不计，这样的平壁导热就可简化为只沿厚度方向（x 轴方向）进行的一维稳定导热。

一、单层平壁导热

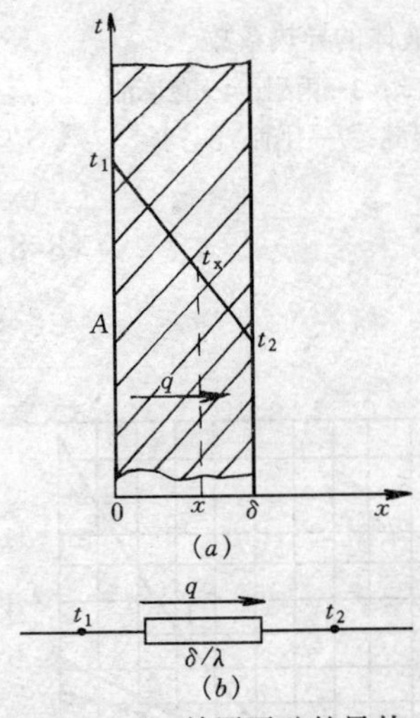

图 8-6　单层平壁的导热及热阻网络图

图 8-6（a）为一单层平壁稳定导热示意图。即由一种材料构成的平壁为单层平壁。它的厚度为 δ，平壁的导热系数为 λ，两表面温度均匀，分别为 t_1 和 t_2，并且 $t_1>t_2$。温度场是一维的，等温面是垂直于 x 轴的平面。根据傅立叶简化导热定律，即可写出一维温度场通过平壁的热流密度的计算公式，[同第二节中的公式（8-6）]。即：

$$q=\frac{t_1-t_2}{\frac{\delta}{\lambda}}\qquad(\mathrm{W/m^2})$$

此时平壁导热热阻 $R_\lambda=\frac{\delta}{\lambda}\mathrm{m^2\cdot℃/W}$。由此可以得出结论：通过单层平壁的热流密度与平壁两侧温差成正比，与平壁导热热阻成反比。在壁面温度一定的情况下，热阻越小，通过平壁的热流密度就越大；若通过平壁的热流密度一定，则热阻越大，平壁两侧的温度降落就越大。为此，要增加导热，就应尽量减小导热热阻。根据热流密度的计算公式，若已知 q、t_1、δ/λ，就可求出 t_2，则

$$t_2=t_1-q\frac{\delta}{\lambda}$$

同理，在平壁任一处的温度 t_x 为：

$$t_x=t_1-\frac{q}{\lambda}x\qquad(℃)\tag{8-9}$$

在稳定导热中，q 为常数，λ 在（t_1-t_2）范围内视为定值，所以上式为一直线方程。它表明了平壁内温度分布规律为一直线。

若求在单位时间通过面积 F 所传递的总热量 Q，可写成下式：

$$Q = q \cdot F \quad \text{W} \tag{8-10}$$

【例 8-1】 某建筑物的一面砖砌外墙长4m，高 2.8m，厚 240mm，内表面温度为 $t_1=18℃$，外表面温度 $t_2=-19℃$，砖的导热系数 $\lambda=0.7\text{W}/(\text{m}\cdot℃)$ 试计算通过这面外墙的导热量。

【解】 根据式（10-6）先计算通过 1m^2 外墙的热流量为：

$$q=\frac{t_1-t_2}{\frac{\delta}{\lambda}}=\frac{18-(-19)}{\frac{0.24}{0.7}}=107.9\text{W/m}^2$$

通过外壁的总热量，可按式（10-10）计算：

$$Q=q\cdot F=107.9\times4\times2.8=1208\text{W}$$

二、多层平壁导热

工程中经常遇到由几层不同材料叠在一起组成的多层壁。例如锅炉炉墙采用耐火砖、保温层和普通砖叠合而成。如图 8-7 所示，它为层与层之间紧密接合的三层平壁。各层的厚度分别为 δ_1、δ_2、δ_3，各层组成材料的导热系数为 λ_1、λ_2 和 λ_3，两表面温度为 t_1 和 t_4，且 $t_1>t_4$。设两个接触面的温度分别为 t_2 和 t_3。

在稳定温度场中，通过每一层的热流密度是相等的。即为

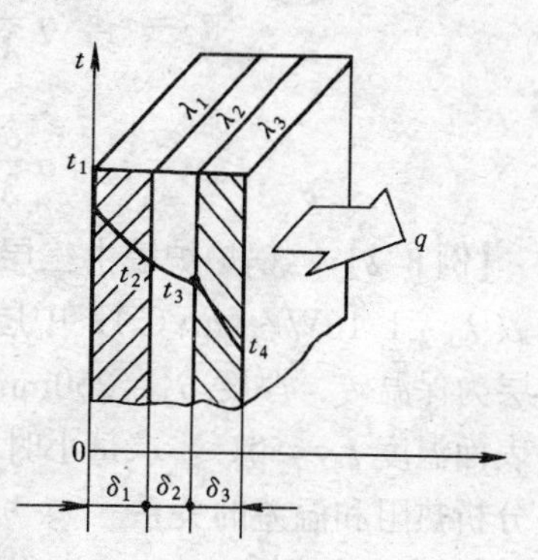

图 8-7 多层平壁的导热及热阻网络图

$$\left.\begin{aligned} q &= \frac{\lambda_1}{\delta_1}(t_1-t_2) \\ q &= \frac{\lambda_2}{\delta_2}(t_2-t_3) \\ q &= \frac{\lambda_3}{\delta_3}(t_3-t_4) \end{aligned}\right\} \tag{1}$$

由式（1）移项得：

$$\left.\begin{aligned} (t_1-t_2) &= q\frac{\delta_1}{\lambda_1} \\ (t_2-t_3) &= q\frac{\delta_2}{\lambda_2} \\ (t_3-t_4) &= q\frac{\delta_3}{\lambda_3} \end{aligned}\right\} \tag{2}$$

式（2）中的三式相加得：

$$t_1-t_4 = q\left(\frac{\delta_1}{\lambda_1}+\frac{\delta_2}{\lambda_2}+\frac{\delta_3}{\lambda_3}\right) \tag{3}$$

于是可得三层平壁的导热公式：

$$q=\frac{t_1-t_4}{\frac{\delta_1}{\lambda_1}+\frac{\delta_2}{\lambda_2}+\frac{\delta_3}{\lambda_3}} \quad (\text{W/m}^2) \tag{8-11}$$

用同样方法可求出 n 层平壁的导热公式：

$$q = \frac{t_1 - t_{n+1}}{\sum_{i=1}^{n} \frac{\delta_i}{\lambda_n}} \tag{8-12}$$

由公式（10-12）可以看出，多层平壁的总热阻等于各层平壁热阻之和，即

$$R_\lambda = R_{\lambda 1} + R_{\lambda 2} + R_{\lambda 3} = \frac{\delta_1}{\lambda_1} + \frac{\delta_2}{\lambda_2} + \frac{\delta_3}{\lambda_3} + \cdots\cdots + \frac{\delta_n}{\lambda_n} \tag{8-13}$$

式中　R_λ——多层平壁的总热阻，$m^2 \cdot ℃/W$。

分界面上的温度 t_2 与 t_3 即可由式（2）求出：

$$\left.\begin{aligned} t_2 &= t_1 - q\frac{\delta_1}{\lambda_1} \quad ℃ \\ t_3 &= t_2 - q\frac{\delta_2}{\lambda_2} = t_4 + q\frac{\delta_3}{\lambda_3} \quad ℃ \end{aligned}\right\} \tag{8-14}$$

【例 8-2】　锅炉炉墙由三层材料叠合而成。内层为耐火砖，厚度 $\delta_1 = 250mm$，导热系数 $\lambda_1 = 1.16W/(m \cdot ℃)$；中层为绝热材料，厚度 $\delta_2 = 125mm$，$\lambda_2 = 0.116W/(m \cdot ℃)$；外层为保温砖，厚度 $\delta_3 = 250mm$，$\lambda_3 = 0.58W/(m \cdot ℃)$。炉墙内表面温度 $t_1 = 1300℃$，外表面温度 $t_4 = 50℃$。求每小时通过每平方米炉墙的导热量；绝热层两面的温度 t_2 和 t_3，并分析热阻和温差的关系。

【解】　根据式（10-11）得：

$$q = \frac{t_1 - t_4}{\frac{\delta_1}{\lambda_1} + \frac{\delta_2}{\lambda_2} + \frac{\delta_3}{\lambda_3}} = \frac{1300 - 50}{\frac{0.25}{1.16} + \frac{0.125}{0.116} + \frac{0.25}{0.58}} = 725W/m^2$$

每小时通过每平方米的导热量：

$$725 \times 3600 = 2610kJ/(m^2 \cdot h)$$

由式（8-14）得：

$$t_2 = t_1 - q\frac{\delta_1}{\lambda_1} = 1300 - 725\frac{0.25}{1.16} = 1144℃$$

$$t_3 = t_4 + q\frac{\delta_3}{\lambda_3} = 50 + 725\frac{0.25}{0.58} = 362℃$$

各层温差得：

耐火砖层：$t_1 - t_2 = 1300 - 1144 = 156℃$

热绝缘层：$t_2 - t_3 = 1144 - 362 = 782℃$

保温砖层：$t_3 - t_4 = 362 - 50 = 312℃$

各层温差比为 156∶782∶312 = 1∶5∶2；各层热阻之比：0.25/1.16∶0.125/0.116∶0.25/0.50 = 1∶5∶2，两者之比正好相等。正如前所述，在稳定导热中，平壁两侧温差与平壁导热热阻成正比。保温砖与耐火砖虽然厚度一样，但保温砖热阻大，温度降落也大，因而保温效果好。保温砖在1300℃时会烧坏，所以内层就用保温差的耐火砖。热绝缘层

厚度虽然只有耐火砖层、保温砖层厚度的一半，但热阻最大，温度降落为耐火砖层的5倍，为保温砖层的2.5倍。所以，为减少炉墙的散热损失和炉墙厚度，在耐火砖层与保温砖层填上绝热效果好的绝缘材料。

第四节　圆筒壁的稳定导热

在工程上，圆筒壁应用极为广泛，例如锅炉中的锅筒、水冷壁、省煤器、过热器及输送热媒的管道都采用圆筒壁结构，所以必须了解圆筒壁的导热规律。

一、单层圆筒壁导热

如图（8-8）（a）为一单层圆筒壁，圆筒壁长为 l，内、外直径为 d_1、d_2，导热系数为 λ，圆筒壁的内、外面分别维持均匀不变的温度 t_1 和 t_2，且 $t_1 > t_2$。现需确定通过圆筒壁的热流量及温度分布规律。

当圆筒壁长度比其外直径大得多（$l > 10d_2$）时，则沿轴向的导热可以忽略不计，可认为热量主要沿半径方向传递。此时，圆筒壁的导热可视为一维稳定导热。即一维温度场，等温面都是与圆筒同轴的圆柱面。

在圆筒壁稳定导热中，通过各同心柱面 F 的热流量 Q 均相等，但不同柱面上单位面积的热流量 q 是不同的，且随半径的增大而减小。因此，圆筒壁导热是计算单位长度的热流量，用符号 q_l 表示，q_l 不因半径的变化而变化。

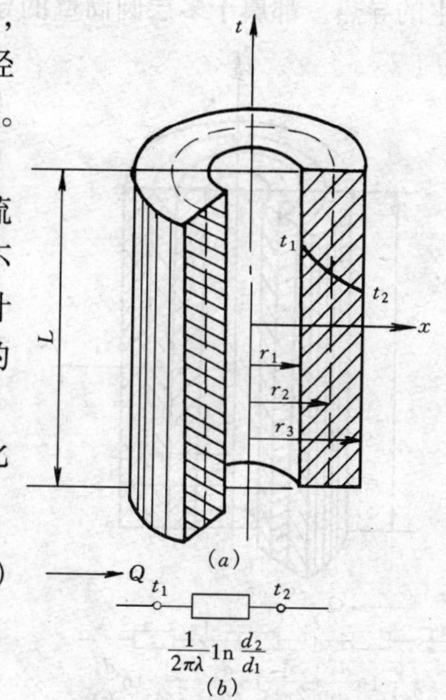

图 8-8　单层圆筒壁导热及热阻网络图

通过单层圆筒壁的热流量可用一维径向傅立叶简化导热定律计算，即：

$$Q = \frac{t_1 - t_2}{\frac{1}{2\pi\lambda l}\ln\frac{d_2}{d_1}} = \frac{t_1 - t_2}{\frac{1}{2\pi\lambda l}\ln\frac{r_2}{r_1}} \quad (\mathrm{W}) \qquad (8\text{-}15)$$

单位长度热流量

$$q_l = \frac{Q}{l} = \frac{t_1 - t_2}{\frac{1}{2\pi\lambda}\ln\frac{d_2}{d_1}} = \frac{t_1 - t_2}{\frac{1}{2\pi\lambda}\ln\frac{r_2}{r_1}} \quad (\mathrm{W/m}) \qquad (8\text{-}16)$$

以上式中的热阻分别为：

$R = \frac{1}{2\pi\lambda l}\ln\frac{d_2}{d_1}$ 或 $\frac{1}{2\pi\lambda l}\ln\frac{r_2}{r_1}$——圆筒壁总长度导热热阻，℃/W；

$R_l = \frac{1}{2\pi\lambda}\ln\frac{d_2}{d_1}$ 或 $\frac{1}{2\pi\lambda}\ln\frac{r_2}{r_1}$——单位长度圆筒壁导热热阻，m℃/W。

R_l 决定于导热系数和圆筒壁外径与内径之比值。若 λ 越大，外、内径比值越小时，长度热阻 R_l 就越小。

由式（8-16）可知，通过单层圆筒壁的长度热流量仍和温差成正比，与热阻成反比。而热阻与导热系数成反比，与外，内半径（或直径）之比的自然对数成正比。圆筒壁导热也可用热阻网络图表示，如图 8-8（b）所示。

圆筒壁导热热流量与平壁导热热流量计算公式具有相同的形式，只是热阻的形式不同。

根据公式 8-16，若已知 q_l、t_1、$R_{\lambda l}$则可求出 t_2

$$t_2 = t_1 - q_l \frac{1}{2\pi\lambda} \ln \frac{d_2}{d_1} \quad (℃)$$

同理，在距圆筒壁内壁 x 处的温度为

$$t_x = t_1 - q_l \frac{1}{2\pi\lambda} \ln \frac{d_x}{d_1} \quad (℃) \tag{8-17}$$

上式为一对数曲线方程式，所以导热系数为常数时，单层圆筒壁的内部温度沿径向按对数曲线分布（见图 8-8）。

二、多层圆筒壁导热

工程上，对于敷设绝热材料的管道，管内结垢，管外积灰的省煤器管、过热器管等所发生的导热，都属于多层圆筒壁的导热。

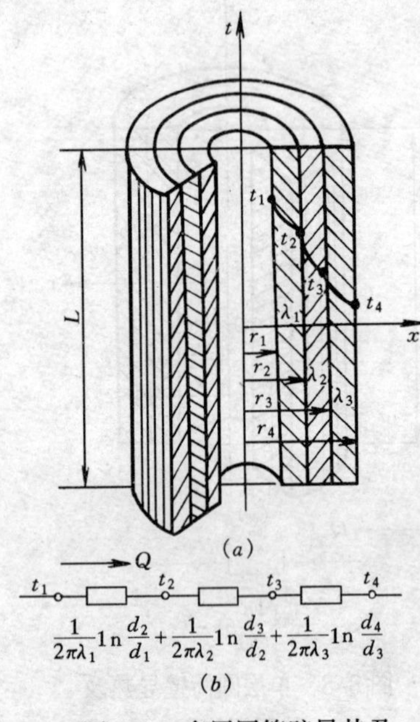

图 8-9　多层圆筒壁导热及热阻网络图

图（8-9）为一段由三层不同材料组成的多层圆筒壁，设各层之间接触良好，两接触面具有相同的温度。已知各层直径分别为 d_1、d_2、d_3 和 d_4；各层导热系数分别为 λ_1、λ_2 和 λ_3；各层的表面温度分别为 t_1、t_2、t_3 和 t_4，且 $t_1 > t_4$（t_2、t_3 未知）。

在稳定状态下，通过各层的热流量都是相等的，根据式 8-16 可得：

$$\left.\begin{aligned} q_l &= \frac{2\pi(t_1 - t_2)}{\frac{1}{\lambda_1}\ln\frac{d_2}{d_1}} \\ q_l &= \frac{2\pi(t_2 - t_3)}{\frac{1}{\lambda_2}\ln\frac{d_3}{d_2}} \\ q_l &= \frac{2\pi(t_4 - t_3)}{\frac{1}{\lambda_3}\ln\frac{d_4}{d_3}} \end{aligned}\right\} \tag{1}$$

利用方程组（1）式可求得每一层中的温度变化关系，即：

$$\left.\begin{aligned} t_1 - t_2 &= \frac{q_l}{2\pi}\frac{1}{\lambda_1}\ln\frac{d_2}{d_1} \\ t_2 - t_3 &= \frac{q_l}{2\pi}\frac{1}{\lambda_2}\ln\frac{d_3}{d_2} \\ t_3 - t_4 &= \frac{q_l}{2\pi}\frac{1}{\lambda_3}\ln\frac{d_4}{d_3} \end{aligned}\right\} \tag{2}$$

将方程组（2）式相加，得多层圆筒壁总温差：

$$t_1 - t_4 = \frac{q_l}{2\pi}\left(\frac{1}{\lambda_1}\ln\frac{d_2}{d_1} + \frac{1}{\lambda_2}\ln\frac{d_3}{d_2} + \frac{1}{\lambda_3}\ln\frac{d_4}{d_3}\right) \tag{3}$$

由式（3）可求得热流量 q_l 的计算公式：

$$q_l=\frac{2\pi\ (t_1-t_4)}{\frac{1}{\lambda_1}\ln\frac{d_2}{d_1}+\frac{1}{\lambda_2}\ln\frac{d_3}{d_2}+\frac{1}{\lambda_3}\ln\frac{d_4}{d_3}}\quad (\mathrm{W/m}) \tag{8-18}$$

对于 n 层圆筒壁

$$q_l=\frac{2\pi(t_1-t_{n+1})}{\sum_{i=1}^{n}\frac{1}{\lambda_i}\ln\frac{d_{i+1}}{d_i}}=\frac{t_1-t_{n+1}}{\sum_{i=1}^{n}\frac{1}{2\pi\lambda_i}\ln\frac{d_{i+1}}{d_i}}\quad (\mathrm{W/m}) \tag{8-19}$$

或用单位长度多层圆筒壁导热热阻表示：

$$q_l=\frac{t_1-t_{n+1}}{\sum_{i=1}^{n}R_{li}}=\frac{t_1-t_{n+1}}{R_{\ln}}\quad (\mathrm{W/m}) \tag{8-20}$$

式中　t_1-t_{n+1}——n 层圆筒壁内、外表面温差；℃；

$R_{\ln}$——n 层圆筒壁总热阻，m/W。

$$R_{\ln}=\sum_{i=1}^{n}R_{li}=\sum_{i=1}^{n}\frac{1}{2\pi\lambda_i}\ln\frac{d_{i+1}}{d_i}\quad (\mathrm{m/W})$$

单位时间通过 l m 圆筒壁的热流量为

$$Q=q_l\cdot l\quad (\mathrm{W})$$

由方程组（2）可求出各层接触面的温度

$$\left.\begin{aligned} t_2&=t_1-\frac{q_l}{2\pi\lambda_1}\ln\frac{d_2}{d_1}\\ t_3&=t_2-\frac{q_l}{2\pi\lambda_2}\ln\frac{d_3}{d_2}\\ \text{或}\quad t_3&=t_4+\frac{q_l}{2\pi\lambda_3}\ln\frac{d_4}{d_3}\end{aligned}\right\} \tag{8-21}$$

由于单层圆筒壁内温度分布为一对数曲线，所以多层圆筒壁内温度分布是由各层内温度分布的对数曲线组成的一条不连续曲线，如图（8-9）所示。

三、圆筒壁导热的简化计算

圆筒壁导热计算公式中含有对数项 $\ln\frac{d_{i+1}}{d_i}$，在实际运算中很麻烦。为了简化计算，常把圆筒壁当作平壁计算，其计算公式如下：

$$q_l=\frac{\lambda}{\delta}\pi d_{\mathrm{m}}\ (t_1-t_2)\quad (\mathrm{W/m}) \tag{8-22}$$

式中　d_{m}——圆筒壁的平均直径，$d_{\mathrm{m}}=\frac{d_1+d_2}{2}$，m；

δ——壁面厚度，$\delta=\frac{d_2-d_1}{2}$，m。

实际计算表明，当圆筒壁 $d_2/d_1<2$ 时，按上式计算所造成的误差不超过4%，这在工程上是允许的。

对于 n 层圆筒壁的导热计算公式可简化如下：

$$q_l = \frac{\pi(t_1 - t_{n+1})}{\sum_{i=1}^{n} \frac{\delta_i}{\lambda_i} \frac{1}{d_{mi}}} \quad (W/m) \tag{8-23}$$

【例 8-3】 某蒸汽管内径 $d_1 = 160mm$，外径 $d_2 = 170mm$。管道外表面两层保温层厚度分别为 $\delta_2 = 30mm$，$\delta_3 = 50mm$，管壁和两层保温材料的导热系数分别为 $\lambda_1 = 50W/(m \cdot ℃)$，$\lambda_2 = 0.15W/(m \cdot ℃)$，$\lambda_3 = 0.08W/(m \cdot ℃)$，蒸汽管内表面温度 $t_1 = 350℃$，第二层保温外表面温度 $t_4 = 50℃$，试计算每米长蒸汽管的导热量、各层之间分隔面的温度及用简化公式计算其导热量误差。

【解】 属多层圆筒壁导热

$$d_1 = 0.16m; \quad d_2 = 0.17m;$$

$$d_3 = d_2 + 2\delta_2 = 0.17 + 2 \times 0.03 = 0.23m;$$

$$d_4 = d_3 + 2\delta_3 = 0.23 + 2 \times 0.05 = 0.33m。$$

根据式（10-18）得：

$$q_l = \frac{2\pi\ (t_1 - t_4)}{\frac{1}{\lambda_1}\ln\frac{d_2}{d_1} + \frac{1}{\lambda_2}\ln\frac{d_3}{d_2} + \frac{1}{\lambda_3}\ln\frac{d_4}{d_3}}$$

$$= \frac{2 \times 3.14\ (350 - 50)}{\frac{1}{50}\ln\frac{0.17}{0.16} + \frac{1}{0.15}\ln\frac{0.23}{0.17} + \frac{1}{0.08}\ln\frac{0.33}{0.23}}$$

$$= 288W/m$$

根据式（8-21）可求得各层间接触面的温度：

$$t_2 = t_1 - \frac{q_l}{2\pi\lambda_1}\ln\frac{d_2}{d_1} = 350 - \frac{288}{2 \times 3.14 \times 50}\ln\frac{0.17}{0.16} = 349.945℃$$

$$t_3 = t_4 + \frac{q_l}{2\pi\lambda_3}\ln\frac{d_4}{d_3} = 50 + \frac{288}{2 \times 3.14 \times 0.08}\ln\frac{0.33}{0.23} = 256.94℃$$

按简化公式（10-23）计算

$$d_{m1} = \frac{0.16 + 0.17}{2} = 0.165 \quad m$$

$$d_{m2} = \frac{0.17 + 0.23}{2} = 0.2 \quad m$$

$$d_{m3} = \frac{0.23 + 0.33}{2} = 0.28 \quad m$$

$$\therefore q_l = \frac{\pi(t_1 - t_{n+1})}{\sum_{i=1}^{n} \frac{\delta_i}{\lambda_i d_{mi}}}$$

$$= \frac{3.14(350 - 50)}{\frac{0.005}{50 \times 0.165} + \frac{0.03}{0.15 \times 0.2} + \frac{0.05}{0.08 \times 0.28}} = 290W/m$$

误差：$\frac{290 - 288}{288} \times 100\% = 0.69\%$

由计算结果看出采用简化计算所引起的误差不到 1%，完全可以满足工程上的精度要求。

★第五节 复合壁的导热

在实际工程中，我们称由非匀质材料组成的构件为复合壁，如空心砖、空心楼板等。

在复合壁中，由于组成材料的导热系数不同，在沿整个墙壁热流量的分布是不均匀的。导热系数大的地方通过的热流量大，而导热系数小的地方通过的热流量小。

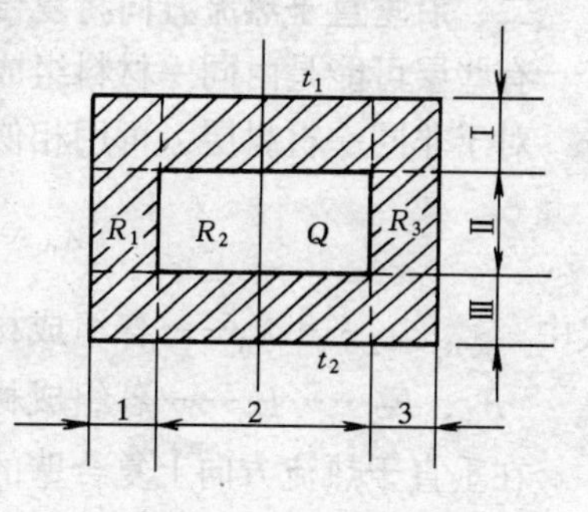

图 8-10 复合壁导热

在复合壁中，一般垂直和平行于热流方向的材料都是不同的。计算热流量时，可以沿着垂直和平行热流方向将复合壁划分为几个不同的部分，分别求出两种情况下按面积计算的平均热阻，再取这两个平均热阻的平均值计算热流量，具体方法如下：

一、沿着平行于热流方向将复合壁划分为几个不同的部分（见图 8-10 中的 1、2、3 部分）

假定热流独立地、均匀地通过各部分，而被划分开的各部分之间并无热流通过。此外还认为复合壁两表面的温度都是均匀的，分别为 t_1 和 t_2。若以 Q_1、Q_2、Q_3 分别表示划分开的三部分的导热量，Q 表示复合壁的总导热量，则：

$$Q = Q_1 + Q_2 + Q_3 \tag{a}$$

式中 Q_1 表示第 1 部分的导热量：

$$Q_1 = \frac{1}{R_1}(t_1 - t_2) \cdot F_1$$

Q_2 表示第 2 部分的导热量：

$$Q_2 = \frac{1}{R_2}(t_1 - t_2) \cdot F_2 \tag{b}$$

Q_3 表示第 3 部分的导热量：

$$Q_3 = \frac{1}{R_3}(t_1 - t_2) \cdot F_3$$

所以：

$$Q = \frac{1}{R'}(t_1 - t_2)(F_1 + F_2 + F_3) \tag{c}$$

式中 F_1、F_2、F_3——被划分开的各部分表面积，m^2；

R_1、R_2、R_3——被划分开的各部分的热阻，$m^2 \cdot ℃/W$。

将式（b）、（c）代入（a）式可得平行于热流方向上复合壁的平均总热阻：

$$\frac{1}{R'}(t_1 - t_2)(F_1 + F_2 + F_3) = (t_1 - t_2)\left(\frac{F_1}{R_1} + \frac{F_2}{R_2} + \frac{F_3}{R_3}\right)$$

$$R' = \frac{F_1 + F_2 + F_3}{\frac{F_1}{R_1} + \frac{F_2}{R_2} + \frac{F_3}{R_3}} \quad (m^2 \cdot ℃/W) \tag{8-24}$$

对于被划分成 n 层的复合壁的平均热阻为：

$$R' = \frac{F_1 + F_2 + \cdots\cdots + F_n}{\frac{F_1}{R_1} + \frac{F_2}{R_2} + \cdots\cdots + \frac{F_n}{R_n}} = \frac{\sum_{i=1}^{n} F_i}{\sum_{i=1}^{n} \frac{F_i}{R_i}} \quad (m^2 \cdot ℃/W) \tag{8-25}$$

二、沿垂直于热流方向将复合壁划分成若干层（见图 10-10 中的Ⅰ、Ⅱ、Ⅲ层）

有些层可能是由同一材料组成，另些层则是由几种材料组成。

对于非同一材料层，可用相似于上述的方法先求出平均导热系数 λ_m：

$$\lambda_m = \frac{\lambda_1 F_1 + \lambda_2 F_2 + \cdots\cdots + \lambda_n F_n}{F_1 + F_2 + \cdots\cdots + F_n} \tag{8-26}$$

式中 λ_1、λ_2……λ_n——各组成材料的导热系数，W/（m·℃）；

F_1、F_2……F_n——各组成材料所占面积，m^2。

在垂直于热流方向上复合壁的平均热阻 R''应为各层热阻的总和，即：

$$R'' = R_{Ⅰ} + R_{Ⅱ} + R_{Ⅲ} + \cdots\cdots + R_n = \Sigma \frac{\delta}{\lambda} + \Sigma \frac{\delta}{\lambda_m} \quad (m^2 \cdot ℃/W) \tag{8-27}$$

式中 $R_{Ⅰ}$、$R_{Ⅱ}$、$R_{Ⅲ}$——被划分开的各部分垂直于热流方向的热阻，m^2·℃/W；

$\Sigma \frac{\delta}{\lambda}$——由同一材料组成的各被划分开部分的热阻之和，$m^2$·℃/W；

$\Sigma \frac{\delta}{\lambda_m}$——由不同材料组成的各被划分开部分的热阻之和，$m^2$·℃/W。

以上讨论的两种情况，都假定热流在被划分开的每一层中都是均匀的，而实际上并不完全如此，这就造成了以上两种情况中的热阻 R'和 R''不相等（$R' > R''$）。实验表明，复合壁的实际热阻 R 的数值是处于 R'和 R''之间，且更接近于 R''。在实际工程中常按此近似公式确定 R 值。

$$R = \frac{R' + 2R''}{3} \quad (m^2 \cdot ℃/W) \tag{8-28}$$

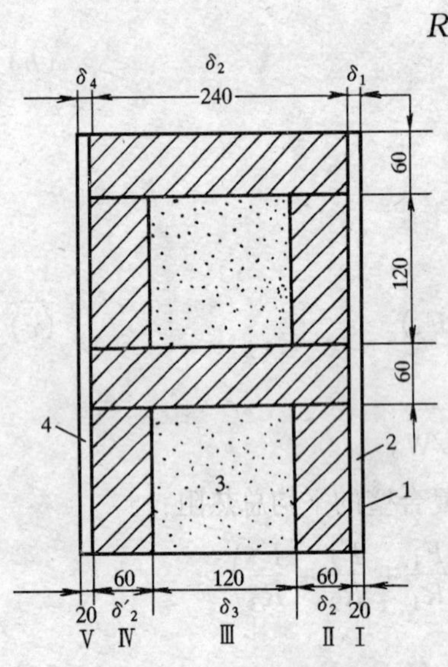

图 8-11 例题 8-4 附图

1—白灰粉刷；2—砖砌体；3—炉渣层；4—水泥砂浆抹面

此时复合壁的导热量为：

$$Q = \frac{F}{R}(t_1 - t_2) \ (W)$$

式中 F——复合壁的表面积，m^2；

t_1、t_2——复合壁两表面温度，℃。

【例 8-4】 某填充炉渣的空斗墙，其结构尺寸见图（8-11），已知材料导热系数为：白灰粉刷层 λ_1 = 0.697W/（m·℃），砖砌体 λ_2 = 0.81W/（m·℃），炉渣 λ_3 = 0.29W/m·℃，水泥砂浆 λ_4 = 0.937W/（m·℃），试求这一复合壁的导热热阻。

【解】 因为整个墙壁为同一结构，故可取一个单元，即长为 1m 进行计算。

1. 平行于热流方向

$$R_1 = \frac{\delta_1}{\lambda_1} + \frac{\delta_2}{\lambda_2} + \frac{\delta_4}{\lambda_4}$$

$$=\frac{0.02}{0.679}+\frac{0.24}{0.81}+\frac{0.02}{0.93}=0.346\text{m}^2\cdot℃/\text{W}$$

$$R_2=\frac{\delta_1}{\lambda_1}+\frac{\delta_2'}{\lambda_2}+\frac{\delta_3}{\lambda_3}+\frac{\delta_2}{\lambda_2}+\frac{\delta_4}{\lambda_4}$$

$$=\frac{0.02}{0.679}+\frac{0.06}{0.81}+\frac{0.12}{0.29}+\frac{0.06}{0.81}+\frac{0.02}{0.93}$$

$$=0.613\text{m}^2\cdot℃/\text{W}$$

平均热阻

$$R'=\frac{F_1+F_2}{\frac{F_1}{R_1}+\frac{F_2}{R_2}}=\frac{1(0.06+0.12)}{\frac{0.06}{0.346}+\frac{0.12}{0.613}}=0.488\quad \text{m}^2\cdot℃/\text{W}$$

2. 垂直于热流方向

第Ⅲ层平均导热系数

$$\lambda_m=\frac{\lambda_2F_1+\lambda_3F_2}{F_1+F_2}=\frac{0.81\times0.06+0.29\times0.12}{0.06\times0.12}=0.463\text{W}/(\text{m}\cdot℃)$$

总垂直热阻

$$R''=R_{Ⅰ}+R_{Ⅱ}+R_{Ⅲ}+R_{Ⅳ}+R_{Ⅴ}$$

$$=\frac{\delta_1}{\lambda_1}+\frac{\delta_2'}{\lambda_2}+\frac{\delta_3}{\lambda_m}+\frac{\delta_2}{\lambda_2}+\frac{\delta_4}{\lambda_4}$$

$$=\frac{0.02}{0.679}+\frac{0.06}{0.81}+\frac{0.12}{0.463}+\frac{0.06}{0.81}+\frac{0.02}{0.93}$$

$$=0.0295+0.074+0.259+0.074+0.0215$$

$$=0.458\quad \text{m}^2\cdot℃/\text{W}$$

复合壁的导热热阻：

$$R=\frac{R'+2R''}{3}=\frac{0.488+2\times0.458}{3}=0.468\quad \text{m}^2\cdot℃/\text{W}$$

小　　结

1. 导热的基本概念：凡有温差就有热量的传递，导热是由微观粒子热运动引起的传热现象；要研究物体的导热首先要了解物体中温度分布，掌握温度场、等温面的概念；稳定导热的基本定律——傅立叶定律即热流量的计算公式：$q=\frac{Q}{F}=\frac{t_1-t_2}{\frac{\delta}{\lambda}}$ （W/m^2）它适用于沿热流方向面积不变的一维稳定导热。

2. 热阻概念：热流量 $q=\frac{\Delta t}{\frac{\delta}{\lambda}}$ 与电学中的电流强度相对应。当温压一定时，传热的强弱集中反映在热阻上，这样的观点与方法给分析和解决传热问题带来了极大的方便。通过对热阻中的主要成分导热系数 λ 及其影响因素的分析得知：λ 数值金属最大，非金属和液体次之，气体最小，其中 $\lambda<0.23\text{W}/(\text{m}\cdot℃)$ 的材料可做为绝热材料。

3. 平壁和圆筒壁导热量计算：两者的计算虽然依据的是傅立叶简化导热定律，而得出的结果却不同。主要是因为平壁的热流面积是不变的，而圆筒壁的热流面积随半径变化而变化，故 n 层平壁导热量计算公式：

$$q=\frac{t_1-t_{n+1}}{\sum_{i=1}^{n}\frac{\delta_i}{\lambda_i}}\quad(\mathrm{W/m^2})$$

n 层圆筒壁单位长度导热量计算公式：

$$q_l=\frac{t_1-t_{n+1}}{\sum_{i=1}^{n}\frac{1}{2\pi\lambda_i}\ln\frac{d_{i+1}}{d_i}}(\mathrm{W/m})$$

两式主要区别在于两者热阻表达形式不同。但在特定条件下（$d_{外}/d_{内}<2$），可将圆筒壁当作平壁计算，其计算公式：

$$q_l=\frac{t_1-t_{n+1}}{\sum_{i=1}^{n}\frac{\delta_i}{\pi\lambda_i d_{mi}}}(\mathrm{W/m})$$

4. 复合壁导热概念：在复合壁中，由于垂直与平行热流方向的材料不同，其导热系数不同，在沿整个墙壁热流量的分布是不均匀的。其热流量的计算：沿着垂直和平行于热流方向将复合壁划分为几个不同部分，分别求出平行于热流方向上复合壁的平均热阻 R' 及垂直于热流方向上复合壁的平均热阻 R''，即可计算复合壁的实际热阻：

$$R=\frac{R'+2R''}{3}\quad(\mathrm{m^2\cdot ℃/W})$$

习 题 八

8-1 一砖墙高 4m、宽 3m、厚 0.25m，墙内表面温度为 20℃、外表面温度为 4℃，砖的导热系数为 0.6W/（m·℃），求每小时通过砖墙的散热量？

8-2 如果 $\delta=30$mm，温差 $\Delta t=30$℃时，热流量 $q=100\mathrm{W/m^2}$。试求墙壁材料的导热系数的数值是多少？

8-3 20mm 厚的平面墙，导热系数为 1.0W/（m·℃）。为使墙的热损失不超过 1800W/m²，在墙外覆盖了一层导热系数为 0.2W/（m·℃）的保温材料。已知墙内侧表面温度为 1200℃、保温层外表面温度为 50℃，求保温层的厚度？

8-4 汽包壁厚 $\delta_1=22$mm，导热系数 $\lambda_1=44$W/（m·℃），如果壁面结有厚度 $\delta_2=2$mm 的水垢，其导热系数 $\lambda_2=1$W/（m·℃），外、内表面温度分别为 $t_1=300$℃和 $t_3=200$℃，求汽包壁热流量及汽包壁与水垢接触面温度？

8-5 某教室的墙壁由一层厚为 $\delta_1=100$mm 的砖层［$\lambda_1=0.6$W/（m·℃）］和一层厚为 $\delta_2=20$mm 的灰泥［$\lambda_2=0.5$W/（m·℃）］构成，现拟加装空调设备，准备在内表面加贴一层硬质泡沫塑料［$\lambda_3=0.05$W/（m·℃）］，使导入室内的热量减少至原来的 20%，求这层泡沫塑料的厚度？

8-6 炉的砖衬由一层耐火粘土砖、一层红砖及中间填以绝热材料层所组成。耐火粘土砖壁的厚度 $\delta_1=120$mm，绝热材料层的厚度 $\delta_2=50$mm，红砖层厚度 $\delta_3=250$mm，各层的导热系数依次为 $\lambda_1=0.93$W/（m·℃），$\lambda_2=0.14$W/（m·℃），$\lambda_3=0.7$W/（m·℃）。如果以红砖代替绝热材料，求红砖层厚度需增加多少倍？

8-7 锅炉炉墙由耐火砖、硅藻土砖和红砖构成。它们的厚度依次为 $\delta_1=125$mm，$\delta_2=50$mm，$\delta_3=250$mm；导热系数依次为 $\lambda_1=0.9$W/（m·℃），$\lambda_2=0.15$W/（m·℃），$\lambda_3=0.45$W/（m·℃）。若炉墙内

外表面温度分别为 $t_1=1000℃$，$t_4=50℃$，求 5h 通过 $10m^2$ 炉墙的散热量及墙内绝热层两面的温度 t_2 和 t_3？

8-8　某蒸汽管道外径为 100mm，采用超细玻璃棉毡隔热，棉毡导热系数为 0.035W/（m·℃），蒸汽管外壁温度为 360℃，要求棉毡保温层外表面温度不超过 50℃，且每米长管道热损失不超过 160W，求棉毡保温层厚度？

8-9　某蒸汽管外径为 $d_1=100mm$，在蒸汽管外壁覆以两层热绝缘层，每一层热绝缘层外表面温度均为 25mm，导热系数分别为 $\lambda_1=0.07W/（m·℃）$，$\lambda_2=0.087W/（m·℃）$，管外表面温度 $t_4=200℃$，外层热绝缘层外表面的温度 $t_3=40℃$，求每米长蒸汽管的热损失及两层热绝缘接触面的温度 t_2？

★8-10　见附图所示为一炉渣混凝土空心砌块，结构尺寸如图。炉渣混凝土的导热系数 $\lambda_1=0.79W/（m·℃）$，空心部分的导热系数 $\lambda_2=0.29W/（m·℃）$，求砌块的导热热阻 R？

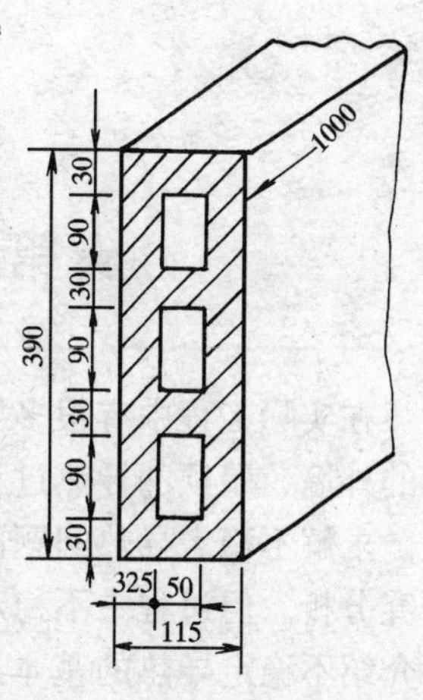

习题 8-10 附图

★第九章　不稳定导热的基本知识

在实际工程中有很多导热过程是非稳态的，即温度场是随时间而变化的。例如空调房间的外墙、屋顶的导热过程就是在室外空气温度的周期性变化中进行的不稳定的导热过程。求解不稳定导热问题比较复杂，因此实际上将许多不稳定导热过程近似按稳态过程来研究分析。但过程中不稳定因素起主要作用时，就必须按不稳定过程来分析计算。本章主要介绍不稳定导热的基本概念及导热的微分方程式；对流换热条件下、常热流边界条件下、周期性变化边界条件下的不稳定导热。

第一节　不稳定导热的基本概念及其导热微分方程式

非稳态导热过程始终和物体或物体的一部分被加热或被冷却联系在一起，它是在外界供给热量时，物体本身对热量进行贮存和传递的过程。贮存过程结束，即终止对物体的加热过程，非稳态导热过程就过渡到稳定导热过程，或者物体和周围环境处于等温状态。物体内部进行的热量传递和贮存过程，统一表现为物体内温度场和时间的关系；不稳定导热过程中物体内的温度场随时间变化；稳定导热过程中物体内的温度场不随时间变化。

下面以物性为常数的无限大平板为例，来分析不稳定导热过程。

设在非稳定导热过程开始前，平板两侧的温度分别为 t_1 和 t_2。过程开始时，一侧温度突然由 t_1 变到 t_3，此后维持不变；另一侧温度 t_2 始终维持不变。过程开始后，板内各处温度将随时间连续地变化。为分析问题的方便。我们将温度随时间和坐标的连续变化看作阶跃的变化。为此，将平板等分为若干层，将每一层内的温度看作一样，而各层温度不同；时间被分成小的相等间隔，并将每一间隔看作温度变化的单元时间，即每层温度作一次突然变化的时间。等分愈细，则阶跃变化愈接近连续变化。

当左侧板面温度突然由 t_1 变到 t_3 后，经过第 1 个时间间隔（时间为 τ_1）后，第Ⅰ层温度升高至 $t_{\mathrm{I}1}$，第二层及其后各层温度还未变化；经过第 2 个时间间隔（时间为 τ_2）后，第Ⅰ层温度继续升高至 $t_{\mathrm{I}2}$，第Ⅱ层温度也开始升高，并为 $t_{\mathrm{II}2}$，如此类推下去，直到最右边一层温度开始升高。此后各层温度不断升高，经过足够长的时间，直至板内温度分布成为一根直线（t_3—t_2 直线），这时达到稳定状态。图中各连续光滑的曲线分别表示 τ_1、τ_2 和 τ_3 等时刻的温度分布。

第Ⅱ层的温度不能在第 1 个时间间隔内就开始升高，这是因为由左侧表面向右传递来的热量，首先被第Ⅰ层材料吸收贮存，提高自身温度，只有当该层温度升高到一定的数值，它才能向第二层传递足够的热量，使第二层温度有明显的变化。因此，第二层温度升高的快慢将和第Ⅰ层温度升高的快慢，以及它向第Ⅱ层传递热量的快慢有关。在由左侧表面传递来某一热量的情况下，第Ⅰ层温度升高的速度将和其比热容量 $c_{\mathrm{p}}\rho$ 成反比；在第Ⅰ、Ⅱ层之间存在某一温差时，它们之间导热的速度和导热系数成正比。因此，第Ⅱ层温度升高的快慢将和导温系数 $a=\dfrac{\lambda}{c_{p}\rho}$ 成正比。导温系数 a 是材料的一个重要热物理性质参数，它说明温度传播的速度。

在不稳定导热过程中，由于有热量储存的现象出现，遂使问题远较稳态复杂。就图中的每一层来说，传递进来和传递出去的热量的比例将依贮存的热量而定，整个板储存热量的情况表示在图 9-1b 中。过程开始时，板储存的热量为 $\tau=0$ 时的 $q-q_1$，过程终了时，储存的热量为 $\tau=\tau_2$ 时及以后的 $q-q_1=q_2-q_1=0$。图 9-1b 中的曲线 q 为左侧面传递进来的热量；曲线 q_1 为由右侧面传递出去的热量；直线 q_2 为新的稳态下传进或传出的热量；有阴影的面积为整个不稳定过程中平板吸收储存的热量。

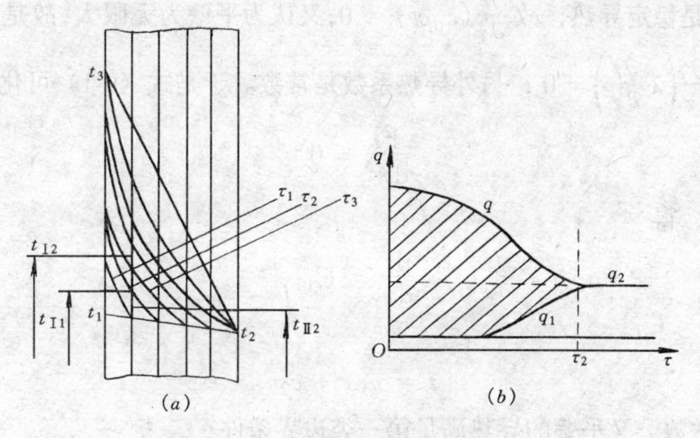

图 9-1　无限大平板的不稳定导热

（a）温度变化；（b）吸热情况

假如在进行不稳定导热的物体内部选取边长为 dx、dy、dz 的微元立方体为研究对象，如图 9-2。根据热力学第一定律，在 $d\tau$ 时间内进入微元体的热量与由微元体出去的热量之差，应等于该微元体在 $d\tau$ 时间内焓的变化。同时根据热流量的定义可以推导出不稳定导热的方程式，即傅立叶方程。

$$\frac{\partial}{\partial\tau}(C_{p}\rho t)=\frac{\partial}{\partial x}\left(\lambda\frac{\partial t}{\partial x}\right)+\frac{\partial}{\partial y}\left(\lambda\frac{\partial t}{\partial y}\right)+\frac{\partial}{\partial z}\left(\lambda\frac{\partial t}{\partial z}\right) \tag{9-1}$$

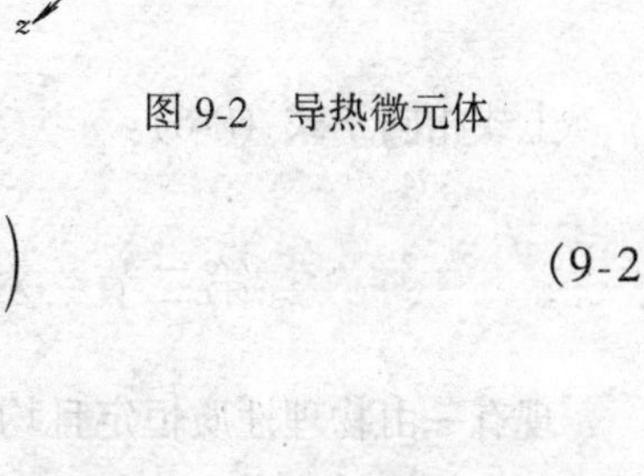

图 9-2　导热微元体

当物理性质恒定，即 c_p、ρ、λ 为常数时，上式可简化为

$$\frac{\partial t}{\partial\tau}=a\left(\frac{\partial^2 t}{\partial x^2}+\frac{\partial^2 t}{\partial y^2}+\frac{\partial^2 z}{\partial z^2}\right) \tag{9-2}$$

式中　ρ——密度，kg/m^3；

c_p——定压比热，kJ/（kg·℃）；

a——导温系数，又称热扩散系数，m^2/s。

式 (9-2)，对于无内热源、各个方向物理性质相同且恒定的连续介质是普遍适用的，在所研究的时空范围内，它给出了某点温度随时间的变化和此点周围温度的关系。式(9-1)描述了导热过程的共性，用它来解决具体问题时，必须补充描述具体过程的条件。这些条件中除去需有描述物体的物理性质和几何系统的具体情况外，还需有边值条件，它能定出微分方程的唯一解。边值条件包括：

(1) 时间条件，又称起始条件，它给出过程初始时刻所研究范围内的温度分布；

(2) 边界条件，它说明所研究对象的边界上的热量传递情况。常见的有下述三类：

(a) 第一类边界条件：给定物体表面上的温度分布随时间的变化；

(b) 第二类边界条件：给定物体表面上热流量分布随时间的变化；

(c) 第三类边界条件：给定物体表面上的对流换热系数 α 和周围流体的温度 t_l。

【例 9-1】 用不稳定导热的微分方程式求解第八章第二节的单层平壁的稳定导热。假定平壁的导热系数是常数。

【解】 由于是稳定导热，故 $\frac{\partial}{\partial \tau}(c_{\mathrm{p}}\rho t) = 0$；又认为平壁为无限大，故是一维导热问题，即 $\frac{\partial}{\partial y}\left(\lambda \frac{\partial t}{\partial y}\right) = \frac{\partial}{\partial z}\left(\lambda \frac{\partial t}{\partial z}\right) = 0$；另外导热系数是常数。于是式 (9-1) 可化简为

$$\frac{\mathrm{d}^2 t}{\mathrm{d}x^2} = 0 \tag{a}$$

对上式积分，得

$$\frac{\mathrm{d}t}{\mathrm{d}x} = C_1 \tag{b}$$

再积分，得

$$t = c_1 x + c_2 \tag{c}$$

c_1 和 c_2 是积分常数。又平壁的导热满足第一类边界条件：

$$x = 0 \text{ 时}, t = t_1, \text{则 } c_2 = t_1$$

$$x = \delta \text{ 时}, t = t_2, \text{则 } c_1 = \frac{t_1 - t_2}{\delta}$$

将 c_1、c_2 代入式 (c)，则

$$t = -\frac{t_1 - t_2}{\delta}x + t_1$$

根据傅立叶定律，平壁的导热量为

$$q = -\lambda \frac{\mathrm{d}t}{\mathrm{d}x} = -\lambda c_1 = \lambda \frac{t_1 - t_2}{\delta} = \frac{t_1 - t_2}{\frac{\delta}{\lambda}}$$

上式相同于式 (8-6)。

第二节 对流换热边界条件下的不稳定导热

现有一由物理性质恒定且均匀材料构成的无限大平壁。平板的两个界面为互相平行的平面，假如初始时具有均匀温度 t_0，此后假定平壁两界面突然受到流体（温度 t_l = 常数）的对流换热作用（α = 常数）。试求壁内温度随时间的变化，以及在一段时间内物体所吸收的热量。

这是一维非稳定导热问题，引入过余温度 $\theta = t - t_l$ 为因变量，此问题的微分方程式为：

$$\frac{\partial\theta}{\partial\tau} = a\,\frac{\partial^2\theta}{\partial x^2} \tag{9-3}$$

初始条件　$\tau = 0$　　$\theta_0 = t_0 - t_l$

边界条件　$x = 0$　　$\frac{\partial\theta}{\partial x} = 0$（对称绝热面）

$x = \pm\delta$　　$-\lambda\left.\frac{\partial\theta}{\partial x}\right|_{x=\pm\delta} = \alpha\theta\big|_{x=\pm\delta}$（对流边界条件）

应用分离变量法，求得温度场的表达式：

$$\frac{\theta}{\theta_0} = \sum_{n=1}^{\infty}\frac{2\sin\beta_n}{\beta_n + \sin\beta_n\cos\beta_n}\cos\left(\beta_n\frac{x}{\delta}\right)e^{-\beta_n^2 F_0} \tag{9-4}$$

式中　$\beta = \varepsilon\delta$——其中的 ε 为求解偏微分方程时所取的常数；

δ——无限大平壁厚度的一半；

β_n——方程 tg（β）$= \frac{\alpha\cdot\delta}{\lambda}\cdot\frac{1}{\beta}$ 的根。因根有无数个，故用下标 n 表示根的序号；

$Bi = \frac{\alpha\delta}{\lambda}$——毕渥准则；

$Fo = \frac{\alpha\tau}{\delta^2}$——傅立叶准则。

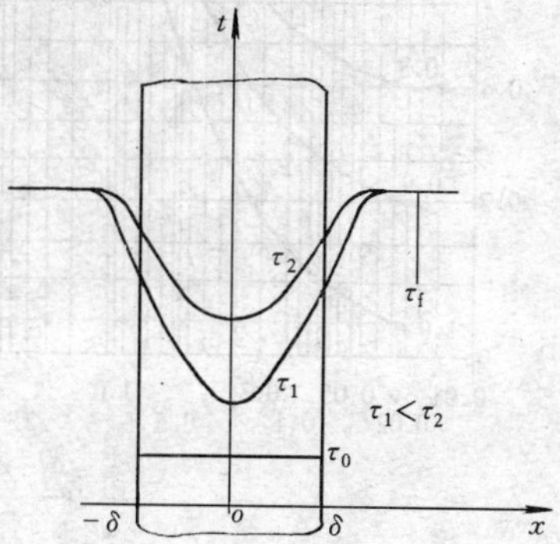

图 9-3　无限大平壁加热时的温度变化

式（9-3）给出任意时刻（τ）平壁内的温度分布，见图 9-3。

由式（9-4）可以求出每平方米壁面上，在加热过程中经过一段 τ 时间放出的热量：

$$Q_\tau = c\rho\int_{-\delta}^{+\delta}(t_0 - t_0)\,dx = c\rho\int_{-\delta}^{+\delta}(\theta_0 - \theta)\,dx$$

$$= Q_0\left(1 - \sum_{n=1}^{\infty}\frac{2\sin^2\beta_n}{\beta_n^2 + \beta_n\sin\beta_n\cos\beta_n}e^{-\beta_n^2 F_0}\right) \tag{9-5}$$

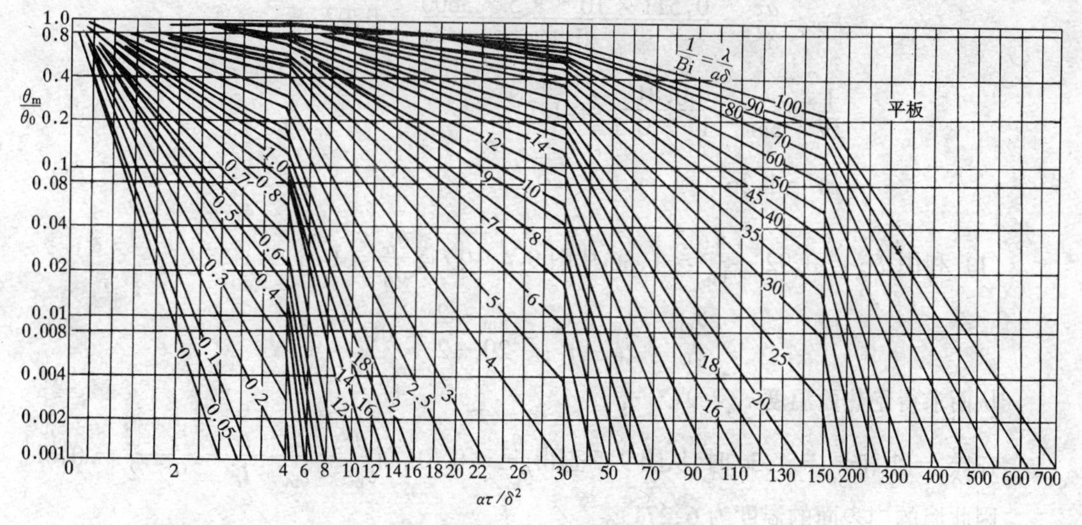

图 9-4　无限大平壁的 $\frac{\theta_m}{\theta_0}$ 图线

式中　$Q_0 = 2c\rho\delta Q_0 = c\rho(2\delta)(t_l - t_0)$ 为平壁从初始温度被加热到周围流体温度时，每 m^2 面积的板上所放出的最大热量。上述计算公式对平壁被冷却同样适用。

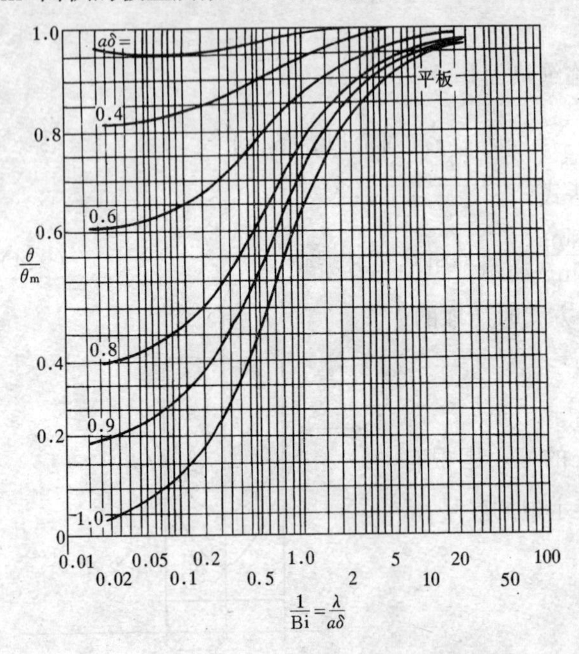

图 9-5　无限大平壁的$\frac{\theta}{\theta_m}$图线

用式（9-4）和式（9-5）来计算显得很繁琐，工程上通常使用图线进行计算。图线是按式（9-4）和式（9-5）计算出有关数值，然后将这些数值以准则为变量画出的曲线。

图 9-4 和图 9-5 中的 θ_m 为壁中心的过余温度，$\theta_m = t_m - t_l$。

注意在使用以上线算图时必须满足 $Fo \geqslant 0.2$ 的条件。

【**例 9-2**】　一普通砖墙，厚 $\delta=$ 100mm，初始温度 $t_0 = 20℃$，一侧面完全绝热，而另一侧面突然被 2℃ 的空气自然对流冷却，其对流换热系数 $\alpha=$ 11W/（m^2·℃）。试计算：

（1）5h 后两墙面的温度。

（2）在 5h 内墙面单位面积散出的总热量。

【**解**】　该墙的绝热面可视为厚度为 $2\delta = 2\times100$mm 的平壁的对称中心面，该平壁受空气自然对流冷却。从附录 9-1 查得普通粘土砖墙的物性参数 $\lambda = 0.81$W/（m·℃），$c = 0.88$kJ/（kg·℃），$\rho = 1800$kg/m^3。从而可以计算出：

$$a = \frac{\lambda}{c\rho} = \frac{0.81}{0.88\times10^3\times1800} = 0.511\times10^{-6} \quad m^2/s$$

$$Fo = \frac{a\tau}{\delta^2} = \frac{0.511\times10^{-6}\times5\times3600}{0.1^2} = 0.92$$

$$\frac{1}{Bi} = \frac{\lambda}{\alpha\delta} = \frac{0.81}{11\times0.1} = 0.74$$

$$Bi = 1.36$$

（1）利用 $Fo = 0.92$　$\frac{1}{\mathrm{Bi}} = 1.36$ 从图 9-4 中查得$\frac{\theta_m}{\theta_0} = 0.5$

$$\frac{\theta_m}{\theta_0} = \frac{t_m - t_l}{t_0 - t_l} = \frac{t_m - 2}{20 - 2} = 0.5$$

从而求得绝热面温度 $t_m = 9℃$

在 $\frac{x}{\delta} = 1$ 和$\frac{1}{Bi} = 1.36$时，从图 9-5 查得$\frac{\theta}{\theta_m} = 0.61$，而$\frac{\theta}{\theta_m} = \frac{t_s - t_l}{t_m - t_l} = \frac{t_\delta - 2}{9 - 2} = 0.61$

因此墙的内表面的温度为 6.27℃。

（2）经过 τ 时间每 m^2 墙面上的总散热量 Q：

根据 Bi = 1.36，$F_0=0.92$，从图 9-6 可查得：$\frac{Q}{Q_0}=0.57$。而 $Q_0=c\rho\delta\ (t_0-t_l)=0.88\times10^3\times1800\times0.1\times(20-2)=2.85\times10^6\ \ \mathrm{J/m^2}$

于是 $Q=0.57\times2.85\times10^6=1.63\times10^6\ \ \mathrm{J/m^2}$

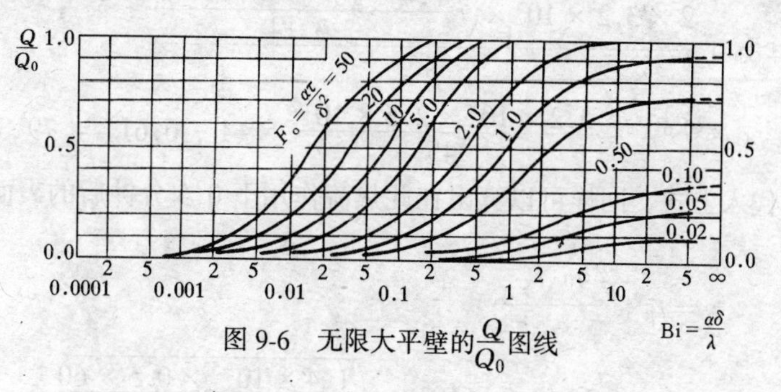

图 9-6　无限大平壁的 $\frac{Q}{Q_0}$ 图线

第三节　恒热流边界条件下的不稳定导热

半无限大固体是在 $x=0$ 处以一个平面为边界，在 x 的正方向可以无限扩展的物体。如图 9-7 所示，其初始温度为 t_i，如果突然将恒定的热流量作用于固体表面，试求出平壁内以时间为函数的温度分布表达式。

假若固体的物性不变，则温度分布 t 取决于下面的微分方程式：

$$\frac{\partial t}{\partial \tau}=a\frac{\partial^2 t}{\partial x^2}$$

初始条件　$\tau=0\quad t=t_i$

边界条件　$x=0\quad -\lambda\left.\frac{\mathrm{d}t}{\mathrm{d}x}\right|_{x=0}=q_0$

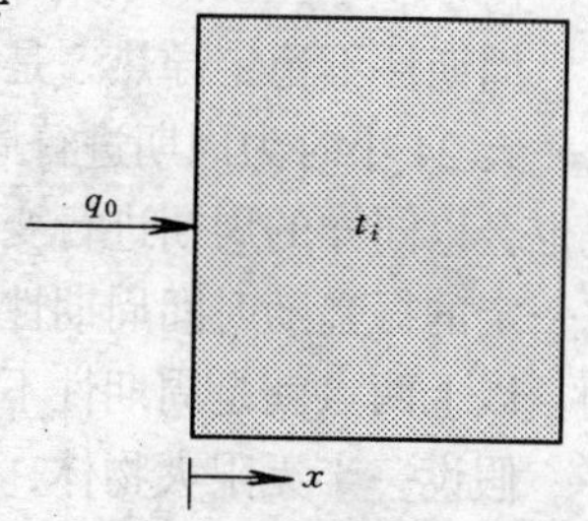

图 9-7　半无限大固体的恒热流作用

应用拉普拉斯变换法，求得温度场的表达式：

$$t-t_i=\frac{2q_0\sqrt{\frac{a\tau}{\pi}}}{\lambda}\mathrm{e}^{\frac{-x^2}{4a\tau}}-\frac{q_0x}{\lambda}\left(1-\mathrm{erf}\frac{x}{2\sqrt{a\tau}}\right)\quad(9\text{-}6)$$

式中　$\mathrm{erf}\frac{x}{2\sqrt{a\tau}}$ 称为高斯误差函数，其值可从附录 9-2 查得。

【例 9-3】　已知一大块钢板，导热系数 $\lambda=45\mathrm{W/(m\cdot℃)}$，导温系数 $a=1.4\times10^{-5}\ \mathrm{m^2/s}$，初始温度是均匀的为 35℃，若钢板一侧面的恒热流为 $3.2\times10^5\mathrm{W/m^2}$。试求 0.5min 以后 2.5cm 深处的温度。

【解】　利用无限大固体恒流作用下的温度场计算来计算，即式 (9-6)。

式中　$$\frac{x}{2\sqrt{a\tau}}=\frac{2.5\times10^{-2}}{2\times\sqrt{1.4\times10^{-5}\times0.5\times60}}=0.61$$

由附录 9-1 查出误差函数：

$$\mathrm{erf}\frac{x}{2\sqrt{a\tau}}=\mathrm{erf}0.61=0.61$$

已知 $t_i=35℃$，将以上结果代入式 (9-6) 可得：

$$t = t_i + \frac{2q_0\sqrt{\frac{a\tau}{\pi}}}{\lambda} e^{\frac{-x^2}{4a\tau}} - \frac{q_0 x}{\lambda}\left(1 - \operatorname{erf}\frac{x}{2\sqrt{a\tau}}\right)$$

$$= 35 + \frac{2 \times 3.2 \times 10^5 \times \sqrt{\frac{1.4 \times 10^{-5} \times 0.5 \times 60}{3.14}}}{45}$$

$$\times e^{-(0.61)^2} - \frac{3.2 \times 10^5 \times 2.5 \times 10^{-2}}{45} \times (1 - 0.61) = 79.3℃$$

若将 $x=0$ 代入上式，同样可以算出在此热流作用下 0.5 分钟后的表面温度：

$$t = t_i + \frac{2q_0\sqrt{\frac{a\tau}{\pi}}}{\lambda}$$

$$= 35 + \frac{2 \times 3.2 \times 10^5 \times \sqrt{\frac{1.4 \times 10^{-5} \times 0.5 \times 60}{3.14}}}{45}$$

$$= 199.4℃$$

第四节　周期性热作用下的不稳定导热

周期性不稳定导热，是供热通风与空调工程中常遇到的一种情况。例如室外空气温度以一天 24 小时为周期进行周而复始的变化，这时室内温度尽管维持恒定，而墙内各处温度也会以同样的周期进行变化。在周期性的不稳态导热过程中，一方面物体内各处的温度按一定的振幅随时间周期性波动；另一方面，同一时刻物体内的温度分布也是周期性地波动。以上两点就是周期性不稳定导热的特点。

假设一半无限大物体，如地球表面和地下建筑。若以表面为坐标，同上节分析一样，该过程为一维不稳定导热。同样引入过余温度 $\theta = t - t_m$，t_m 为周期内的温度平均值，则导热的微分方程式为：

$$\frac{\partial \theta}{\partial \tau} = a\frac{\partial^2 \theta}{\partial x^2} \tag{1}$$

初始条件　因过程呈周期性，故无此条件。

边界条件　温度波和热流波均可用简谐波来表示，以温度波为例，写成余弦函数：

$$\theta = A_b \cos\left(\frac{2\pi}{T}\tau\right) \tag{2}$$

式中　θ——半无限大物体表面，任何时刻 τ 的过余温度；

A_b——表面上的温度波动振幅；

T——表面上的温度波动周期。

对 (1)、(2) 式，应用分离变量法，求得该问题的解：

$$\theta = A_b e^{-\sqrt{\frac{\pi}{aT}}x} \cos\left(\frac{2\pi}{T}\tau - \sqrt{\frac{\pi}{aT}}x\right) \tag{9-7}$$

上式表明，半无限大物体内任意位置 x 处的温度波是以 T 为周期随时间 τ 按简谐波规律变化。

1. 温度波幅的衰减

在 x 处的温度波幅为 $A_x = A_b e^{-\sqrt{\frac{\pi}{aT}}x}$，较表面温度波是衰减的。如图 9-8。这反映了物体材料对温度波动的阻尼作用。温度波幅的衰减程度用衰减度 ν 表示

$$\nu_t = \frac{A_b}{A_x} = e^{\sqrt{\frac{\pi}{aT}}x} \tag{9-8}$$

2. 温度波传递时间的延迟

从式（9-7）还可以看出，物体内任意位置的温度到达最大值的时间，比表面温度达到最大值的时间要滞后，相位角延迟 $\sqrt{\frac{\pi}{aT}}x$。若以 ξ 表示延迟时间，则

$$\xi = \frac{相位角}{角速度} = \frac{\sqrt{\frac{\pi}{aT}}x}{\frac{2\pi}{T}} = \frac{1}{2}\sqrt{\frac{T}{a\pi}}x \tag{9-9}$$

温度波的衰减与时间（相位）延迟，如图 9-8 所示。

若半无限大物体，在周期性地热流作用下其导热特点也必然是周期性地从表面导入导出。根据傅立叶定律及（1）式，同样可得：

$$q_{b\tau} = \lambda A_b \sqrt{\frac{2\pi}{aT}} \cos\left(\frac{2\pi}{T}\tau + \frac{\pi}{4}\right) \tag{9-10}$$

式中表面热流的振幅 $A_q = \lambda A_b \sqrt{\frac{2\pi}{aT}}$。从相位角可见热流波超前温度波 $\frac{\pi}{4}$，故超前的时间：

$$\Delta\tau = \frac{\pi/4}{2\pi/T} = \frac{T}{8}$$

即热流波超前温度波 1/8 周期，如图 9-9 所示。

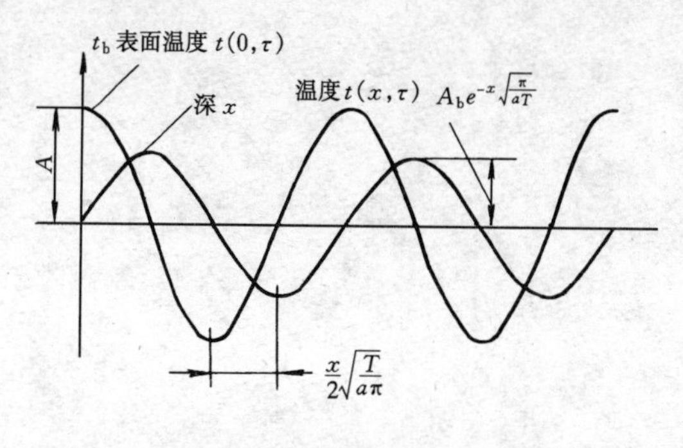

图 9-8 振幅衰减和相位延迟

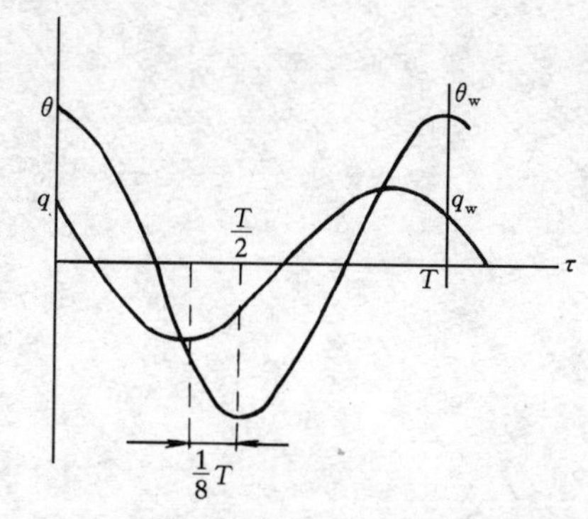

图 9-9 表面热流波和表面温度波的相位

【例 9-4】 干燥土壤的导温系数 $a = 0.617 \times 10^{-6} m^2/s$，试计算年温度波在地下 4.0m 处，达到最高温度的时间较该温度波在地面时的延迟时间。

【解】 据式（9-9），延迟的时间

$$\xi = \frac{1}{2}\sqrt{\frac{T}{a\pi}}x = \frac{1}{2} \times \sqrt{\frac{365 \times 24 \times 3600}{0.617 \times 10^{-6} \times 3.14}} \times 4$$
$$= 8069114.78(s) = 2241.42h = 93.4d$$

在夏季七月份表面温度最高，而这一最高温度传到地下 4.0m 处需三个月。

小　结

本章讲述了不稳定导热的基本概念；导热微分方程式；对流换热边界条件下、恒热流边界条件下、周期性变化边界条件下的不稳定导热。

一、了解掌握不稳定导热的概念及不稳定导热的特点；对不稳定导热微分方程式中各项的理解。

二、对在对流换热边界条件下、恒热流边界条件下的一维不稳定导热的求解结果要会正确使用。

三、对于半无限大物体，在表面温度波作用下，物体内各点的温度波与表面温度波存在时间延迟；而在表面热流波作用下，表面温度波与热流波的相位角为$\frac{\pi}{4}$，热流波超前温度波 1/8 周期。

第十章 对 流 换 热

第一节 对流换热的基本概念和影响因素

一、对流换热过程的特点

流体流过固体壁面而发生的热量传递称为对流换热。例如，锅炉中的省煤器、空气预热器，采暖工程中用的蒸汽、热水散热器，空调中用的空气加热器或冷却器、热交换器均主要是对流换热。

对流换热主要包含流体位移所产生的流动换热和流体分子间的导热两个方面作用。其中，流体导热的作用类同于固体，完全取决于流体的导热系数和温度梯度；而流体位移引起的换热作用则受着流体的物理性质，运动的原因、状态，以及固体表面的形状、位置、大小等诸多因素的影响。因此，对流换热是比导热更为复杂的热交换过程。

二、影响对流换热的主要因素

概括地讲，影响对流换热的因素主要为下述四个方面：

（一）流体的物理性质

流体的物理性质，即流体的种类对对流换热有着很大的影响。例如热物体在水中要比在同样温度的空气中要冷却得快。影响对流换热的物理参数，常称之为流体的热物理性质。它主要有：密度 ρ、导热系数 λ、比热 c_p、动力粘度 μ 等。对于每一种流体来说，这些参数都具有一定的数值，而且照例是温度的函数，对气体来说还和压力有关。

（二）流体运动的原因

按流体运动发生的原因，流体运动可分成两类。一类是由于流体冷热各部分的密度不同所引起的自然运动；另一类是受外力，如风力风机或水泵的作用所发生的强迫运动。一般情况下，强迫运动的换热强度要比自然换热高得多。

流体发生强迫运动时，也会发生自然运动。当强迫运动速度很大时，自然运动对换热的影响可以忽略不计；而当强迫运动不太强烈时，自然运动的影响便相对增大而应加以考虑，这种情况称之为混合对流换热。

（三）流体运动的状态

由课程《流体力学》知道，流体运动的状态可分为层流和紊流两种。层流是雷诺数 $Re\leqslant2300$，流体各部分均沿流道壁面作平行运动，互不干扰；紊流是 $Re\geqslant10^4$，流动处于不规则的混乱状态，只在靠近流道壁面处存在一厚度很薄的边界层流。当流体处于 $2300<Re<10^4$ 时则称其流动处于过渡状态。

在对流换热中，流体运动的状态对热量转移有着重要的影响。层流时，沿壁面法线方向的热量转移主要依靠导热，其大小取决于流体的导热系数；紊流时，依靠导热转移热量的方式只保留在很薄的边界层流中，而紊流核心中的传热则依靠流体各部分的剧烈运动实现。由于紊流核心的热阻远小于边界层的热阻，因此紊流换热的强度主要取决于边界层流的热阻。紊流的边界层流厚度因远小于层流时的厚度，故紊流的热交换强度要远大于层流。

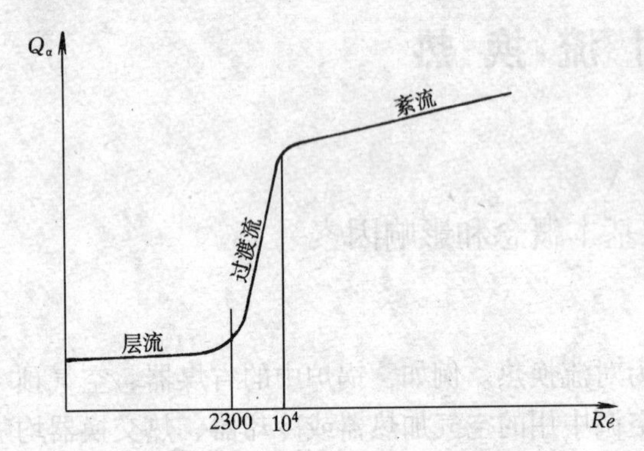

图 10-1　Re 对对流换热量的影响

如图 10-1 反映了流态准则数 Re 对对流换热量 Q_α 的影响关系。从图可看出，对流换热量是随 Re 的增加而增强，但层流阶段 Q_α 增加很慢，过渡阶段增加最快，紊流阶段增加又减慢。工程上，为了有效地增强换热，通常用增加流体流速的方法控制 Re 在 $10^4 \sim 10^5$ 之间。而 Re 太大，虽可进一步增加换热量，但势必引起流动动力的很大消耗。

（四）换热表面的几何形状、尺寸和布置方式

影响对流换热强弱的因素还有换热物体表面的几何形状、大小、粗糙度、以及相对于流体运动方向的位置等。例如，换热的平板面可以平放、竖放或斜放，换热的面还可以朝上或朝下，这都将引起不同换热条件和效果。

综上所述，影响对流换热的因素很多。对流换热量 Q_α 是诸多物理参量：换热面形状 φ、尺寸 l、换热面面积 F、壁温 t_w、流体温度 t_f、速度 w、导热系数 λ、比热 c_p、密度 ρ、动力粘度 μ、体积膨胀系数 β 等的函数。即：

$$Q_\alpha = f(w, \rho, c_p, \mu, \beta, t_f, t_w, F, l, \varphi \cdots\cdots) \tag{10-1}$$

三、对流换热系数

在一般情况下，计算流体和固体壁面间的对流换热量 Q_α 的基本公式是牛顿冷却公式：

$$Q_\alpha = \alpha \cdot \Delta t \cdot F \quad (W) \tag{10-2}$$

式中　Δt——流体与壁面之间的温差，℃；

F——换热表面的面积，m^2；

α——对流换热系数，简称换热系数，$W/(m^2 \cdot ℃)$。

换热系数 α 的大小表达了对流换热过程的强弱，在数值上等于单位面积上，当流体同壁面之间温差 1℃ 时，在单位时间内所能传递的热量。换热系数集中了影响对流换热过程的一切复杂因素，并没有使换热问题简化。研究对流换热问题的关键就是如何求解换热系数。

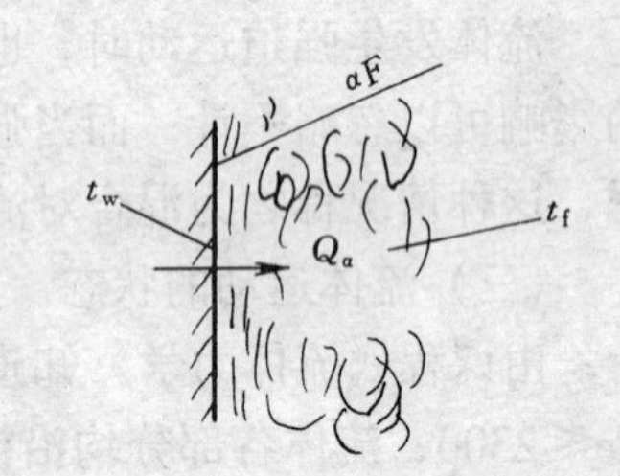

利用热阻的概念，将公式（10-2）改写成：

$$Q_\alpha = \frac{\Delta t}{1/(\alpha \cdot F)} = \frac{\Delta t}{R_\alpha} \tag{10-3}$$

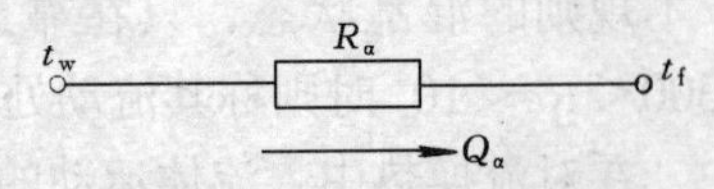

图 10-2　对流换热的模拟电路

式中 $R_\alpha = \dfrac{1}{\alpha \cdot F}$，表示 F 面积上的对流换热热阻，℃/W。对流换热的模拟电路见图 10-2。

第二节　相似理论及其在对流换热中的应用

对流换热过程是十分复杂的，要单纯依靠数学方法来求解换热系数是非常困难的。通过在实物或模型上进行实验求解对流换热的实用关联式仍是传热研究中的一个重要而可靠的手段。那么在诸多而又复杂的影响因素中如何去布置试验？如何去整理实验数据？以及试验结果能否推广应用等问题都是实验中要解决的问题。本节介绍的相似理论为解决这些问题提供了依据。

一、相似的概念

（一）几何相似

"相似"的概念源于几何学。如图 10-3 所示的两楔形体，它们的相似要求是图形中各对应边成比例，即：

$$\frac{a_1}{a_2} = \frac{b_1}{b_2} = \frac{c_1}{c_2} = \frac{d_1}{d_2} = c_l \tag{1}$$

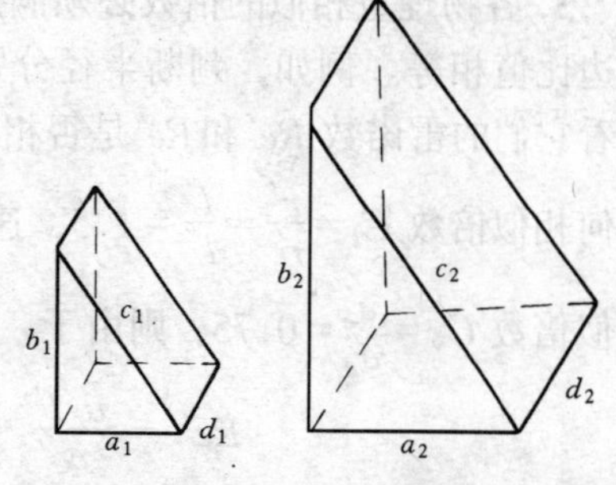

图 10-3　几何相似

式中 c_l 是比例常数，或叫相似倍数。

由式（1），若取同一图形对应边比，则

$$\frac{b_1}{a_1} = \frac{b_2}{a_2} \quad \frac{a_1}{c_1} = \frac{a_2}{c_2} \quad \frac{c_1}{d_1} = \frac{c_2}{d_2} \tag{2}$$

式（2）进一步表述了楔形体相似的一个重要性质：若两楔形体相似，则它们的同名边比值$\frac{b}{a}$、$\frac{a}{c}$、$\frac{c}{d}$必定相等。更值得注意的是，若两楔形体具备式（2）的条件，则可证明这两个楔形体必定相似。因此式（2）表达了楔形体相似的充分和必要条件。由于式（2）各项是无量纲的，它就是几何相似的准则。

（二）物理现象相似

几何相似的概念可以应用到物理现象中去，当然物理现象相似要较几何的相似要复杂得多。物理现象相似的条件是：

1. 相似的物理现象必须是同类现象。物理现象类型很多，只有属于同一类型的物理现象才有相似的可能性。所谓同类现象是指那些用相同形式和内容的数学方程式所描述的现象。例如，电场与温度场，描述它们的微分方程虽相仿，但内容不同，不属同类现象；又如，强迫对流换热和自然对流换热，内容虽都是对流换热现象，但描述它们的微分方程的形式有差别，也不能建立相似的关系。

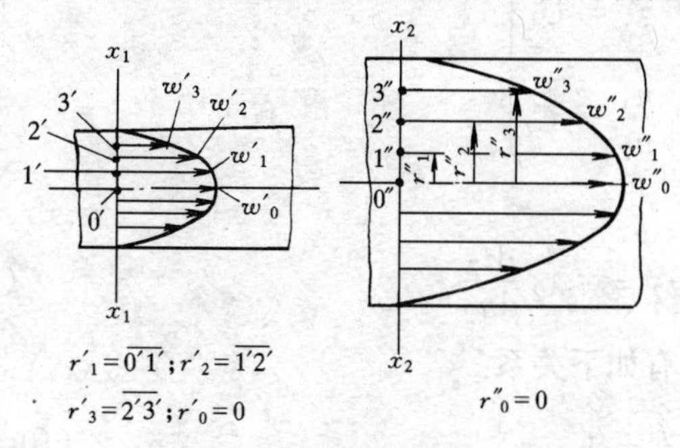

图 10-4　速度场相似

2. 描述现象性质的一切物理量均相似。所谓物理量相似是指物理量在对应时间、对应空间点上物理量场的相似，成比例。如图 10-4 为两个稳定流动流体在管内对应 x 截面上的速度场，在满足下列关系的对应点

$$\frac{r'_0}{r''_0} = \frac{r'_1}{r''_1} = \frac{r'_2}{r''_2} = \frac{r'_3}{r''_3} = \cdots\cdots = C_l$$

上的速度成同一个比例 C_w，即：

$$\frac{w'_1}{w''_2}=\frac{w'_2}{w''_2}=\frac{w'_3}{w''_3}=\cdots\cdots=C_w$$

则这两流体在管中的流速相似。c_w 称为速度相似倍数。若这两流体为非稳定流动，流速相似还要求在对应的每一个时间上速度空间场相似。

几何体的形状是由它的各组成边来决定，物理现象的性质则可通过它相关的各物理量来描述，因此描述现象性质的一切物理量均相似，条件相当于几何体各组成对应边（图10-3中 a_1 与 a_2、b_1 与 b_2、c_1 与 c_2、d_1 与 d_2）成比例相似。

3. 各物理量相似的倍数必须满足一定的关系。此条件相当于几何相似的准则——同名边比值相等。例如，判断半径分别为 r' 和 r'' 的两圆管中流体的流态现象是否相似，只需看它们的雷诺数 Re' 和 Re'' 是否相等。假如影响流体流态现象的参数已分别相似，其中几何相似倍数 $C_l=\frac{r'}{r''}=\frac{l'}{l''}=1.5$，速度相似倍数 $C_w=\frac{w'}{w''}=0.5$，两管内的流体运动粘度相似倍数 $C_v=\frac{v'}{v''}=0.75$，则由于

$$Re'=\frac{w'l'}{v'}=\frac{0.5w''\times1.5l''}{0.75v''}=\frac{w''l''}{v''}=Re''$$

我们可说两管中流体的流态现象相似。在这里，各物理的相似倍数之间满足如下关系：

$$\frac{C_w\cdot C_l}{C_v}=\frac{0.5\times1.5}{0.75}=1$$

综上所述，如果两个现象是同类现象，描述两个现象性质的一切物理量又相似，且它们的相似倍数满足一定关系，则这两个现象相似。

二、相似准则

两个相似的物理现象，涉及现象的各物理量相似倍数之间应有怎样的关系？这可由描述现象的方程式导出。例如，设有 a、b 两个相似的换热现象，根据傅立叶定律和牛顿冷却公式，知

现象 a
$$\alpha_1\cdot\Delta t_1=-\lambda_1\frac{dt_1}{dn_1}\tag{1}$$

现象 b
$$\alpha_2\cdot\Delta t_2=-\lambda_2\frac{dt_2}{dn_2}\tag{2}$$

a、b 相似，描述它们性质的各物理量应分别相似，即

$$\left.\begin{array}{ll}\frac{\alpha_1}{\alpha_2}=C_\alpha; & \frac{t_1}{t_2}=C_t\\ \frac{\lambda_1}{\lambda_2}=C_\lambda; & \frac{n_1}{n_2}=C_l\end{array}\right\}\tag{3}$$

把式（3）代入式（2），整理后得：

$$\frac{C_\alpha\cdot C_l}{C_\lambda}\cdot\alpha_2\Delta t_2=-\lambda_2\frac{dt_2}{dn_2}\tag{4}$$

比较式（2）和式（4），可知相似倍数之间必有如下关系：

$$\frac{C_\alpha\cdot C_l}{C_\lambda}=1\tag{10-4}$$

式（10-4）表达了两对流换热现象相似时，相似倍数间的限制条件。由此式可得如下的等同条件：

$$\frac{\alpha_1 \cdot l_1}{\lambda_1} = \frac{\alpha_2 \cdot l_2}{\lambda_2} = \frac{\alpha l}{\lambda} = \text{定值} \tag{10-5}$$

定值$\frac{\alpha l}{\lambda}$就是用来说明流体对流换热特性相似的所谓努谢尔特（Nusselt）准则，它是一个无量纲数，用符号 Nu 表示，即 $Nu = \frac{\alpha l}{\lambda}$。

Nu 准则数越大，对流换热系数 α 越大，换热就越强烈。

在传热学中除用到 Nu 和 Re 相似准则外，还常用到普朗特（Prandtl）准则 Pr 和格拉晓夫（Grashof）准则 Gr 等。

普朗特准则 $Pr = \frac{\nu}{a}$，是用来说明工作流体的物性对换热影响的准则。Pr 越大，表示流体的运动粘度 ν 越大，而导温系数 a 下降。前者说明运动引起的传热量将下降，后者说明流体对温度变化的传递能力下降，导热降低。故对流换热量是随 Pr 准则数的上升而下降。

格拉晓夫准则 $Gr = \frac{g\beta\Delta t l^3}{\nu^2}$，是反映流体自然流动时浮升力与粘滞力相对大小的准则。Gr 增大，浮升力引起的换热量增大。

三、相似理论的应用

相似理论的基本应用主要有以下三个方面：

（一）物理现象相似性质的应用

物理现象相似的性质：凡是彼此相似的现象，它们的同名相似准则必定相等。例如，两个流体的流态相似，则它们的雷诺准则 Re 相等；若两个换热现象相似，则它们的努谢尔特性则相等。

根据这个相似性质，可解决在实验中测量什么量的问题。即在实验中只要测量与现象有关的各种相似准则中所包含的物理量，从而避免实验测量的盲目性。

（二）相似准则间关系的应用

物理现象中的物理量不是单个起作用的，而是由其组成的准则起作用。这就是说描述物理现象的任何方程均可表示为各相似准则之间的函数关系式。例如，在对流换热中，换热影响不是流体的运动粘度 ν 和速度 ω 等单个起作用，而是换热的影响准则 Re、Gr、Pr 等。因此描述对流换热现象的方程式，原则上只能是由这些准则组成的函数关系，称之为准则方程式。对于稳态无相变的对流换热的准则方程，为

$$Nu = f(Re, Gr, Pr) \tag{10-6}$$

对于强迫紊流的对流换热，由于 Gr 对换热的影响可以不计，可写成 $Nu = f(Re, Pr)$ 形式，一般整理成如下的幂函数形式：

$$Nu = CRe^n Pr^m \tag{10-7}$$

若上述情况的流体为空气时，Pr 可作为常数来处理（取 $Pr \doteq 0.7$），于是式（10-7）又可简化成 $Nu = f(Re)$，常写成如下形式：

$$Nu = CRe^n$$

对于自由流动换热，$Re = f(Gr)$，而不是一个独立的准则，式（10-6）可写成如下形式：

$$Nu = f(Pr, Gr) = C(Pr \cdot Gr)^n \tag{10-8}$$

以上式中的 C、n、m 都是由实验可确定的常数。

相似准则的关系给我们解决了实验数据如何整理的问题。

在对流换热准则方程中，待解量换热系数 α 包含在 Nu 准则中，所以称 Nu 准则为待定准则。对于求 Nu 的其它准则中所含的量都是已知量，这些已知量的准则通称已定准则。已定准则的数值一经确定，待定准则，如 Nu 就可以用准则方程计算。

（三）相似条件的应用

判别现象是否相似的条件是：单值性条件相似，且同名准则相等。所谓单值性条件，是指包含在现象准则中的各物理量。对于对流换热问题，主要为：

1. 几何条件：换热壁面的几何形状、尺寸、壁面粗糙度、管子的进口形状等；
2. 物理条件：流体的类别和物性，即必须为同种流体；
3. 边界条件：壁面温度或壁面热流密度及进口温度等；
4. 时间条件：稳定问题不需此条件，非稳定问题中指物理量随时间变化的相似。

相似的条件，确定了实验所用的模型和介质在什么条件下与所研究的现象相似的问题。这一方面解决了实际工程如何模型实验的问题，另一方面又解决了实验结果，即得到的关联式，能否应用到实际工程中的问题。

四、定性温度、定型尺寸和特性速度的确定

（一）定性温度

确定准则中物性参数数值的温度叫定性温度。由于流体的物性随温度而变，且换热中不同换热面上有不同的温度，这给换热的分析计算带来复杂。为了使问题简化，常经验地按某一特征温度，即定性温度来确定流体的物性，以使物性作常数处理。

如何选取物性的定性温度是一个重要的问题。它主要有以下三种选择：

1. 流体平均温度 t_f，简称流体温度；
2. 壁表面平均温度 t_w，简称壁温；
3. 流体与壁的算术平均温度 t_m，即 $t_m = \dfrac{t_f + t_w}{2}$，也称边界层平均温度。

（二）定型尺寸

相似准则所包含的几何尺寸，如 Nu、Re 和 Gr 中的 l，都是定型尺寸。所谓定型尺寸是指反映与对流换热有决定影响的特征尺寸。通常，管内流动的换热定型尺寸取管内径 d，管外流动的换热取外径 D，而非圆管道内的换热则取当量直径 de：

$$de = \frac{4F}{U} \quad \text{m}$$

式中　F——通道断面面积，m^2；

U——断面湿周长，m。

（三）特征速度

它是指 Re 准则中的流体速度 ω。通常管内流体是取管截面上的平均流速，流体外掠单管则取来流速度，外掠管簇时取管与管之间最小流通截面的最大流速。

总之，在后面的对流换热计算中，对所给的准则方程式一定要注意它们的定性温度，定型尺寸和特征速度的选定，不然会引起计算上的错误。

第三节　对流换热的计算

一、对流换热的类型

对流换热现象有许多类型，不同的类型有着不同形式的对流换热准则方程式对应。在进行对流换热计算时，只有正确弄清问题的类型，才能避免准则方程式的选错，找出正确的计算式。总体来讲，对流换热可按下面几个层次来分类：

先是按对流换热过程中流体是否改变相态，区分出换热是单相流的对流换热还是变相流的对流换热。这里的相态是指流体的液态和气态，于是变相流的换热又分液态变气态的沸腾换热和气态变液态的凝结换热。

其次，在单相流的换热中，按照流体流动的原因，可分成自然对流换热、强迫对流换热和综合对流换热三类。它们可用 Gr 与 Re^2 的比值范围来区分。一般，$Gr/Re^2>10$ 时，定为主要以运动浮升力引起的自然换热；$Gr/Re^2<0.1$ 定为外力作用引起运动的强迫换热；$0.1\leqslant Gr/Re^2\leqslant 10$ 则为既考虑自然换热，又考虑强迫换热的综合对流换热。

再次，按流体与换热面换热位置或空间大小又可引起不同情况的换热。如强迫对流换热可分为管内与外掠管壁的换热；自然对流换热可分为无限大空间的换热和有限空间的换热。这里有限与无限空间的区别是以换热时冷、热流体的自由运动是否相互干扰为界的。一般规定，换热方向的空间厚度 δ 与换热面平行方向的长度 h（参图 10-8 所示）的比值 $\frac{\delta}{h}\leqslant 0.3$ 为有限空间，$\frac{\delta}{h}>0.3$ 为无限空间。

此外，上面各类换热还可根据流体流动的形态可分成层流（$Re<2300$）、过渡流（$2300\leqslant Re\leqslant 10^4$）和紊流（$Re>10^4$）3 种。

二、单相流体自然流动时的换热

(一) 自然换热的分析

自然对流换热主要是由于浮升力引起流体运动的换热，浮升力越大，换热就越强烈。而浮升力的大小除与流体的物性、流体与换热面的温差有关外，还与换热表面的形状、尺寸大小、放置位置以及自然运动所涉及的空间大小等有关。

如图 10-5 为大空间空气与竖壁自然换热时空气的流动情况。在壁的下部，空气以层流的形式向上流动，局部换热系数 α_h 是沿壁逐渐减少；而壁的上部，由于运动的加快，空气呈紊流流动，局部换热系数将基本保持不变；竖壁的上、下部之间出现一过渡区，换热系数有所增加。显然竖壁的高度 h 大小，即空气沿物体表面运动所经过的路程长短，将引起平均换热系数的不同。h 较大时，以紊流换热为主，其换热系数要大于 h 较小时的以层流换热为主的换热系数。

同理，对于空气在横管，见图 10-6，由于管径不同，热空气沿管壁表面运动所经过的路程不同，使它们的平均换热系数也不相同。计算中，层流换热与紊流换热是以 $Cr\cdot Pr$ 小于还是大于 10^9 来区分的。

对于水平放置的平板，是热面朝上还是热面朝下，以及热面的宽度不同，换热也大不

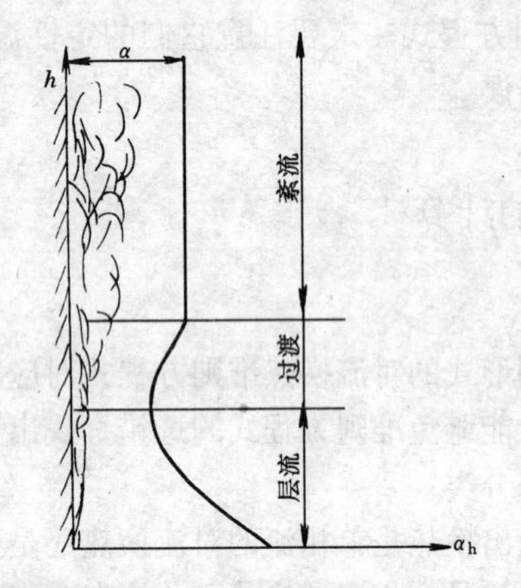

图 10-5　空气自然运动时沿竖壁高度的流动情况

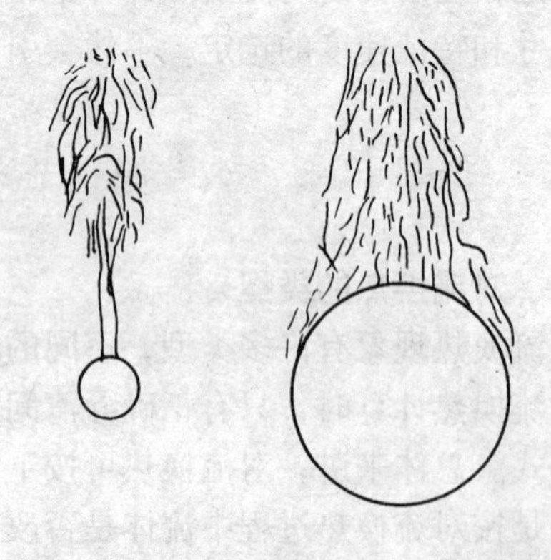

图 10-6　空气在横管周围的自然运动

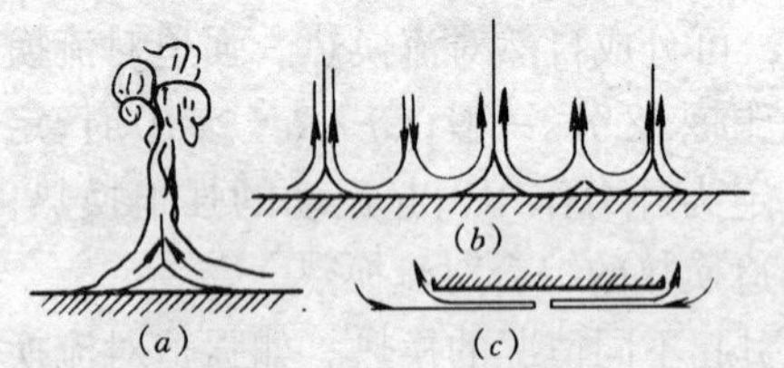

图 10-7　靠近热横板流体自然运动的示意

一样。见图 10-7 所示为靠近热横板流体自然运动的情况。图（a）是热面朝上，尺寸较小的水平板上受热流体以一股气流，且集中到板中间上升的情况；（b）图则是热面朝上、尺寸较大的水平板上受热流体出现局部上升及下降的情况；图（c）是热面朝下流体在平板表面下形成一薄层层流的流动情况。

有限空间自然对流中，参图 10-8，同时存在的受热和冷却流体，上升与下降运动互

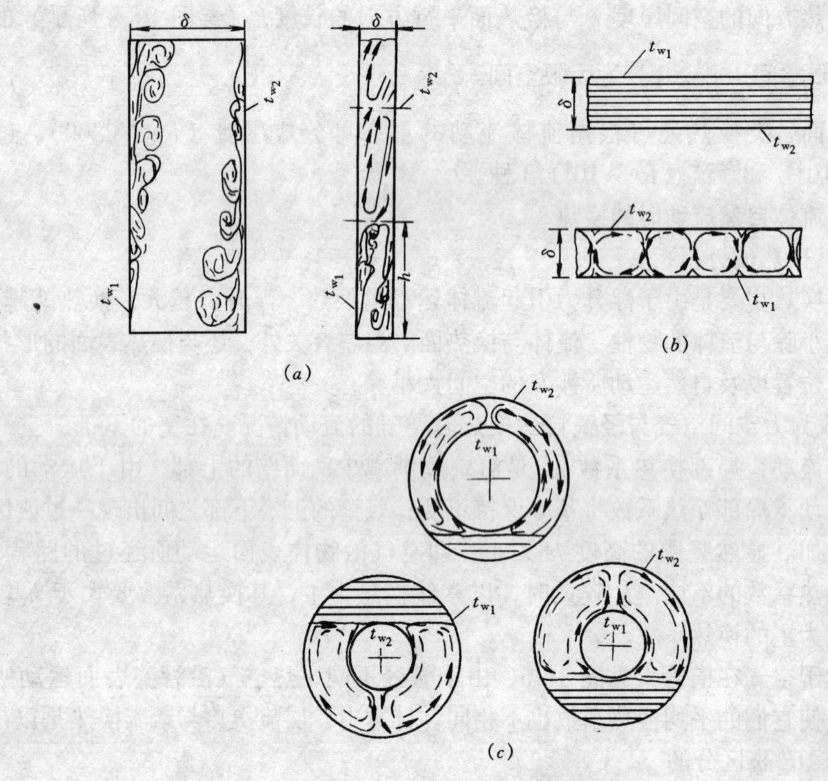

图 10-8　有限空间的自然对流

（a）竖直夹壁；（b）水平夹层；（c）圆筒形夹管

相影响，产生环流使流体运动和换热更为复杂。

（二）无限空间中的自然换热计算

根据相似理论，稳定状态下自然换热的准则方程形式为：

$$Nu_m = f(Pr, Gr) = c(Gr \cdot Pr)_m^n \tag{10-9}$$

式中的 c 和 n 是根据换热表面的形状、位置及 $Gr \cdot Pr$ 的数值范围由表 10-1 选取。下标 m 表示求准则的定性温度采用边界层的平均温度 $t_m = \frac{t_f + t_w}{2}$。

公式（10-9）中的 c、n 值 **表 10-1**

表面形状及位置	流动情况示意	c，n 值			定型尺寸 l（m）	适用范围 $Gr \cdot Pr$	空气简化公式
		流态	c	n			
垂直平壁及垂直圆柱		层流	0.59	$\frac{1}{4}$	高度 h	$10^4 \sim 10^9$	$\alpha = 1.28\left(\frac{\Delta t}{h}\right)^{\frac{1}{4}}$
		紊流	0.12	$\frac{1}{3}$		$10^9 \sim 10^{12}$	$\alpha = 1.17 \Delta t^{1/3}$
水平圆柱		层流	0.53	$\frac{1}{4}$	圆柱外径 D	$10^4 \sim 10^9$	$\alpha = 1.16\left(\frac{\Delta t}{D}\right)^{\frac{1}{4}}$
		紊流	0.13	$\frac{1}{3}$		$10^9 \sim 10^{12}$	$\alpha = 1.27 \Delta t^{\frac{1}{3}}$
热面朝上或冷面朝下的水平壁		层流	0.54	$\frac{1}{4}$	矩形取两个边长的平均值；圆盘取 0.9 直径	$10^5 \sim 2 \times 10^7$	$\alpha = 1.19\left(\frac{\Delta t}{l}\right)^{\frac{1}{4}}$
		紊流	0.14	$\frac{1}{3}$		$2 \times 10^7 \sim 3 \times 10^{10}$	$\alpha = 1.37 \Delta t^{\frac{1}{3}}$
热面朝下或冷面朝上的水平壁		层流	0.27	$\frac{1}{4}$	同上	$3 \times 10^5 \sim 3 \times 10^{10}$	$\alpha = 0.59\left(\frac{\Delta t}{l}\right)^{\frac{1}{4}}$

由表 10-1 可知，在紊流换热中，式（10-9）中的 $n = \frac{1}{3}$，这时 Gr 与 Nu 中的定型尺寸 l 可以相抵消，故自然流动的紊流换热与定型尺寸无关。

对于常温常压空气，Pr 作常数处理，可采用表 10-1 中的简化公式直接计算 α。计算时用到的有关空气的物理参数值参附录 10-1 表。

对于工程中遇到的倾斜壁的自然换热，通常是先分别算出倾斜板在水平面和垂直面上的投影平面换热系数，然后平方相加再开方，即得倾斜壁的自然运动换热系数。

（三）有限空间中的自然换热计算

有限空间的自然换热实际是夹层冷表面和热表面换热的综合结果。计算这一复杂过程换热量的方法是把它作为平壁或圆筒壁的导热来处理。若引入"当量导热系数 λ_{dl}"，则通过夹层的热流量为

$$q = \frac{\lambda_{dl}}{\delta}(t_{w_1} - t_{w_2}) \quad (W/m^2) \tag{10-10}$$

式中 t_{w_1}、t_{w_2}——分别为热表面温度和冷表面温度，℃；

δ——夹层厚度，m。

由于 $$q = \alpha\Delta t = \frac{\alpha \cdot \delta}{\lambda} \cdot \frac{\lambda}{\delta}\Delta t = Nu\frac{\lambda}{\delta}\Delta t$$

将此式与式（10-10）相比较，可知

$$Nu = \frac{\lambda_{dl}}{\lambda} = f(Gr \cdot Pr) \tag{10-11}$$

通过实验可得式（10-11）的具体关联式，从而求出 Nu（或 α）和 λ_{dl}。空气在夹层中自然流动换热的计算公式见表 10-2。

空气在夹层中自然流动换热计算公式 **表 10-2**

夹层位置	λ_{dl}/λ 计算公式	适 用 范 围
垂直夹层	$\lambda_{dl}/\lambda = 0.18G_r^{\frac{1}{4}}\left(\frac{\delta}{h}\right)^{\frac{1}{9}}$ $\lambda_{dl}/\lambda = 0.065G_r^{\frac{1}{3}}\left(\frac{\delta}{h}\right)^{\frac{1}{9}}$	$2000 < Gr < 2\times10^4$ $2\times10^4 < Gr < 1.1\times10^7$
水平夹层（热面在下）	$\lambda_{dl}/\lambda = 0.195G_r^{\frac{1}{4}}$ $\lambda_{dl}/\lambda = 0.068G_r^{\frac{1}{3}}$	$10^4 < Gr < 4\times10^5$ $Gr > 4\times10^5$

计算时，对于垂直夹层，若 $Gr<2000$ 时，夹层中空气几乎是不运动，取 $\lambda_{dl}=\lambda$，按导热过程计算；对于水平夹层，若热面在上，冷面在下，也按导热过程计算。

应用表 10-2 时，定性温度为夹层冷、热表面的平均温度，即 $t_m=\frac{1}{2}(t_{w1}+t_{w2})$；定性尺寸为夹层厚度 δ，m。

【例 10-1】 一室外水平蒸汽管外包保温材料，其表面温度为 40℃，外径 $D=100$mm，室外温度是 0℃。试求蒸汽管外表面的换热系数和每米管长的散热量。

【解】 求定性温度：$t_m=\frac{1}{2}(t_w+t_f)=\frac{40+0}{2}=20$℃。定型尺寸 $l=D=0.1$m。

按定性温度查附录 10-1，得空气的有关物理参数：

$$\lambda = 2.57\times10^{-2} \quad (W/(m\cdot℃)); Pr = 0.703$$

$$\nu = 15.06\times10^{-6} \quad m^2/s; \beta = \frac{1}{(273+20)}K^{-1}$$

$$Gr = \frac{\beta g\Delta t l^3}{\nu^2} = \frac{1}{293}\times\frac{9.81\times(40-0)\times0.1^3}{(15.06\times10^{-6})^2}$$

$$= 5.905\times10^6$$

$$(Gr\cdot Pr)_m = 5.905\times10^6\times0.703 = 4.151\times10^6$$

由表 10-1 查得：$c=0.53$，$n=\frac{1}{4}$代入方程（10-9）：

$$Nu = C(Gr\cdot Pr)_m^n = 0.53(4.151\times10^6)^{0.25} = 23.92$$

由 $Nu=\frac{\alpha l}{\lambda}$可得换热系数$\alpha$ 为:

$$\alpha=\frac{Nu\cdot\lambda}{l}=\frac{23.92\times 2.57\times 10^{-2}}{0.1}$$

$$=6.147\quad \text{W/(m}^2\cdot\text{℃)}$$

每米管长的散热量 q_l 为:

$$q_l=\alpha\Delta t\pi D\times 1=6.147\times(40-0)\pi\times 0.1\times 1$$

$$=77.16\quad \text{W/m}$$

【例 10-2】 一个竖封闭空气夹层，两壁由边长为 0.5m 的方形壁组成，夹层厚 25mm，两壁温度分别为 -15℃和 15℃。试求夹层的当量导热系数和通过此空气夹层的自然对流换热量。

【解】 定性温度 $t_m=\frac{1}{2}(t_{w_1}+t_{w_2})=\frac{1}{2}(15-15)=0℃$。查附录 10-1，得空气的物理参数如下:

$$\lambda=2.44\times 10^{-2}\quad(\text{W/(m}\cdot\text{℃)});Pr=0.707;$$

$$\nu=13.28\times 10^{-6}\quad \text{m}^2/\text{s};\beta=\frac{1}{273}K^{-1}$$

$$Gr=\beta\frac{gl^3\Delta t}{\nu^2}=\frac{1}{273}\times\frac{9.81\times 0.025^3\times(15+15)}{(13.28\times 10^{-6})^2}$$

$$=9.551\times 10^4$$

由表 10-2 查得当量导热系数计算式为:

$$\lambda_{dl}=0.065Gr^{1/3}\left(\frac{\delta}{h}\right)^{1/9}\cdot\lambda$$

$$=0.065\times(9.551\times 10^4)^{1/3}\times\left(\frac{0.025}{0.5}\right)^{1/9}\times 2.44\times 10^{-2}$$

$$=0.052\quad \text{W/(m}\cdot\text{℃)}$$

通过夹层的自然对流换热量为:

$$Q=\frac{\lambda_{dl}}{\delta}(t_{w_2}-t_{w_1})F$$

$$=\frac{0.052}{0.025}\times(15+15)\times 0.5\times 0.5=15.6\quad \text{W}$$

三、单相流体强迫流动时的换热

(一) 流体在管内强迫流动的换热

1. 换热影响的分析

流体管内强迫流动换热时，影响换热量大小的因素除与流体的流态(层流、紊流、过渡状态)有关外，还应考虑如下问题:

(1) 进口流动不稳定的影响。流体在刚进入管内时，流体的运动是不稳定的，只有流动一段距离后，才能达到稳定。见图 10-9 为沿管道长度因流体进口不稳定流动影响引起的换热系数 α 的变化情况。在 λ 口

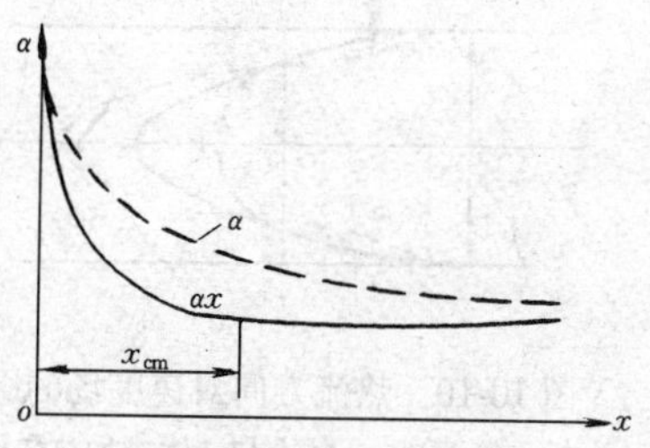

图 10-9 管内流动局部换热系数 α_x 和平均 α 的变化

段（$x < x_{cm}$内），α 值变化较大，而过了 $x > x_{cm}$后，α 趋于稳定近似为常数。实验表明，对于层流，x_{cm}距离约 $0.03dRe$，即$\leqslant 70d$；对于旺盛紊流来说，x_{cm}约 $40d$。流体在进口段不稳定流动时对换热程度的影响称之为进口效应。工程上一般以管长 l 与管径d 的比值$\geqslant$50，称为长管的换热，它可忽略进口效应；但对于 $l/d < 50$ 的短管，则需考虑进口效应。计算上是在准则方程式的左边乘以修正系数 C_l，见表 10-3 和表 10-4。

层流时的修正系数 C_l 　　　　表 10-3

l/d	1	2	5	10	15	20	30	40	50
ε_l	1.90	1.70	1.44	1.28	1.18	1.13	1.05	1.02	1

紊流时的修正系数 C_l 　　　　表 10-4

Re_l \ l/d	1	2	5	10	15	20	30	40	50
1×10^4	1.65	1.50	1.34	1.23	1.17	1.13	1.07	1.03	1
2×10^4	1.51	1.40	1.27	1.18	1.13	1.10	1.05	1.02	1
5×10^4	1.34	1.27	1.18	1.13	1.10	1.08	1.04	1.02	1
1×10^5	1.28	1.22	1.15	1.10	1.08	1.06	1.03	1.02	1
1×10^6	1.14	1.11	1.08	1.05	1.04	1.03	1.02	1.01	1

（2）热流方向的影响。流体与管壁进行换热的过程中，流体流动为非等温过程。在沿管长方向，流体会被加热或被冷却，流体温度的变化必然改变流体的物性，从而影响管内速度场的形状，进而影响换热程度，见图 10-10。图中曲线 a 为等温流动时的速度分布。当液体被加热（或气体被冷却）时，近壁处液体的粘度比管中心区低，因而壁面处速度相对加大，中心区相对减小，见曲线 c；当液体被冷却（或气体被加热）时，结果与上面相反，速度分布为曲线 b。

对流换热中为了修正流体加热或冷却对物性的影响，是在流体温度 t_f 为定性温度的准则方程式的左边，乘上修正项 $(Pr_f/Pr_w)^n$ 或 $(\mu_f/\mu_w)^m$、$(T_f/T_w)^k$ 等。

（3）管道弯曲的影响。由于流体在弯曲管道时，产生的离心力会引起流体在流道内外之间的二次环流，见图 10-11，增加了换热的效果，从而使它的换热与直管有所不同。当弯管在整个管道中所占长度比例较大时，必须在直管换热计算的基础上加以修正，即在关联式的左边乘上修正系数 C_R。对于螺旋管，即蛇形盘管 C_R 由下式确定：

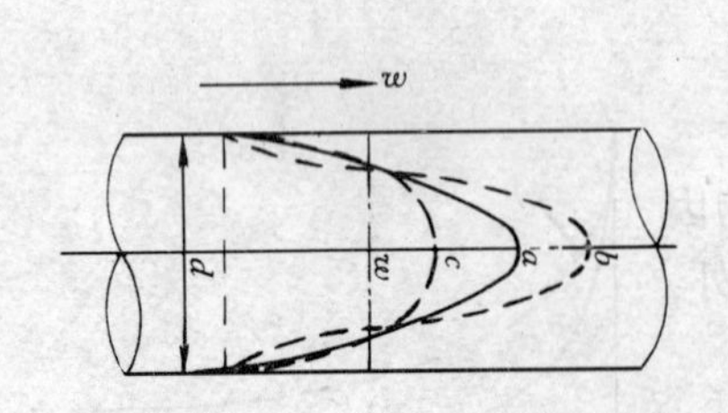

图 10-10　热流方向对速度场的影响
a—等温流；b—冷却液体或加热气体；
c—加热液体或冷却气体

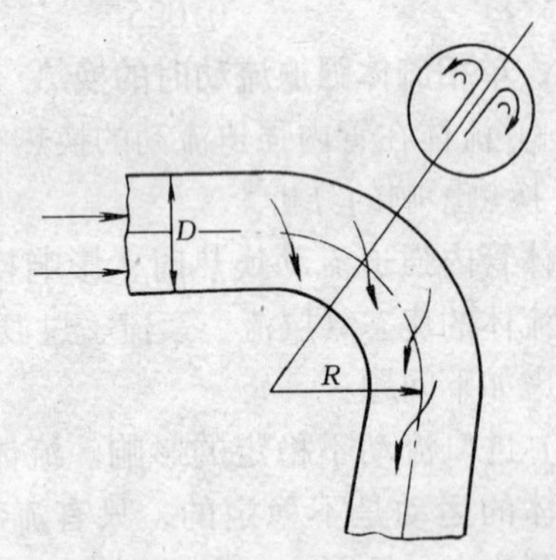

图 10-11　弯管流动中的二次环流

对于气体 $C_R = 1 + 1.77\dfrac{d}{R}$

对于液体 $C_R = 1 + 10.3\left(\dfrac{d}{R}\right)^3$ (10-12)

式中 R——螺旋管弯曲半径，m；

d——管子直径，m。

2. 流体管内层流的换热计算式

流体在管内强迫层流时的换热准则方程式形式为：

$$Nu = CRe^{n}Pr^{m}Gr^{p}$$

计算时可采用下列公式

$$Nu = 0.15Re_f^{0.33}Pr_f^{0.43}Gr_f^{0.1}\left(\frac{Pr_f}{Pr_w}\right)^{0.25}C_l \cdot C_R \tag{10-13}$$

式中各准则的下标为 f 时，表示定性温度取流体温度 t_f，下标为 w 时，定性温度取壁面温度 t_w。

在运用公式（10-13）时，若流体为粘度较大的油类，由于自然对流被抑制，流体呈严格的层流状态，需取式中准则 $Gr = 1$。此时换热系数为层流时的最低值。

由于层流时的放热系数小，除少数应用粘性很大的设备有应用外，绝大多数的换热设备都是按紊流范围设计。

3. 流体管内紊流的换热计算式

流体管内强迫紊流时的换热，可忽略自由运动部分的换热，其准则方程具有如下形式：

$$Nu_f = CRe_l^{n}Pr_l^{m}$$

根据实验整理，当 $t_f - t_w$ 为中等温差以下时（指气体≤50℃；水≤30℃；油类≤10℃），Re_f 为 $10^4 \sim 1.2\times10^5$，$Pr_f = 0.7 \sim 120$ 范围内，用下式计算：

$$Nu_f = 0.023Re_f^{0.8}Pr_f^{n} \cdot C_R \cdot C_l \tag{10-14}$$

式中 n 当流体被加热时取 0.4，流体被冷却时取 0.3。当 $t_f - t_w$ 超过中等温差时，$Re_f = 10^4 \sim 5\times10^5$，$Pr_f = 0.6 \sim 2500$ 范围内，可采用下式计算：

$$Nu_f = 0.021Re_f^{0.8}Pr_f^{0.43}\left(\frac{Pr_f}{Pr_w}\right)^{0.25}C_l \cdot C_R \tag{10-15}$$

对于空气，$Pr = 0.7$，上式可简化为

$$Nu_f = 0.018Re_f^{0.8} \cdot C_l \cdot C_R \tag{10-16}$$

4. 流体管内过渡状态流动的换热计算式

对于 $Re_l = 2300 \sim 10^4$ 的过渡区，换热系数既不能按层流状态计算，也不能按紊流状态计算。整个过渡区换热规律是多变的，换热系数将随 Re_f 数的变化而变化较大。根据实验整理可用下关联式计算：

$$Nu_f = CPr_f^{0.43}\left(\frac{Pr_f}{Pr_w}\right)^{0.25} \tag{10-17}$$

式中 C 根据Re_f数值由表 10-5 定。

$Re_f=2200\sim10^4$ 时 C 的数值 **表 10-5**

$Re_f\cdot10^{-3}$	2.2	2.3	2.5	3.0	3.5	4.0	5.0	6.0	7.0	8.0	9.0	10
C	2.2	3.6	4.9	7.5	10	12.2	16.5	20	24	27	29	30

【例 10-3】 内径 $d=32$mm 的管内水流速 0.8m/s，流体平均温度 70℃，管壁平均温度 40℃，管长 $L=100$d。试计算水与管壁间的换热系数。

【解】 由定性温度 $t_f=70$℃和 $t_w=40$℃从附录 10-2 查得水的物性参数如下：

$$\nu_f=0.415\times10^{-6}\text{m}^2/\text{s};\quad Pr_f=2.55$$

$$\lambda_f=66.8\times10^{-2}\text{W}/(\text{m}\cdot℃);\quad Pr_w=4.31$$

因为 $$Re_f=\frac{wd}{\nu_f}=\frac{0.032\times0.8}{0.415\times10^{-6}}=6.169\times10^4>10^4$$

所以，管内流动为旺盛紊流。由于温差 $t_f-t_w=30$℃未超过 30℃，故用式（10-14）计算：

$$Nu_f=0.023Re_f^{0.8}Pr_f^{0.3}C_RC_l$$

$$=0.023\times(6.169\times10^4)^{0.8}\times2.55^{0.3}\times1\times1=207$$

于是换热系数 α 为

$$\alpha=\frac{Nu_f\cdot\lambda_f}{d}=\frac{207\times66.8\times10^{-2}}{0.032}$$

$$=4321\quad \text{W}/(\text{m}^2\cdot℃)$$

（二）流体外掠管壁的强迫换热

1. 换热影响的分析

流体外掠管壁的强迫换热除了与流体的 Pr 和 Re 有关外，还与以下因素有关：

（1）单管换热还是管束换热。流体横向流过管束时的流动情况要比单管绕流复杂，管束后排管由于受前排管尾流的扰动，使得后排管的换热得到增强，因而管束的平均换热系数要大于单管。

（2）与流体冲刷管子的角度（俗称冲击角 φ）有关。显然正向冲刷（$\varphi=90°$）管子或管束的换热强度要比斜向冲刷（$\varphi\leqslant90°$）管子或管束的大。对于斜向冲刷的换热系数计算是在正向冲刷计算的结果上，乘上冲击角修正系数 C_φ。C_φ 值可由表 10-6、表 10-7 查得。

单圆管冲击角修正系数 C_φ **表 10-6**

冲击角 φ	90°~80°	70°	60°	45°	30°	15°
C_φ	1.0	0.97	0.94	0.83	0.70	0.41

圆管管束的冲击角修正系数 C_φ **表 10-7**

冲击角 φ		90°~80°	70°	60°	50°	40°	30°	20°	10°	0°
C_φ	顺排	1.0	0.98	0.94	0.88	0.78	0.67	0.52	0.42	0.38
	叉排	1.0	0.98	0.92	0.83	0.70	0.53	0.43	0.37	0.34

(3) 对于管束来说，还与管子的排列方式、管间距及管束的排数有关。管子的排列方式一般有顺排和叉排两种。如图 10-12 所示，流体流过顺排和叉排管束时，除第一排相同外叉排后排管由于受到管间流体弯曲、交替扩张和收缩的剧烈扰动，其换热强度要比顺排要大得多。当然叉排管束比较顺排也有阻力损失大，管束表面清刷难的缺点。实际上，设计选用时叉排、顺排均有运用。

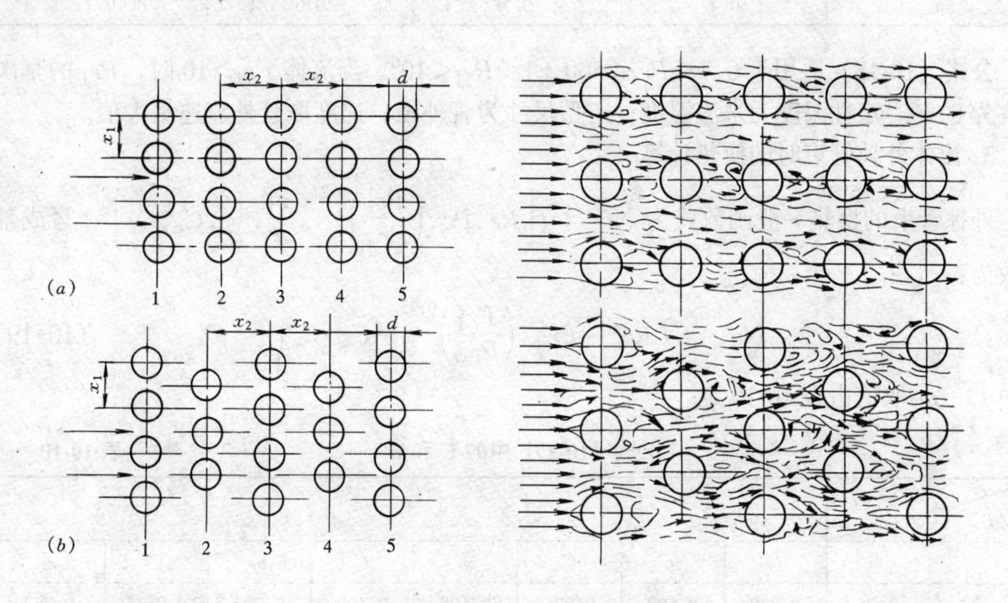

图 10-12　管束排列方式及流体在管束间的流动情况

(a) 顺排；(b) 叉排

对于同一种排列方式的管束，管间相对距离 $l_1=\dfrac{x_1}{d}$ 和 $l_2=\dfrac{x_2}{d}$ 的大小对流体的运动性质和流过管面的状况也有很大的影响，进而影响换热的强度。

实验还表明，管束前排对后排的扰动作用对平均换热系数的影响要到 10 排以上的管子才能消失。计算时，对这种管束排数的影响处理方法是：在不考虑排数影响的基本实验关联式的右边乘上排数修正系数 C_Z，见表 10-8。

管排数的修正系数 C_Z　　　　**表 10-8**

总排数	1	2	3	4	5	6	7	8	9	≥10
顺　排	0.64	0.80	0.87	0.90	0.92	0.94	0.96	0.98	0.99	1
叉　排	0.68	0.75	0.83	0.89	0.92	0.95	0.97	0.98	0.99	1

2. 流体外掠单管时的换热计算

虽然外掠单管沿管面局部换热系数变化较复杂，但从平均换热系数 α 随 Re 和 Pr 变化而变化的规律，根据实验数据却较明显，可按 Re 数的不同分段用下列关联式计算：

$$Nu_f = CRe_f^n Pr_f^{0.37}\left(\frac{Pr_f}{Pr_w}\right)^{0.25}\cdot C_\varphi \tag{10-18}$$

式中 c、n 的取值由表 10-9 定。

公式（10-18）中的 C 和 n 值 **表 10-9**

Re_f	1～40	40～10^3	10^3～2×10^5	2×10^5～10^6
C	0.75	0.51	0.26	0.076
n	0.4	0.5	0.6	0.7

公式（10-18）适用于 $0.7<Pr_f<500$，$1<Re_f<10^6$。当流体 $Pr_f>10$ 时，Pr_f 的幂次应改为 0.36。定性温度为来流温度；定型尺寸为管外径；速度取管外流速最大值。

3. 流体外掠管束时的换热计算

外掠管束的换热一般函数式为 $Nu = f\left[Re, Pr, \left(\frac{Pr_f}{Pr_w}\right)^{0.25}, \frac{x_1}{d}, \frac{x_2}{d}, C_\varphi, C_Z\right]$，写成幂函数为：

$$Nu_m = CRe_m^m \cdot Pr_m^{1/3}\left(\frac{Pr_f}{Pr_w}\right)^{0.25} \cdot C_\varphi \cdot C_Z \tag{10-19}$$

式中 C、m 取值由表 10-10 定。

公式（10-19）中的 C 和 m **表 10-10**

	x_1/d \ x_2/d	1.25		1.5		2		3	
		C	m	C	m	C	m	C	m
顺排	1.25	0.348	0.592	0.275	0.608	0.100	0.704	0.0633	0.752
	1.5	0.367	0.586	0.250	0.620	0.101	0.702	0.0678	0.744
	2	0.418	0.570	0.299	0.602	0.229	0.632	0.198	0.648
	3	0.290	0.601	0.357	0.584	0.374	0.581	0.286	0.608
叉排	0.6							0.213	0.636
	0.9					0.446	0.571	0.401	0.581
	1			0.497	0.558				
	1.125					0.478	0.565	0.518	0.560
	1.25	0.518	0.556	0.505	0.554	0.519	0.556	0.522	0.562
	1.5	0.451	0.568	0.460	0.562	0.452	0.568	0.488	0.568
	2	0.404	0.572	0.416	0.568	0.482	0.556	0.449	0.570
	3	0.310	0.592	0.356	0.580	0.440	0.562	0.421	0.574

式（10-19）的定性温度为 $t_m=(t_w+t_f)/2$；定型尺寸为管外径；Re 中的流速为截面最窄处的流速，适用范围为 $2000<Re<4\times10^4$。

【例 10-4】 试求水横向流过单管时的换热系数。已知管外径 $D=20$mm，水的温度为 20℃，管壁温度为 50℃，水流速度 1.5m/s。

【解】 当 $t_f=20$℃时，从附录 10-2 查得：

$$\lambda_f = 59.9\times10^{-2}\text{W/(m·℃)}; Pr_f = 7.02$$

$$\nu_f = 1.006\times10^{-6}\text{m}^2/\text{s}$$

当 $t_w=50℃$时，$Pr_w=3.54$。

由于
$$Re_f=\frac{wl}{\nu}=\frac{1.5\times0.02}{1.006\times10^{-6}}=2.982\times10^4$$

故由公式（10-17）及表10-9，得计算关联式

$$Nu_f=0.076Re_f^{0.7}Pr_f^{0.37}\left(\frac{Pr_f}{Pr_w}\right)^{0.25}C_\varphi$$

$$=0.076\times(2.982\times10^4)^{0.7}\times7.02^{0.37}\times\left(\frac{7.02}{3.54}\right)^{0.25}\times1$$

$$=251.45$$

所以换热系数

$$\alpha=\frac{Nu_f\lambda_f}{D}=\frac{251.45\times59.9\times10^{-2}}{0.02}$$

$$=7531W/(m^2\cdot℃)$$

【例10-5】 试求空气加热器的换热系数和换热量。已知加热器管束为5排，每排20根管，长为1.5m，外径$D=25mm$，采用叉排。管间距$x_1=50mm$、$x_2=37.5mm$，管壁温度$t_w=110℃$，空气平均温度为30℃，流经管束最窄断面处的速度为2.4m/s。

【解】 由定性温度$t_m=(t_w+t_f)/2=(110+30)\div2=70℃$，从附录10-1查得空气物性参数为：

$$\lambda_m=2.96\times10^{-2}W/(m\cdot℃);\quad Pr_m=0.694$$

$$\nu_m=20.2\times10^{-6}m^2/s;$$

$t_w=110℃$时　　$Pr_w=0.687$

$t_f=30℃$时　　$Pr_f=0.703$

$$Re_m=\frac{\omega D}{\nu}=\frac{2.4\times0.025}{20.02\times10^{-6}}=2997$$

由$\frac{x_1}{d}=\frac{50}{25}=2$和$\frac{x_2}{d}=\frac{37.5}{25}=1.5$查表10-10得$m=0.568, C=0.452$。根据式(10-19)知：

$$Nu_m=0.452Re_m^{0.568}Pr_m^{1/3}\left(\frac{Pr_f}{Pr_w}\right)^{0.25}\cdot C_\varphi\cdot C_z$$

式中$C_\varphi=1$，C_Z由表10-8根据$Z=5$查，$C_Z=0.92$

$$\therefore\quad Nu_m=0.452\times2997^{0.568}\times0.694^{1/3}\times\left(\frac{0.703}{0.687}\right)^{0.25}\times1\times0.92$$

$$=34.94$$

$$\alpha=Nu_m\frac{\lambda_m}{D}=34.94\times\frac{2.96\times10^{-2}}{0.025}$$

$$=41.369W/(m^2\cdot℃)$$

换热量 $Q_\alpha=\alpha F(t_w-t_f)$

$$=41.369\times\pi\times0.025\times1.5\times5\times20(110-30)$$

$$=38989W$$

四、单相流体综合对流的换热（$0.1\leqslant\frac{Gr}{Re^2}\leqslant10$）

在综合换热中，流体层流时浮升力的换热量或流体紊流时强迫换热量虽然占主要作用，但作层流时强迫流动的换热或作紊流时自由流动的换热都不可忽略，不然所引起的误差将超过工程的精度要求。关于综合对流换热分析计算已超出本书的范围，这里只介绍横管管内的两个综合换热计算的关联式：

横管内紊流时

$$Nu_{\rm m}=4.69Re_{\rm m}^{0.27}Pr_{\rm m}^{0.21}\left(\frac{d}{L}\right)^{0.36}Gr_{\rm m}^{0.07} \tag{10-20}$$

横管内层流时

$$Nu_{\rm m}=1.75\left(\frac{\mu_{\rm f}}{\mu_{\rm w}}\right)^{0.14}\left[Re_{\rm m}Pr_{\rm m}\frac{d}{L}+0.012\left(Pr_{\rm m}\cdot Pr_{\rm m}\frac{d}{L}\right)^{4/3}\cdot Gr_{\rm m}\right. \tag{10-21}$$

五、变相流体的对流换热

变相流体的对流换热，由于在换热中潜热的作用，过冷或过热度的影响，使得变相流体的换热与单相流体的对流换热有很大的差别。

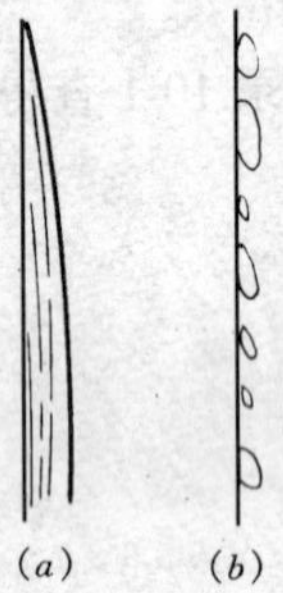

变相流体的换热可分液体沸腾时的换热和蒸汽凝结时的换热两大类。

（一）蒸汽凝结时的换热

蒸汽同低于饱和温度的冷壁接触，就会凝结成液体。在壁面上凝结液体的形式有两种，见图 10-13。一种是膜状凝结，其凝结液能很好地润湿壁面，在壁面上形成一层完整的液膜向下流动；另一种是珠状凝结，其凝结液不能润湿壁面而聚结为一个个液珠向下滚动。由于珠状凝结，壁面除液珠占住的部分外，其余都裸露于蒸汽中，其换热热阻要比膜状凝结的要小得多，因此珠状凝结的换热系数可达膜状凝结的 10 余倍。

(a)　(b)

图 10-13　蒸汽的凝结形式
(a) 膜状凝结；(b) 珠状凝结

在光滑的冷却壁面上涂油，可得到人工珠状凝结，但这样的珠状凝结不能持久。工业设备中，实际上大多数场合为膜状凝结，故这里仅介绍膜状凝结的计算。

根据相似理论进行的实验整理，蒸汽膜状凝结时的换热系数计算式为：

$$\alpha=C\sqrt[4]{\frac{\rho^2\lambda^3gr}{\mu L(t_{\rm bh}-t_{\rm w})}} \tag{10-22}$$

式中系数 C，对于竖管、竖壁取 0.943；对于横管 $C=0.725$，并取 $L=d$（管外径）。定性温度除汽化热按蒸汽饱和温度 $t_{\rm bh}$ 确定外，其它物性均取膜层平均温度 $t_{\rm m}=\frac{t_{\rm bh}+t_{\rm w}}{2}$。

对于单管，在其它条件相同时，横管平均换热系数 $\alpha_{\rm H}$ 与竖管平均换热系数 $\alpha_{\rm V}$ 的比值为：

$$\frac{\alpha_{\rm H}}{\alpha_{\rm V}}=\frac{0.725}{0.943}\left(\frac{L}{d}\right)^{1/4}=0.77\left(\frac{L}{d}\right)^{1/4}$$

由此可知，当管长 L 与管外径 d 的比值 $\frac{L}{d}=2.86$ 时，$\alpha_{\rm H}=\alpha_{\rm V}$；而当 $\frac{L}{d}>2.86$ 时，$\alpha_{\rm H}>\alpha_{\rm V}$。例如当 $d=0.02{\rm m}, L=1{\rm m}$ 时，$\alpha_{\rm H}=2.07\alpha_{\rm V}$。因此工业上的冷凝器多半采用卧式。

在进行蒸汽凝结换热计算时还需考虑以下几点的影响：

（1）不凝气体的影响。蒸汽中含有不凝性气体，如空气，当它们附在冷却面上时，将引起很大的热阻，使凝结换热强度下降。实验表明，当蒸汽中含1%重量的空气时，α 将降低60%。

（2）冷却表面情况的影响。冷却壁面不清洁，有水垢、氧化物、粗糙，会使膜层加厚，可使 α 降低30%左右。

（3）对于多排的横向管束，还与管子的排列方式有关。如图10-14所示，由于凝结液要从上面管排流至下面管排，使越下面管排上的液膜越厚，α 也就越小。图中齐纳白排列方式由于可减少凝结液在下排上暂留，平均换热系数较大。各排平均换热系数按下式计算：

$$\alpha_n = \varepsilon_n \alpha$$

式中 α——按式（10-22）计算的第一排换热系数；

α_n——第 n 排管的换热系数；

ε_n——第 n 排管的修正系数，由图10-15曲线图查得。

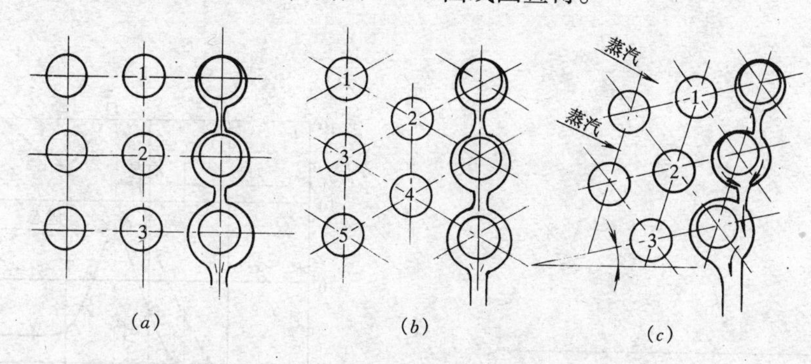

图10-14 凝结器中管子的排列图式

（a）顺排式；（b）斜方形排列式；（c）齐纳白排列式

管束的平均换热系数 α_p 再按下式计算：

$$\alpha_p = \sum_{i=1}^{n} \alpha_i / n = \frac{\alpha}{n} \sum_{i=1}^{n} \varepsilon_i$$

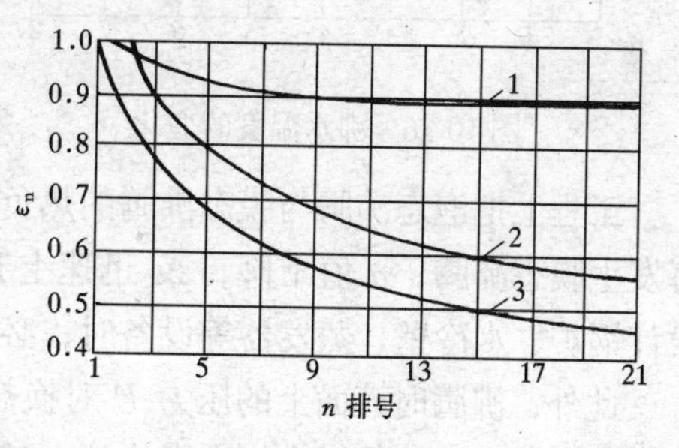

图10-15 修正系数 ε_n

1—齐纳白排列式；2—斜方形排列式；3—顺排式

（4）蒸汽流速及其方向的影响。公式（10-22）计算忽略了蒸汽流速的影响，只适用于流速<10m/s的场合。当蒸汽速度较大时，蒸汽流对液膜表面产生明显的粘滞应力，其影响又随蒸汽流向与膜层重力场同向或异向而不同。当同向时，使膜层减薄，α 增大；反向时则 α 减小。但如果蒸汽速度很大，不论同向或反向，由于气流能把膜层吹离壁面，又促使换热增强。

（二）流体沸腾时的换热

1. 沸腾换热的分析及类型

液体在沸腾换热时，液体的实际温度是要比饱和温度略高一些，即是过热的。如图10-16所示，液体各处过热的程度是不同的，离加热面越近，过热度越大。与加热面接触的那部分液体的温度就等于加热面的温度 t_w，其过热度 Δt 等于 t_w 与液体饱和温度 t_{bh} 的差，

而 Δt 大小又与加热面上的加热强度 q 有关。一般情况 Δt 随 q 的增大而增大。而 Δt 越大，不仅加热面上的汽化核心数增多，而且汽泡核心迅速扩大、浮升的能力增强，从而加剧紧贴加热面处的液体扰动，使换热系数增大。

如图 10-17 所示，随着 Δt 不同有三种基本沸腾的状态：一是图中 AB 段过程，壁面过热度 Δt 较小（≤4℃），加热面上产生的汽泡不多，换热以近似单相流体自然流动的规律进行，称之为对流沸腾，α 随 Δt 变化曲线较平缓；二是 BC 段，此范围内 Δt 约 5～25℃，加热面上的汽泡能大量迅速地生成和长大，并因大量汽泡的膨胀浮升引起液体的激烈运动，使 α 急剧上升。在此区域沸腾换热强度主要取决于汽泡的存在和运动，故称为泡态沸腾；三是 C 点以后，过热度 Δt 更大，由于生成的汽泡数目太多，以致它们相互汇合，在加热面上形成了汽膜，将液体和加热面隔开，传热要靠通过汽膜的导热、对流辐射来进行，反而使换热的能力下降。这时的沸腾换热叫做膜态沸腾。

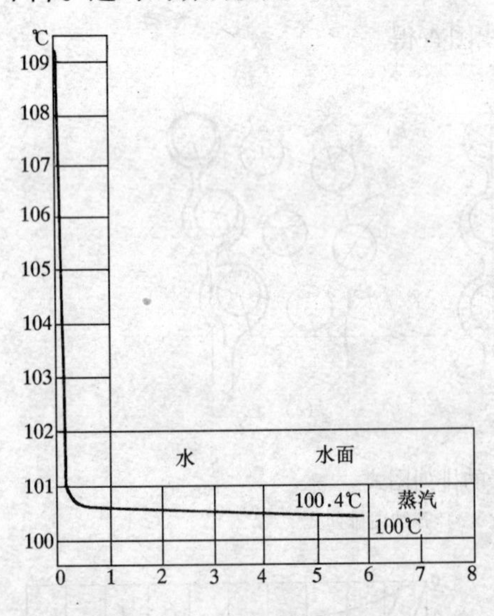

图 10-16　沸水温度的变化

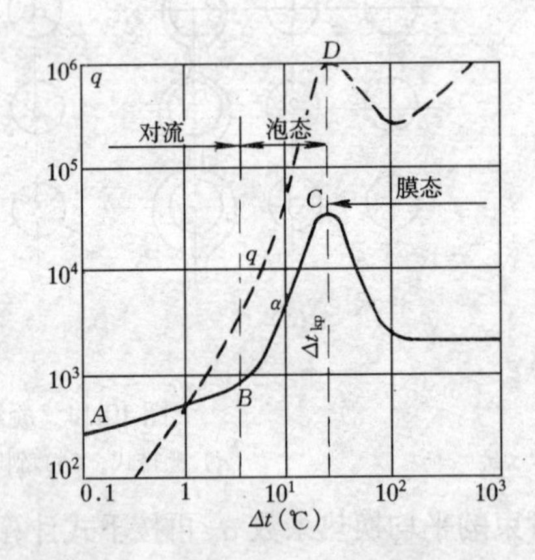

图 10-17　水在大容器中三种基本沸腾的状态

工程上把泡态沸腾与膜态沸腾的热负荷转化点叫做临界热负荷 q_C。当热负荷 $q > q_C$ 时，将发生膜态沸腾，α 值下降，Δt 迅速上升，就会使加热面因过热而被烧坏。因此工程上，设计锅炉、水冷壁、蒸发器等设备时，必须控制 $q < q_C$ 的范围内。

此外，沸腾时液面上的压力 P 对换热也有重要的影响。压力越大，汽化中的汽泡半径将减小，使汽泡核数增多，沸腾换热也随之增强。

2. 大空间泡态沸腾的换热计算

综上所述，影响换热系数的因素主要是过热度 Δt（或 q）和压力 p。根据实验结果，水从 0.2～100 个大气压在大空间泡态沸腾时的换热系数可按下列公式计算：

$$\alpha = 3p^{0.15}q^{0.7} \quad (\mathrm{W/(m^2 \cdot ℃)}) \tag{10-23a}$$

或

$$\alpha = 38.7\Delta t^{2.33}p^{0.5} \tag{10-23b}$$

式中　p——沸腾时的绝对压力，bar；

q——热流通量，$\mathrm{W/m^2}$；

Δt——加热面过热度，$t_w - t_{bh}$，℃。

3. 管内沸腾的换热

液体在管内发生沸腾时，由于空间的限制，沸腾产生的蒸汽不能逸出而和液体混合在一起，形成了汽液两相混合在管内流动。由图 10-18，可以看出，管子的位置，汽液的比例、压力，液体的流速、方向，管子的管径等都将对换热产生很大的影响，从而它的换热计算比大空间泡态沸腾要复杂得多。有关管内沸腾换热计算的详细论述可参 1982 年科学出版社出版的，J·G·科利尔著，魏先英等译的《对流沸腾和凝结》有关章节，本处因受篇幅限制不再讨论。

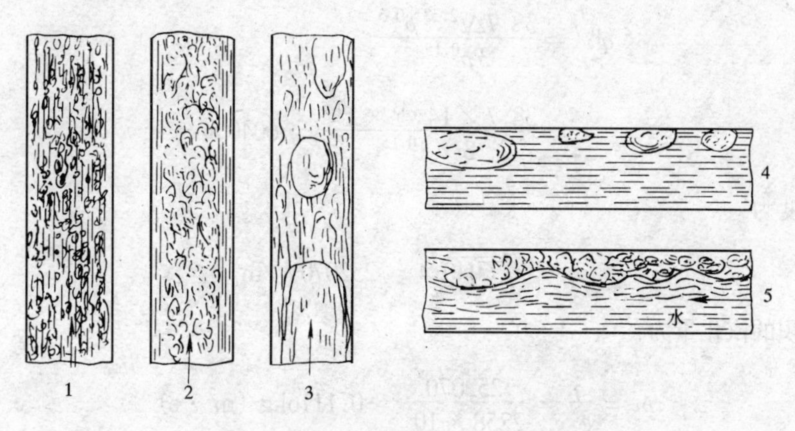

图 10-18　两相混合物在管内流动情况

【例 10-6】　横向排列的黄铜管来顺排 8 排管子，管外径为 16mm，水蒸气饱和温度为 120℃，若管表面温度为 60℃时，试计算管束的平均凝结换热系数。

【解】　由水蒸气饱和温度 $t_{bh}=120$℃查水蒸气表，得汽化热 $r=2202.9$kJ/kg。液膜平均温度为 $t_m=\frac{t_{bh}+t_w}{2}=\frac{120+60}{2}=90$℃，据此查凝结水物性参数：

$$\rho=965.3\quad \text{kg/m}^3;\lambda=0.68\text{W/(m}\cdot℃)$$

$$\mu=314.9\times10^{-6}\quad \text{kg/(m}\cdot\text{s)}$$

由式（10-22）求得顶排平均换热系数 α：

$$\alpha=0.725\left[\frac{\rho^2 g\lambda^3 r}{\mu L(t_{bh}-t_w)}\right]^{1/4}$$

$$=0.725\left[\frac{965.3^2\times9.81\times0.68^3\times2202900}{314.9\times10^{-6}\times0.016\times(120-60)}\right]^{1/4}$$

$$=8721.75\quad \text{W/(m}\cdot℃)$$

管束的平均换热系数为：

$$\alpha_p=\frac{\alpha}{n}\sum_{i=1}^{n}\varepsilon i$$

$$=\frac{8721.75}{8}\times(1+0.85+0.77+0.71+0.67+0.64)$$

$$+0.62+0.6)=6323.3\mathrm{W/(m^2\cdot ℃)}$$

【例 10-7】 在 $p=10^5\mathrm{Pa}$ 的绝对压力下，水在 $t_w=114℃$ 的清洁铜质加热面上作大容器内沸腾。试求热流密度和单位加热面积的汽化量。

【解】 由附录 10-2 查得 $p=10^5\mathrm{Pa}$ 时，$t_{bh}=100℃$、$r=2258\mathrm{kJ/kg}$。壁面过热度 $\Delta t=t_w-t_{bh}=114-100=14℃$，在泡态沸腾的区域内，故可按式（10-23$a$）和式（10-23$b$）来计算，得

$$q^{0.7}=\frac{38.7\Delta t^{2.33}p^{0.5}}{3p^{0.15}}$$

$$=\frac{38.7\times14^{2.33}\times1^{0.5}}{3\times1^{0.15}}=6040.4$$

所以热流密度为

$$q=\sqrt[0.7]{6040.4}=252070\mathrm{W/m^2}$$

单位加热面积的汽化量为：

$$m=\frac{q}{r}=\frac{252070}{2258\times10^3}=0.1116\mathrm{kg/(m^2\cdot s)}$$

小　结

本章讲述了对流换热的基本概念，影响对流换热的因素，相似理论在对流换热中的应用以及常见对流换热的计算。

一、对流换热的基本概念

1. 对流换热的概念：它是指流体和固体壁面间直接接触的换热。它包括流体位移所进行的换热和流体分子间的导热两个方面。

2. 影响对流换热的因素：很多而又复杂，归纳起来主要有流体运动发生的原因，流体运动的状态，流体的性质及换热表面的形状、位置尺寸等方面。

3. 对流换热系数 α：它集中反映了放热过程中的一切复杂因素，能反映对流换热的程度，但它并不能使换热计算问题简化。

二、相似理论及其在对流换热中的应用

1. 相似理论：它是一种能使实验布置及实验数据综合处理的理论，主要有三个核心内容。一是物理现象相似的性质：凡是彼此相似的现象，它们的同名相似准则必定相等。这解决了实验中测量什么量的问题；二是相似准则间的关系；物理现象中的物理量不是单个起作用的，而是由其组成的准则起作用。它解决了实验数据如何整理的问题；三是判别相似的条件：凡同类现象，如单值性条件相似，且同名准则相等，则现象必定相似。它解决了实际工程如何模型实验，实验结果能否应用到实际工程中的问题。

在对流换热问题上，通过相似分析的方法，把影响现象的众多物理因素综合归纳成若干相似准则，如 Re、Pr、Gr 和 Nu 等准则，再通过实验建立出的准则方程来解决各种不同类

型的对流换热问题。

三、常见对流换热的实验计算式

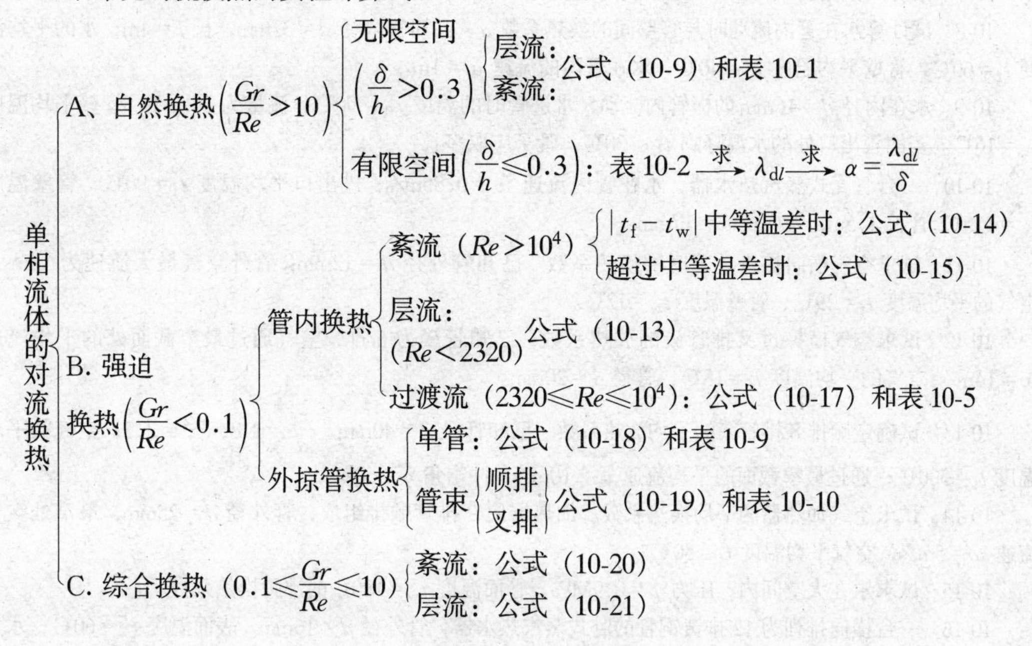

变相流的对流换热
- 流体凝结换热
  - 膜状凝结
    - 单管：公式（10-22）
    - 多排横管：$\alpha_m=\varepsilon_m\cdot\alpha$ 和图 11-15 及 $\alpha_p=\frac{\alpha}{n}\Sigma\varepsilon_i$
  - 珠状凝结：$\alpha_{珠}=（10\sim 20）\alpha_{膜}$
- 流体沸腾换热
  - 大空间泡态沸腾：公式（10-23a）或公式（10-23b）
  - 小空间（管内）沸腾：暂无适合计算式

习　题　十

10-1　有一表面积为 1.5m² 的散热器，其表面温度为 70℃，它能在 10min 内向 18℃ 的空气散出 936kJ 的热量，试求该散热器外表与空气的平均对流换热系数和对流换热热阻值。

10-2　有 a、b 两根管道，内径分别为 16mm 和 32mm，当同一种流体流过时，a 管内流量是 b 管的 4 倍。已知两管温度场相同，试问管内流态是否相似？如不相似，在流量上采取什么措施才能相似？

10-3　一换热设备的工作条件是：壁温 $t_w=120$℃，加热 $t_f=80$℃ 的空气，空气流速 $w=0.5$m/s。现采用一个全盘缩小成原设备 $\frac{1}{5}$ 的模型来研究它的换热情况。若取模型的壁温为 30℃，空气的温度为 10℃，试问模型中流速应取多大才能保证其换热现象与原设备相似（提示：因空气的 Pr 数随温度变化不大，可认为 Pr 为常数，要使 $Nu'=Nu$，只需保证 $Re'=Re$）。

10-4　试求一根管外径 $d=50$mm，管长 $l=4$m，经过室内的采暖水平干管外表面的换热系数和散热量。已知管表面温度 $t_w=80$℃，室内空气温度 $t_f=20$℃。

10-5　试求四柱型散热器表面自然流动的换热系数。已知它的高度 $h=732$mm，表面温度 $t_w=86$℃，室内温度 $t_f=18$℃。

10-6　试求通过水平空气夹层板热面在下的当量导热系数。已知夹层的厚度为 $\delta=50$mm，热表面温度

$t_{w_1}=3℃$，冷表面温度 $t_{w_2}=-7℃$。

10-7　某房间顶棚面积为 4m×5m，表面温度 $t_w=13℃$，室内空气温度 $t_f=25℃$，试求顶棚的散热量。

10-8　试计算水在管内流动时与管壁间的换热系数 α。已知管内径 $d=32$mm，长 $l=4$m，水的平均温度 $t_f=60℃$，管壁平均温度 $t_w=40℃$，水在管内的流速 $w=1$m/s。

10-9　水在内径 $d=16$mm 的横管内流动，水进管时的温度 $t_{f1}=90℃$，流量为 20kg/h，管壁平均温度 $t_w=16℃$。若使管出口处的水温降到 $t_{f2}=30℃$，管子应取多长？

10-10　一台管壳式蒸汽热水器，水在管内流速 $w=0.85$m/s，进出口平均温度 $t_f=90℃$，管壁温度 $t_w=115℃$，管长 1.5m，管内径 $d=17$mm。

10-11　试求空气横向掠进单管时的换热系数。已知管外径 $d=12$mm，管外空气最大流速为 14m/s，空气的平均温度 $t_f=29℃$、管壁温度 $t_w=12℃$。

10-12　试求空气横掠过叉排管簇的放热系数。已知管簇为 6 排，空气通过最窄截面处的平均流速 $w=14$m/s，空气的平均温度 $t_f=18℃$，管径 $d=20$mm。

10-13　试确定顺排 8 排管簇的平均放热系数。已知管径 $d=40$mm、$\frac{x_1}{d}=1.8$、$\frac{x_2}{d}=2.3$；空气的平均温度 $t_f=300℃$，通过最窄截面的平均流速 $w=10$m/s，冲击角 $\varphi=60°$。

10-14　试求空气加热器的平均换热系数。加热器由 9 排管顺排组成，管外径 $d=25$mm，最窄处空气流速 $w=5$m/s，空气平均温度 $t_f=50℃$。

10-15　试求水在大空间内，压力 $p=0.9$MPa，管面温度 $t_w=180℃$ 的沸腾换热系数。

10-16　一台横向排列为 12 排黄铜管的卧式蒸汽热水器，管外径 $d=16$mm，表面温度 $t_w=60℃$，水蒸汽饱和温度 $t_{bh}=140℃$，其凝结换热系数为多大？

第十一章 辐 射 换 热

第一节 热辐射的基本概念

一、热辐射与辐射换热

热辐射是不同于导热与对流换热的另一种热传递基本方式。导热和对流换热这两种热传递，必须依赖于中间介质才能进行，而热辐射则不需要任何中间介质，在真空中也能进行。太阳距地球约一亿五千万公里，它们之间近乎真空，太阳能以热辐射的方式每天把大量的热能传递给地球。在供热通风工程中，辐射采暖，太阳能供热，锅炉炉膛内火焰和炉膛冷水壁面间等的换热都是以辐射为主要传热方式的例子。

从物理上讲，辐射是电磁波传递能量的现象，热辐射是由于热的原因而产生的电磁波辐射。热辐射的电磁波是由于物体内部微观粒子的热运动而激发出来的。因此，只要物体的绝对温度不等于零，物体微观粒子就会有热运动，也就有热辐射的电磁波发射，就会不断地把热能转变为热辐射能，并由热辐射电磁波向四周传播，当落到其他物体上被吸收后又转变为热能。

热辐射是以各种不同波长的电磁波向外辐射的。理论上，物体热辐射的电磁波波长可以包括整个波谱，即波长从零至无穷大，它们包括 γ 射线、x 射线、紫外线、红外线、可见光、无线电波等。理论和实验表明，在工业上所遇到的温度范围内，即2000K以下，有实际意义的热辐射波长（指能被物体吸收转化为物体热能的电磁波波长）位于 $0.38\sim100\mu m$ 之间，见图11-1，且大部分能量位于红外线区段的 $0.76\sim20\mu m$ 范围内。在可见光区段，即波长为 $0.38\sim0.76\mu m$ 的区段，热辐射能量的比重并不大。太阳的温度约5800K，其温度比一般工业所遇温度高出很多，其辐射的能量主要集中在 $0.2\sim2\mu m$ 的波长范围内，可见光区段占有很大的比重。

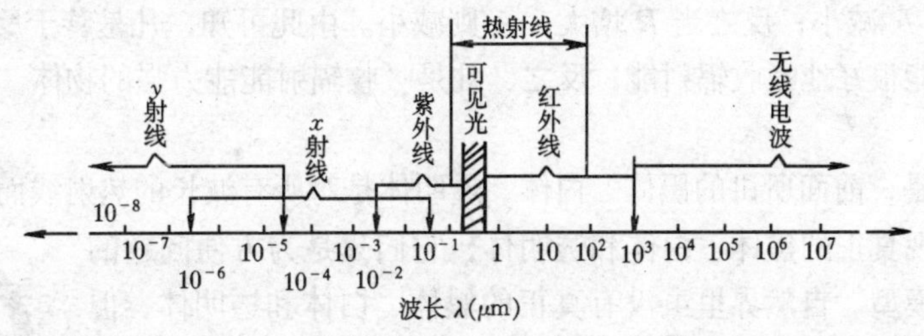

图11-1 电磁波的波谱

物体在向外发出热辐射能的同时，也会不断吸收周围物体发出过来的热辐射能，并把吸收的辐射能重新转变成热能。辐射换热就是指物体之间相互辐射和吸收过程的总效果。物体所放出或接受热量的多少，取决于该物体在同一时期内所放射和吸收的辐射能量之差额。只要参与辐射换热能量的物体温度不同，这种差额就不会为零。当两物体的温度相等时，虽然它们之间的辐射换热现象仍然存在，但它们各自辐射和吸收的能量恰好相等，因此它们的辐射换热量为零，处于换热的动态平衡中。

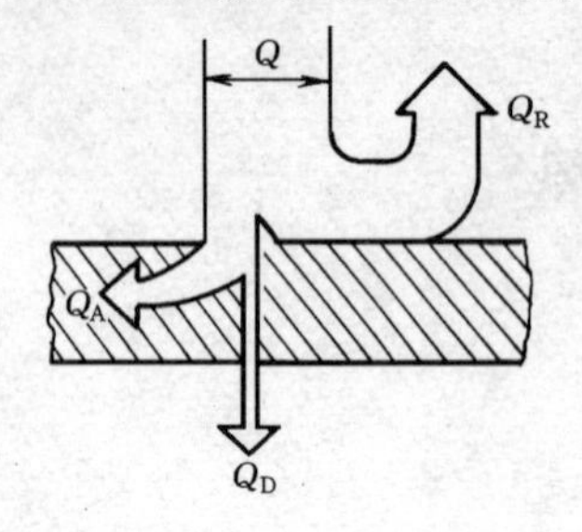

图 11-2 物体对热辐射的吸收、反射和透射

二、热辐射的吸收、反射和透射

当热辐射的能量投射到物体表面上时，和可见光一样会发生能量被吸收、反射和透射现象。如图11-2，假设投射到物体上的总能量 Q 中，有 Q_A 的能量被吸收，Q_R 的能量被反射，Q_D 的能量穿透过物体，则按能量守恒定律有：

$$Q = Q_A + Q_R + Q_D$$

等号两边同除以 Q，得

$$1 = \frac{Q_A}{Q} + \frac{Q_R}{Q} + \frac{Q_D}{Q}$$

令式中能量百分比 $Q_A/Q = A, Q_R/Q = R, Q_D/Q = D$，分别称之为该物体对投入辐射能的吸收率、反射率和透射率，于是有

$$A + R + D = 1 \tag{11-1}$$

显然，A、R、D 的数值均在 0～1 的范围内变化，其大小主要与物体的性质，温度及表面状况等有关。

当 $A=1$，$R=D=0$，这时投射在物体上的辐射能被全部吸收，这样的物体叫做绝对黑体，简称黑体。

当 $R=1$，$A=D=0$ 时，投射的辐射能被物体全部反射出去，这样的物体叫做绝对白体，简称白体。

当 $D=1$，$A=R=0$ 时，说明投射的辐射能全部透过物体，这样的物体被叫做透明体。与此对应的把 $D=0$ 的物体叫做非透明体。对于非透明体来说，如大多数工程材料，各种金属、砖、木等，由于 $D=0$，因此有式

$$A + R = 1$$

当 A 增大，则 R 减小；反之当 R 增大，A 则减小。由此可知，凡是善于反射的非透明体物质，就一定不能很好地吸收辐射能；反之，凡是吸收辐射能能力强的物体，其反射能力也就差。

要指出的是，前面所讲的黑体、白体、透明体是对所有波长的热射线而言的。在自然界里，还没有发现真正的黑体、白体和透明体，它们只是为方便问题的分析而假设的模型。自然界里虽没有真正的黑体、白体和透明体，但很多物体由于 A 近似等于 1（如石油、煤烟、雪和霜等的 $A=0.95$～0.98）或 R 近似等于 1（如磨光的金属表面，$R=0.97$）或 D 近似等于 1（如一些惰性气体、双原子气体）可分别近似作为黑体、白体和透明体处理。另外，物体能否作黑体、或白体、或透明体处理，或者物体的 A、R、D 数值的大小与物体的颜色无关。例如，雪是白色

图 11-3 黑体模型

的，但对于热射线其吸收率高达0.98，非常接近于黑体；白布和黑布对于热射线的吸收率实际上基本相近。影响热辐射的吸收和反射的主要因素不是物体的表面颜色，而是物体的性质、表面状态和温度。物体的颜色只是对可见光线而言。

研究黑体热辐射的基本规律，对于研究物体辐射和吸收的性质，解决物体间的辐射换热计算有着重要的意义。如图11-3所示，为人工方法制得的黑体模型。在空心体的壁面上开一个很小的小孔，则射入小孔的热射线经过壁面的多次吸收和反射后，几乎全被吸收，因此，此小孔就像一个黑体表面。在工程上，锅炉的窥视孔就是这种人工黑体的实例。在研究热辐射时，为了与一般物体有所区别，黑体所有量的下角都标有“0”角码。

第二节　热辐射的基本定律

一、普朗克定律和维恩定律

(一) 辐射力和单色辐射力的概念

为了理解普朗克定律，先介绍两个基本概念。

1. 辐射力 E：表示物体在单位时间内，单位表面积上所辐射的全波长（$\lambda=0\sim\infty$）的辐射能总量。绝对黑体的辐射力用 E_0 表示，单位为 W/m^2。

2. 单色辐射力 E_λ：它表示单位时间内单位表面积上所辐射的某一特定波长 λ 的辐射能。黑体的单色辐射力用 $E_{0\lambda}$ 表示，其单位与辐射力的单位差一个长度单位，为 $W/(m^2\cdot m)$。

在热辐射的整个波谱内，不同波长的单色辐射力是不同的。图11-4表示了黑体各相应温度下不同波长发射出的单色辐射力的变化。对于某一温度下，特定波长 λ 到 $\lambda+d\lambda$ 区间发射出的能量，可用图中有阴影的面积来表示，即为 $E_{0\lambda}\cdot d\lambda$，而在此温度下全波长的辐射总能量，即辐射力 E_0 为图中曲线下的面积。显然，辐射力与单色辐射力之间存在着如下关系：

$$E_0=\int_0^\infty E_{0\lambda}\cdot d\lambda \qquad (11\text{-}2)$$

(二) 普朗克（Planck）定律

普朗克定律揭示了黑体的单色辐射力与波长和温度的依变关系。根据普朗克研究的结果，黑体单色辐射力 $E_{0\lambda}$ 与波长和温度有如下关系：

$$E_{0\lambda}=\frac{C_1\cdot\lambda^{-5}}{e^{C_2/(\lambda\cdot T)}-1}\quad (W/(m^2\cdot m)) \qquad (11\text{-}3)$$

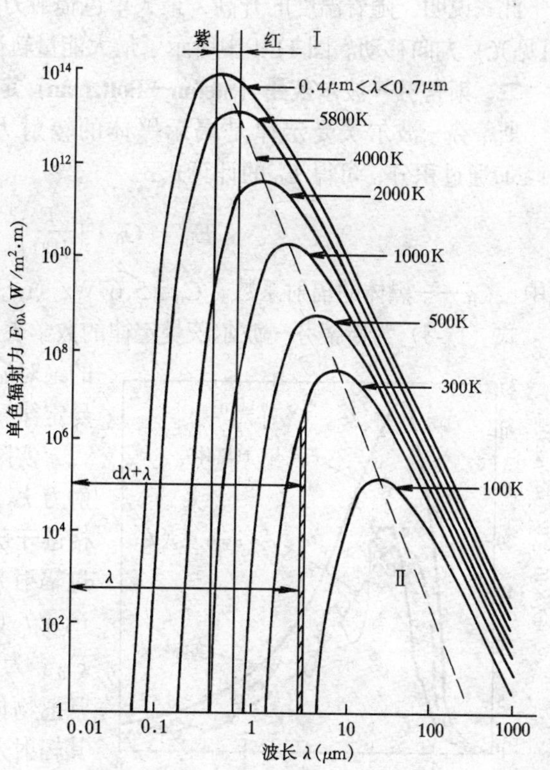

图11-4　黑体在不同温度、波长下的单色辐射力 $E_{0\lambda}$

I—可见光区域；II—最大能量轨迹线

式中 λ——波长，m；

e——自然对数的底；

T——黑体的绝对温度，K；

C_1——实验常数，其值为 $3.743\times10^{-16}\mathrm{W\cdot m^2}$；

C_2——实验常数，其值为 $1.4387\times10^{-2}\mathrm{m\cdot K}$。

图 11-4 实际上就是普朗克定律表达式（11-3）的图示。由图或由式（11-3）可知：

1. 当温度一定，$\lambda=0$ 时，$E_{0\lambda}=0$；随着 λ 的增加，$E_{0\lambda}$ 也跟着增大，当波长增大到某一特定数值 λ_{max} 时，$E_{0\lambda}$ 为最大值，然后又随着 λ 的增加而减小，当 $\lambda=\infty$ 时，$E_{0\lambda}$ 又重新降至零。

2. 单色辐射力 $E_{0\lambda}$ 的最大值随温度的增大而向短波方向移动。

3. 当波长一定时，单色辐射力 $E_{0\lambda}$ 将随温度的升高而增大。

4. 某一温度下，黑体所发出的总辐射能即为曲线下的面积。E_0 随着温度的升高而增大，而其在波长中的分布区域将缩小，并朝短波（可见光）方向移动。如工业温度下（<2000K），热辐射能量主要集中在 $0.76\sim10^2\mu\mathrm{m}$ 的红外线波长范围内，而太阳的温度高（5800K 以上），其热辐射的能量则主要集中于 $0.2\sim2\mu\mathrm{m}$ 的可见光波长范围内。

（三）维恩（Wien）定律

维恩定律是反映对应于最大单色辐射力的波长 λ_{max} 与绝对温度 T 之间关系的。通过对式（11-3）中 λ 的求导等数学处理，就可得到维恩定律的数学表达式：

$$\lambda_{max}\cdot T=2.9\times10^{-3}\mathrm{m\cdot K} \tag{11-4}$$

此式说明，随着温度的升高，最大单色辐射力的波长 λ_{max} 将缩短，即前面所说的朝短波（可见光）方向移动。图 11-4 中所示了最大能量轨迹线。

二、斯蒂芬—波尔茨曼（Stefan—Boltzman）定律

斯蒂芬—波尔茨曼定律是揭示黑体的辐射力 E_0 大小的定律。将式（11-3）代入式（11-2），通过积分，可得 E_0 的计算式：

$$E_0=C_0\cdot\left(\frac{T}{100}\right)^4 \quad (\mathrm{W/m^2}) \tag{11-5}$$

式中 C_0——黑体的辐射系数，$C_0=5.67\mathrm{W/(m^2\cdot K^4)}$。

式（11-5）为斯蒂芬—波尔茨曼定律的数学表达式。此式表明，绝对黑体的辐射力同它的绝对温度的四次方成正比，故斯蒂芬—波尔茨曼定律又俗称四次方定律。

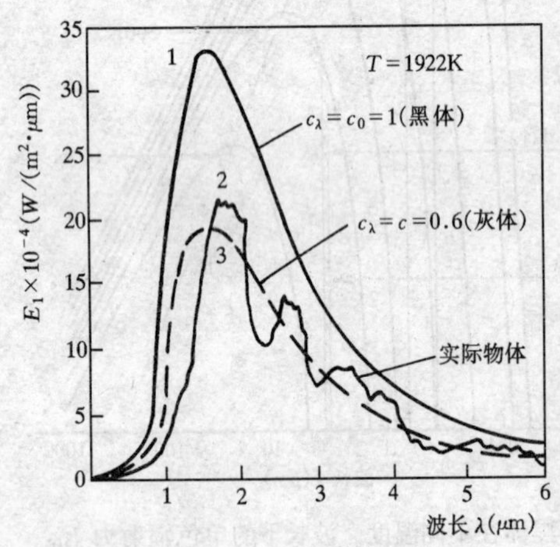

图 11-5 物体辐射表面单色辐射力的比较

实际物体的辐射一般不同于黑体，其单色辐射力 E_λ 随波长和温度的变化是不规则的，并不严格遵守普朗克定律。图 11-5 中的曲线 2 示意了通过辐射光谱实验测定的实际物体在某一温度下的 $E_\lambda=f(\lambda, T)$ 关系。曲线 1 为同温度下黑体的 $E_{0\lambda}$。为了便于实际物体辐射力 E 的计算，工程上常把物体作为一种假想的灰体处理。这种灰体，其辐射光谱曲线 $E_\lambda=f(\lambda)$（即图 11-5 中的曲线 3）是连续的，且与同温度下的黑体 $E_{0\lambda}$ 曲线相似（即在所有的波长下，保持 $E_\lambda/E_{0\lambda}=$ 定值 ε），曲

线下方所包围的面积与曲线 2 的相等，则灰体的辐射力 E，也就是实际物体的辐射力为

$$E=\int_0^{\infty} E_\lambda \mathrm{d}\lambda=\int_0^{\infty} \varepsilon E_{0\lambda} \mathrm{d}\lambda=\varepsilon \cdot E_0$$

$$=\varepsilon \cdot C_0\left(\frac{T}{100}\right)^4 \tag{11-6}$$

式中定值 ε 称为物体的黑度，也叫发射率。它反映了物体辐射力接近黑体辐射力的程度，其大小主要取决于物体的性质、表面状况和温度，数值在 0～1 之间。附录 11-1 列出了常用材料的黑度值，它们是用实验测得的。

三、克希荷夫（Kirch hoff）定律

克希荷夫定律确定了物体辐射力和吸收率之间的关系。这种关系可从两个表面之间的辐射换热推出。

如图 11-6 为两个平行平壁构成的绝热封闭辐射系统。假定两表面，一个为黑体（表面Ⅰ）、一个为任意物体（表面Ⅱ）。两表面的温度、辐射力和吸收率分别为 T_0、E_0、A_0 和 T、E、A。并设两表面靠得很近，以致一个表面所放射的能量都全部落在另一个表面上。这样，物体表面Ⅱ的辐射力 E 投射到黑体表面Ⅰ上时，全部被黑体所吸收；而黑体表面Ⅰ的辐射力 E_0 落到物体表面Ⅱ上时，只有 $A \cdot E_0$ 部分被吸收，其余部分被反射回去，重新落到黑体表面Ⅰ上而被其全部吸收。物体表面能量的收支差额 q 为

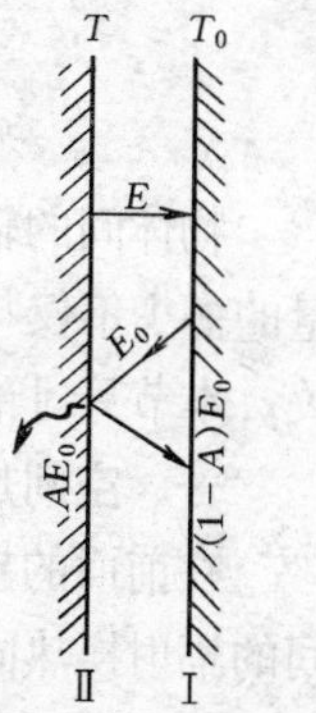

$$q=E-AE_0 \quad (\mathrm{W/m^2})$$

当 $T_0=T$ 时，即系统处于热辐射的动态平衡时，$q=0$，上式变成

$$E=AE_0 \quad 或 \quad \frac{E}{A}=E_0$$

图 11-6　两平行平壁的辐射系统

由于物体是任意的物体，可把这种关系写成

$$\frac{E_1}{A_1}=\frac{E_2}{A_2}=\frac{E_3}{A_3}=\cdots=\frac{E}{A}=E_0=f(T) \tag{11-7}$$

此式就是克希荷夫定律的数学表达式。它可表述为：任何物体的辐射力与吸收率之比恒等于同温度下黑体的辐射力，并且只与温度有关。比较（11-7）与（11-6）两式，可得出克希荷夫定律的另一种表达形式

$$A=\frac{E}{E_0}=\varepsilon$$

由上面的分析，可得到以下两个结论：

1. 由于物体的吸收率 A 永远小于 1，所以在同温度下黑体的辐射力最大；

2. 物体的辐射力（或发射率）越大，其吸收率就越大，物体的吸收率恒等于同温下的黑度。即善于发射的物体必善于吸收。

克希荷夫定律也同样适用于单色辐射，即任何物体在一定波长下的辐射力 E_λ 与同样波长下的吸收率 A_λ 的比值恒等于同温度下黑体同波长的发射力。用数学式可表示成：

$$\frac{E_\lambda}{A_\lambda}=E_{0\lambda} \quad 或 \quad A_\lambda=\frac{E_\lambda}{E_{0\lambda}}=\varepsilon_\lambda \tag{11-8}$$

根据此道理，可以按物体的放射光谱（图 11-7）求出该物体的吸收光谱（图 11-8）。反

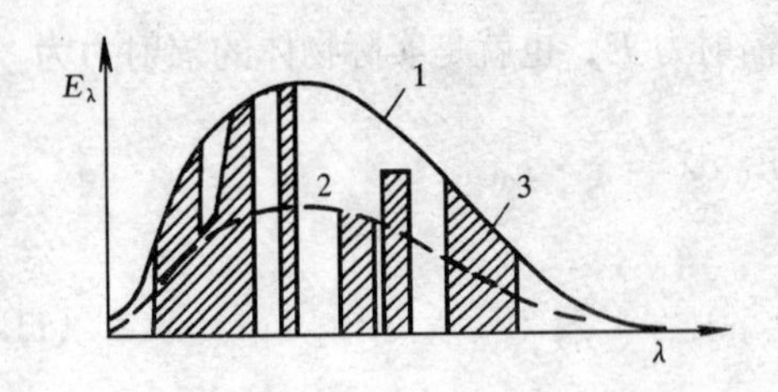

图 11-7 放射光谱

1—绝对黑体；2—灰体；3—气体

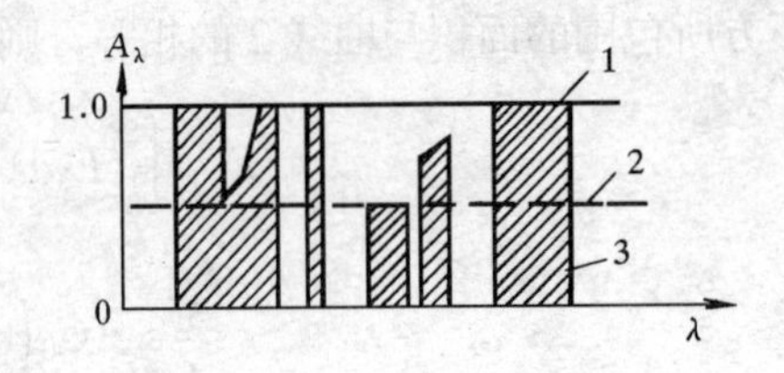

图 11-8 吸收光谱

1—绝对黑体；2—灰体；3—气体

之，已知了吸收光谱也就已知了放射光谱。当物体在某一种波长下不吸收辐射能时，也就不会放射辐射能；如果物体在一定波长下是白体或是透明体时，它在该波长下也就不会放射辐射能。

第三节 两物体间的辐射换热

物体间的辐射换热是指若干物体之间相互辐射换热的总结果，实际物体的吸收与反射能量的多少不仅与物体本身的情况有关外，而且与投入的辐射，物体之间的相对位置形状等有关。本节只讨论工程中常遇的两个物体之间几种比较简单的辐射换热。

一、空间热阻和表面热阻

在前面的导热和对流换热计算中，曾利用导热热阻、对流换热热阻的概念来分析。物体间的辐射换热同样也可用辐射热阻的概念来分析。物体间的辐射换热热阻可归纳成空间热阻和表面热阻两个方面。

（一）空间热阻

空间热阻是指由于物体表面尺寸、形状和相对位置等的影响，使一物体所辐射的能量不能全部投落到另一物体上而相当的热阻。空间热阻用 R_g 表示。

设有两个物体互相辐射，它们的表面积分别为 F_1 和 F_2，把表面 1 发出的辐射能落到表面 2 上的百分数称之为表面 1 对表面 2 的角系数 $\varphi_{1,2}$，而把表面 2 对表面 1 的角系数记为 $\varphi_{2,1}$，则两物体间的空间热阻计算式为：

$$R_g = \frac{1}{\varphi_{1,2} \cdot F_1} = \frac{1}{\varphi_{2,1} \cdot F_2} \tag{11-9}$$

由此式可以看出 $\varphi_{1,2} \cdot F_1 = \varphi_{2,1} \cdot F_2$，反映了两个表面在辐射换热时，角系数的相对性。只要已知 $\varphi_{1,2}$和 $\varphi_{2,1}$中的一个，另一个角系数也就可以通过式（11-9）求出。

角系数 φ 的大小只与两物体的相对位置、大小、形状等几何因素有关，即只要几何因素确定，角系数就可以通过有关的计算式或图表、手册来求得。附录 11-2 列出了两平行平壁和两垂直平壁的角系数图。对于有些特别的情况，是可以直接写出角系数的数值。例如，对于两无穷大平行平壁来说（或平行平壁相距很近的情况），$\varphi_{1,2} = \varphi_{2,1} = 1$；对于空腔内物体与空腔内壁来说，见后面图 11-10 所示，则 $\varphi_{1,2} = 1$，而 $\varphi_{2,1} = \varphi_{1,2} \times \frac{F_1}{F_2}$。

（二）表面热阻

表面热阻是指由于物体表面不是黑体，以致对投射来的辐射能不能全部吸收，或它的辐射力不如黑体那么大而相当的热阻。表面热阻用 R_b 表示。

对于实际物体来说，其表面热阻可用下式计算：

$$R_b = \frac{1-\varepsilon}{\varepsilon \cdot F} \tag{11-10}$$

对于黑体，由于 $\varepsilon=1$，所以其 $R_b=0$。

二、任意两物体间的辐射换热计算

设两物体的面积分别为 F_1 和 F_2，成任意位置，温度分别为 T_1 和 T_2，辐射力分别为 E_1 和 E_2，黑度分别为 ε_1 和 ε_2，则这两物体表面间的辐射换热模拟电路可为图 11-9 所示。

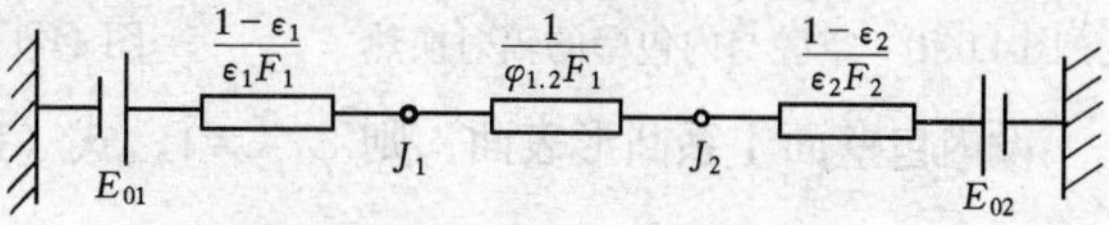

图中 E_{01} 和 E_{02} 分别是物体看作黑体时的辐射力，分别等于 $C_0 \cdot \left(\frac{T_1}{100}\right)^4$ 和 $C_0 \cdot \left(\frac{T_2}{100}\right)^4$，它们相当于电路电源的电位。$J_1$ 和 J_2 分别表示了由于表面热阻的作用，实际物体表面的有效辐射电位。按照串联电路的计算方法，写出两物体表面间的辐射换热计算式为

$\frac{1-\varepsilon_1}{\varepsilon_1 F_1}$　$\frac{1}{\varphi_{1,2}F_1}$　$\frac{1-\varepsilon_2}{\varepsilon_2 F_2}$

E_{01}　J_1　J_2　E_{02}

图 11-9　两物体表面间的辐射换热模拟电路

$$Q_{1,2} = \frac{E_{01}-E_{02}}{\frac{1-\varepsilon_1}{\varepsilon_1 F_1}+\frac{1}{\varphi_{1,2}F_1}+\frac{1-\varepsilon_2}{\varepsilon_2 F_2}} \quad (\mathrm{W})$$

如用 F_1 作为计算表面积，上式可写成

$$Q_{1,2} = \frac{F_1(E_{01}-E_{02})}{\left(\frac{1}{\varepsilon_1}-1\right)+\frac{1}{\varphi_{1,2}}+\frac{F_1}{F_2}\left(\frac{1}{\varepsilon_2}-1\right)} \quad (\mathrm{W}) \tag{11-11}$$

三、特殊位置两物体间的辐射换热计算

（一）两无限大平行平壁间的辐射换热

所谓两无限大平行平壁是指两块表面尺寸要比其相互之间的距离大很多的平行平壁。由于 $F_1=F_2=F$，且 $\varphi_{1,2}=\varphi_{2,1}=1$，式（11-11）可简化为

$$\begin{aligned} Q_{1,2} &= \frac{F_1(E_{01}-E_{02})}{\frac{1}{\varepsilon_1}+\frac{1}{\varepsilon_2}-1} = \frac{C_0 F}{\frac{1}{\varepsilon_1}+\frac{1}{\varepsilon_2}-1}\left[\left(\frac{T_1}{100}\right)^4-\left(\frac{T_2}{100}\right)^4\right] \\ &= \varepsilon_{1,2} F C_0\left[\left(\frac{T_1}{100}\right)^4-\left(\frac{T_2}{100}\right)^4\right] \\ &= C_{1,2} F\left[\left(\frac{T_1}{100}\right)^4-\left(\frac{T_2}{100}\right)^4\right] \quad (\mathrm{W}) \end{aligned} \tag{11-12}$$

式中 $\varepsilon_{1,2}=\frac{1}{\frac{1}{\varepsilon_1}+\frac{1}{\varepsilon_2}-1}$ 叫无限大平行平壁的相当黑度，$C_{1,2}=\varepsilon_{1,2}C_0$ 叫做无限大平行平壁的相当辐射系数。

（二）空腔与内包壁之间的辐射换热

空腔与内包壁之间的辐射换热见图 11-10 所示。工程上用来计算热源（如加热炉、辐射式散热器等）外壁表面与车间内壁之间的辐射换热，见图 11-11 所示，就属于这种情况。

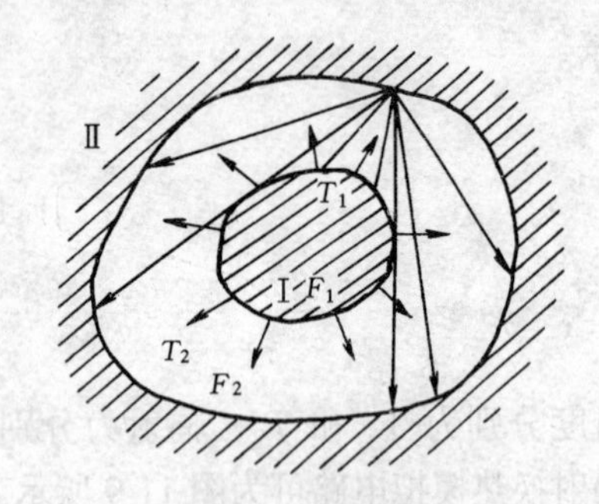

图 11-10　空腔与内包壁的辐射换热

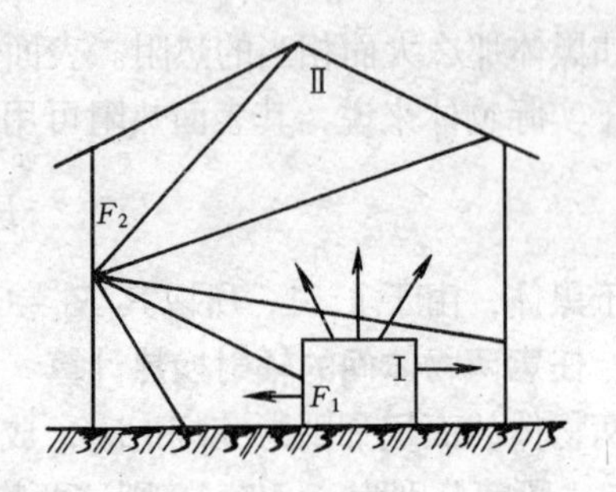

图 11-11　加热炉外表面与车间内壁之间辐射换热

设内包壁面Ⅰ系凸形表面，则 $\varphi_{1,2}=1$，式（11-11）可简化为：

$$Q_{1,2}=\frac{F_1(E_{01}-E_{02})}{\frac{1}{\varepsilon_1}+\frac{F_1}{F_2}\left(\frac{1}{\varepsilon_2}-1\right)}=\frac{F_1C_0\left[\left(\frac{T_1}{100}\right)^4-\left(\frac{T_2}{100}\right)^4\right]}{\frac{1}{\varepsilon_1}+\frac{F_1}{F_2}\left(\frac{1}{\varepsilon_2}-1\right)}$$

$$=C'_{1,2}F_1\left[\left(\frac{T_1}{100}\right)^4-\left(\frac{T_2}{100}\right)^4\right] \tag{11-13}$$

式中 $C'_{1,2}=\dfrac{C_0}{\frac{1}{\varepsilon_1}+\frac{F_1}{F_2}\left(\frac{1}{\varepsilon_2}-1\right)}$，称为空腔与内包壁面的相当辐射系数。

如果 $F_1\ll F_2$、且 ε_2 的数值较大，接近于1，如车间内的辐射采暖板与室内周围墙壁之间的辐射换热就属于这种情况，此时 $\frac{F_1}{F_2}\left(\frac{1}{\varepsilon_2}-1\right)\ll\frac{1}{\varepsilon_1}$，可以忽略计，这时公式（11-13）可简化为

$$Q_{1,2}=F_1\varepsilon_1C_0\left[\left(\frac{T_1}{100}\right)^4-\left(\frac{T_2}{100}\right)^4\right]$$

$$=F_1C_1\left[\left(\frac{T_1}{100}\right)^4-\left(\frac{T_2}{100}\right)^4\right] \tag{11-14}$$

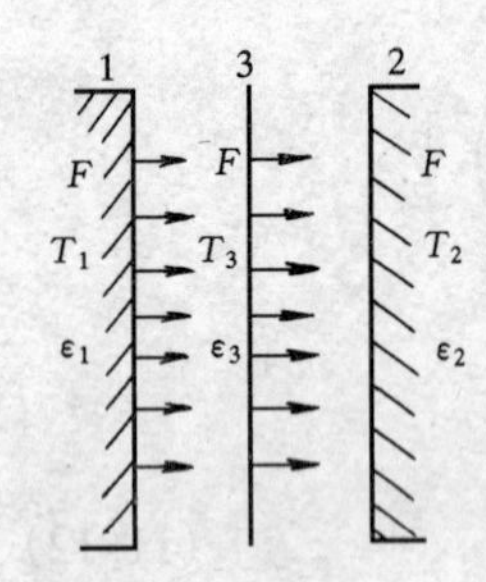

图 11-12　遮热板

式中 $C_1=\varepsilon_1C_0$，是内包壁面Ⅰ的辐射系数。

（三）有遮热板的辐射换热

为了减少物体或人员受到外界高温热源辐射的影响，可在物体或人与热源之间使用固定的屏障，如在热辐射的方向放置遮热板、夏天太阳下戴草帽或打阳伞等，是十分有效的。下面从在两平行平面之间放置一块遮热板后的辐射换热热阻变化来说明。

如图 11-12 所示，设两平行平板的温度为 T_1 和 T_2，黑度为 ε_1 和 ε_2，放置一块面积与平行板相同的遮热板后，T_1 和 T_2 温度不变。遮热板两面的黑度相等，设为 ε_3；遮热板较薄，热阻不计，则其两边的温度相同为 T_3；并设这些平板的尺寸远大于它们之间的距离，则它们辐射换热的模拟电路为图 11-13 所示，热阻 R_f 为

$$R_f=\frac{1-\varepsilon_1}{F\varepsilon_1}+\frac{1}{F}+\frac{1-\varepsilon_3}{F\varepsilon_3}+\frac{1-\varepsilon_3}{F\varepsilon_3}+\frac{1}{F}+\frac{1-\varepsilon_2}{F\varepsilon_2}$$

换热量为 $Q_{1,2}=(E_{01}-E_{02})/R_f$。未加遮热板的热阻 R'_f 为：

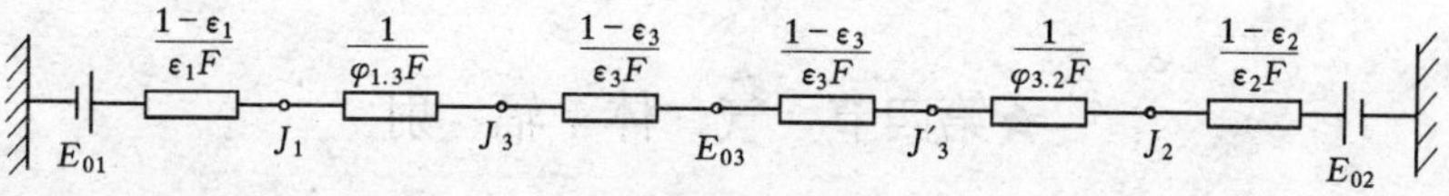

图 11-13　加遮热板后的模拟电路

$$R'_{\mathrm{f}} = \frac{1-\varepsilon_1}{\varepsilon_1 F} + \frac{1}{F} + \frac{1-\varepsilon_2}{\varepsilon_2 F}$$

换热量 $Q'_{1,2} = \dfrac{E_{01} - E_{02}}{R'_{\mathrm{f}}}$。设 $\varepsilon_1 = \varepsilon_2 = \varepsilon_3$，则

$$R_{\mathrm{f}} = 2R'_{\mathrm{f}}$$

$$Q_{1,2} = \frac{E_{01} - E_{02}}{2R'_{\mathrm{f}}} = \frac{1}{2}Q'_{1,2}$$

由此得出结论，两平行平板加入遮热板后，在 $\varepsilon_1 = \varepsilon_2 = \varepsilon_3$ 的情况下，辐射换热量减少 1/2；若所用遮热板的 $\varepsilon_3 < \varepsilon_1$ 或 ε_2，(如选反射率 R 较大的遮热板)，则遮热的效果将更好；若两平行平板间加入 n 块与 ε_1 或 ε_2 相同黑度的遮热板，则换热量可减少到 $(n+1)$ 分之一。

【例 11-1】　某车间的辐射采暖板的尺寸为 1.5m×1m，辐射板面的黑度 $\varepsilon_1 = 0.94$，板面平均温度 $t_1 = 100℃$，车间周围壁温 $t_2 = 11℃$。如果不考虑辐射板背面及侧面的热作用，试求辐射板面与四周壁面的辐射换热量。

【解】　由于辐射板面积 F_1 比周围壁面 F_2 小得多，故由式（11-14）得辐射板与四周壁面的辐射换热量为：

$$Q_{1,2} = F_1 \cdot \varepsilon_1 C_0\left[\left(\frac{T_1}{100}\right)^4 - \left(\frac{T_2}{100}\right)^4\right]$$

$$= 1.5 \times 1 \times 0.94 \times 5.67 \times \left[\left(\frac{273+100}{100}\right)^4 - \left(\frac{273+11}{100}\right)^4\right]$$

$$= 1027.4\mathrm{W}$$

【例 11-2】　水平悬吊在屋架下的采暖辐射板的尺寸为 1.8m×0.9m，辐射板表面温度 $t_1 = 107℃$，黑度 $\varepsilon_1 = 0.95$。已知辐射板与工作台距离为 3m，平行相对，尺寸相同；工作台温度 $t_2 = 12℃$，黑度 $\varepsilon_2 = 0.9$，试求工作台上所得到的辐射热。

【解】　按照题意，工作台获得的辐射热可按式（11-11）计算。已知式中 $F_1 = F_2 = 1.8 \times 0.9 = 1.62\mathrm{m}^2$；$E_{01} = C_0\left(\dfrac{T_1}{100}\right)^4 = 5.67 \times \left(\dfrac{107+273}{100}\right)^4 = 1182.3\mathrm{W/m}^2$；$E_{02} = C_0\left(\dfrac{T_2}{100}\right)^4 = 5.67 \times \left(\dfrac{12+273}{100}\right)^4 = 22.68\mathrm{W/m}^2$；角系数 $\varphi_{1,2}$ 由附录 11-2，根据 $\dfrac{b}{h} = \dfrac{0.9}{3} = 0.3$，$\dfrac{a}{h} = \dfrac{1.8}{3} = 0.6$ 查得 $\varphi_{1,2} = 0.05$。

工作台上所得到的辐射热为

$$Q_{1,2} = \frac{F_1(E_{01} - E_{02})}{\left(\dfrac{1}{\varepsilon_1} - 1\right) + \dfrac{1}{\varphi_{1,2}} + \dfrac{F_1}{F_2}\left(\dfrac{1}{\varepsilon_2} - 1\right)}$$

$$= \frac{1.62 \times (1182.3 - 22.68)}{\left(\dfrac{1}{0.95} - 1\right) + \dfrac{1}{0.05} + \left(\dfrac{1}{0.9} - 1\right)} = 93.17\mathrm{W}$$

★第四节　气　体　辐　射

一、气体辐射和吸收的特点

气体辐射和吸收与固体有很大差别，其可归纳为以下三点：

1. 不同气体的辐射、吸收能力不同

气体的辐射也是由原子中自由电子的振动引起。对于单原子的惰性气体和某些对称型的双原子气体，如 O_2、N_2、H_2 等，它们没有自由电子，因而它们的吸收和辐射能力很微弱，可看成是透明体。对多原子气体，尤其是高温烟气中的 CO_2、H_2O 和 SO_2 等三原子气体，却有相当大的辐射力和吸收率，这在炉内换热中有着重要的意义。

2. 气体的辐射和吸收对波长有很强的选择性

通常固体表面的辐射和吸收光谱是连续的，而气体只能辐射和吸收某一定波长范围（所谓“光带”）内的能量，其光谱是间断的。即气体的辐射、吸收具有很强的选择性。对于光带以外的热射线，气体可当作透明体，同时气体也不发射光带以外的热辐射。表 11-1 列出了水蒸气和二氧化碳的辐射和吸收的三个主要光带。

水蒸气和二氧化碳的辐射和吸收光带　　**表 11-1**

光　带	H_2O		CO_2	
	波长自 $\lambda_1 \sim \lambda_2$（μm）	$\Delta\lambda$（μm）	波长自 $\lambda_1 \sim \lambda_2$（μm）	$\Delta\lambda$（μm）
第一光带	2.24～3.27	1.03	2.36～3.02	0.66
第二光带	4.8～8.5	3.7	4.01～4.8	0.79
第三光带	12～25	13	12.5～16.5	4.0

3. 气体的辐射和吸收是在整个气体容积内进行

这一气体辐射和吸收特性与固体的辐射和吸收在很薄的表面层中进行不同。当热射线穿过气体层时，其能量被沿途气体吸收而逐渐减少，减少的程度取决于沿途所遇的气体分子数目。碰到的气体分子数目越多，被吸收的辐射能越多。而沿途所遇的分子数目与射线穿过气体所经过的路径长短（即射线行程）以及气体的压力有关。在一定分压力条件下，气体温度越高则单位容积中的分子数就越少。因此，气体的单色吸收率将是气体温度 T、气体分压力 p 和气体层厚度 s 的函数，即

$$A_\lambda = f(T, p, s) \tag{11-15}$$

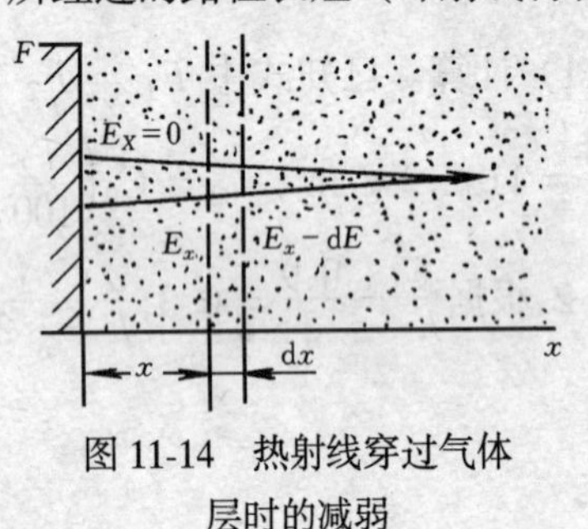

图 11-14　热射线穿过气体层时的减弱

二、气体吸收定律

当光带中的热射线穿过气体层时，射线能量沿途被气体不断吸收而不断减弱。如图 11-14，设 $x=0$ 处的射线辐射强度为 $E_{x=0}$，若在 x 距离处经过 $\mathrm{d}x$ 厚度气体层后，辐射力由 E_x 减弱到 $E_x-\mathrm{d}E$，即减弱了 $\mathrm{d}E$。根据实验表明，辐射力的相对减弱率 $\mathrm{d}E/Ex$与经过的距离 $\mathrm{d}x$ 成正比，即

$$-\frac{\mathrm{d}E}{E} = K\mathrm{d}x \tag{11-16}$$

式中　K——减弱系数，1/m。表示单位距离内辐射力的减弱率。它与气体的性质、压力、温度等有关。式中负号表明辐射力随气体层厚度 x 的增加而减弱。

对式（11-16）两边同时积分，得

$$\int_{E_{x=0}}^{E_x} -\frac{dE}{E} = \int_0^x K dx$$

$$-\ln\frac{E_x}{E_{x=0}} = K \cdot x$$

$$E_x = E_{x=0} \cdot e^{-Kx} \tag{11-17}$$

上式即为气体吸收定律的表达式，也称布格尔（Bouguer）定律。它表明辐射力在气体层中呈指数规律减弱，当 $x \to \infty$时，$E_x=0$，热射线将全部被吸收。

三、气体的吸收率和黑度

按照吸收率的定义，气体的吸收率 A 可表达为

$$A = \frac{\text{气体所吸收的辐射能量}}{\text{投射到气体的辐射能量}} = \frac{E_{x=0} - E_x}{E_{x=0}}$$

$$= 1 - e^{-K \cdot x} \tag{11-18}$$

由于气体的减弱系数与一定温度条件下的气体分压力有关，对于厚度为 s 的气体层来说，式（11-18）可改写为

$$A = 1 - e^{-k \cdot ps} \tag{11-19}$$

式中　p——吸收性气体的分压力，Pa；

k——0.1MPa 气压下的减弱系数，1/（m·Pa）。它与气体的性质和温度有关。

式（11-19）表明，当气体层无限厚时，$A=1$，光带内的辐射线可被气体全部吸收。根据克希荷夫定律，当气体的温度与壁温相同时，气体的黑度 ε 等于气体的吸收率 A。即

$$\varepsilon = A = 1 - e^{-k \cdot p \cdot s} \tag{11-20}$$

实际计算时，气体的黑度可由实验提供的线算图查得。图 11-15 是透明气体与二氧化碳组成的混合气体的黑度 ε'_{CO_2}，其总压力为 0.1MPa，而 CO_2 的分压力可以变化。当混合气体的总压力不是 0.1MPa 时，压力对 ε'_{CO_2} 的修正值 β_{CO_2} 可查图 11-16。即二氧化碳的黑度为：

$$\varepsilon_{CO_2} = \beta_{CO_2} \cdot \varepsilon'_{CO_2} \tag{11-21}$$

图 11-17 是 H_2O 气体的黑度 ε'_{H_2O}，其查得的值相当于总压力为 0.1MPa，H_2O 的分压力 p_{H_2O} 接近为零的理想条件。实际的总压力与分压力对 ε'_{H_2O} 的修正值 β_{H_2O} 可查图 11-18，即水蒸气的黑度 ε_{H_2O} 为：

$$\varepsilon_{H_2O} = \beta_{H_2O} \cdot \varepsilon'_{H_2O} \tag{11-22}$$

对于锅炉燃烧的烟气黑度，其主要吸收性气体是 CO_2 和 H_2O，其他吸收性气体因含量极少一般略去不计。故烟气的黑度 ε_y 为

$$\varepsilon_y = \varepsilon_{H_2O} + \varepsilon_{CO_2} - \Delta\varepsilon \tag{11-23}$$

式中 $\Delta\varepsilon$ 是对 H_2O 和 CO_2 的吸收光带有一部分是重叠而进行的修正。当这两种气体并存时，重叠光带中的辐射能将被 CO_2 和 H_2O 同时吸收，这使得烟气的总辐射能量比单种气体分别

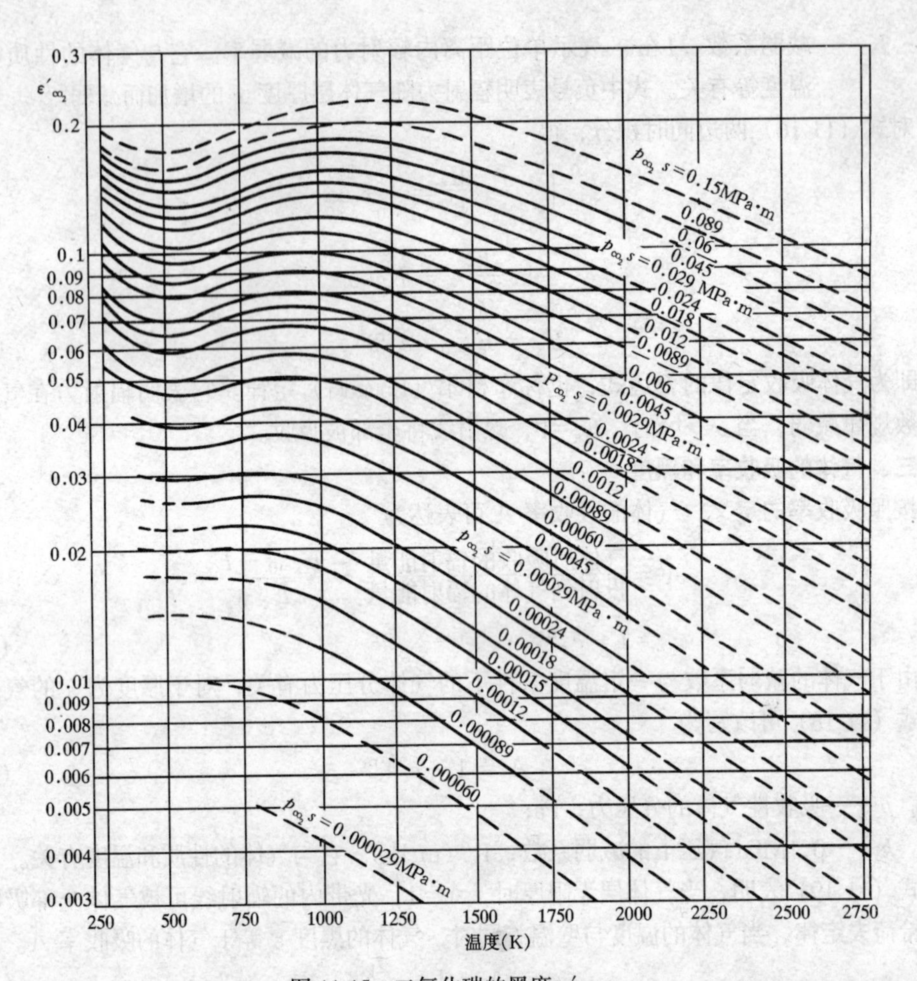

图 11-15　二氧化碳的黑度 ε'_{CO_2}

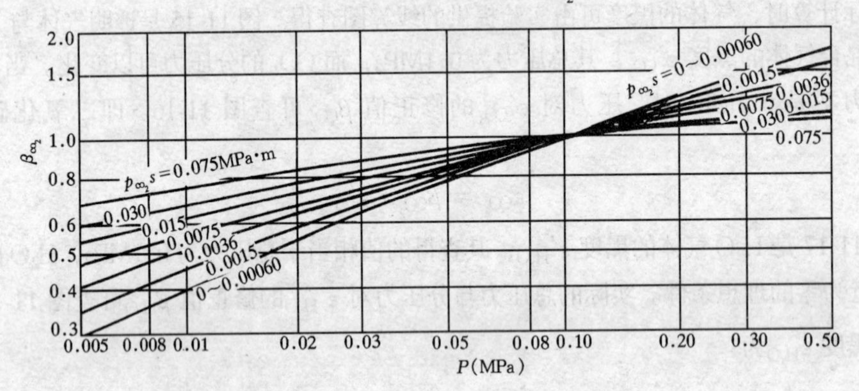

图 11-16　二氧化碳的修正值 β_{CO_2}

辐射时的能量总和要少些，因此上式中要减去 $\Delta\varepsilon$。$\Delta\varepsilon$ 值可由图 11-19 来查得。实际计算时，因 $\Delta\varepsilon$ 值较小常可忽略不计，这时

$$\varepsilon_y = \varepsilon_{H_2O} + \varepsilon_{CO_2} \tag{11-24}$$

在计算气体黑度时，牵涉到的参数 s 是指气体容积内平均射线的行程。表 11-2 列出了

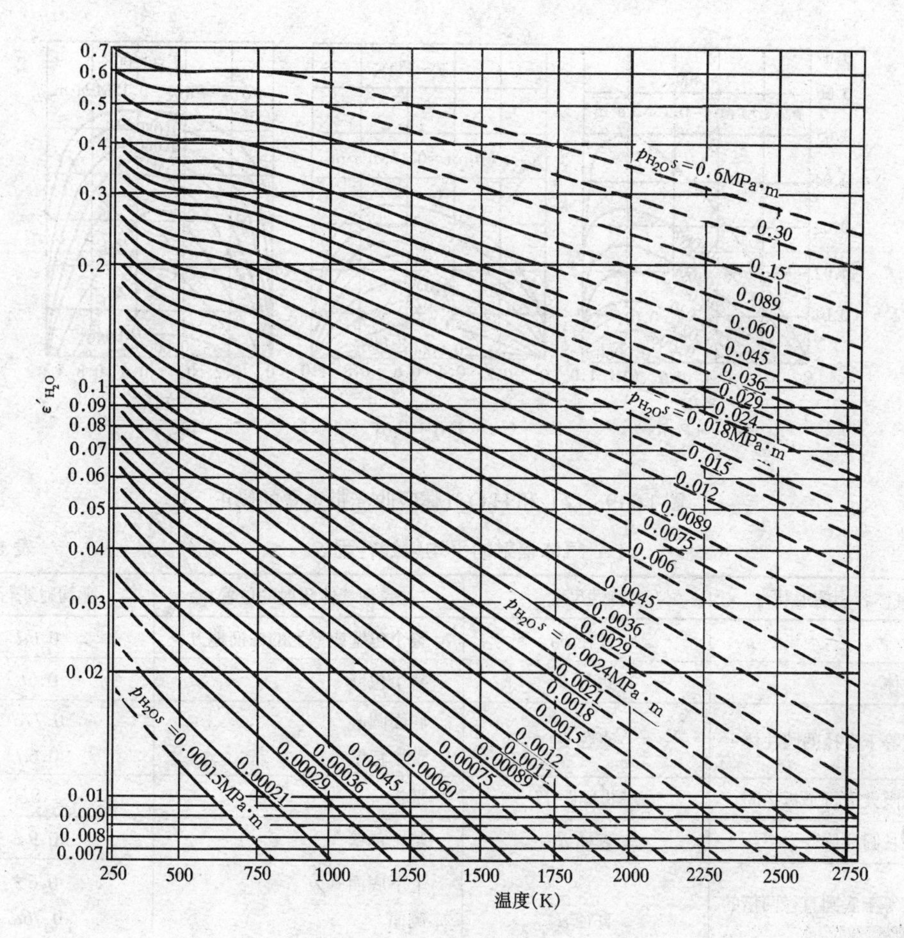

图 11-17　H_2O的黑度 ε'_{H_2O}

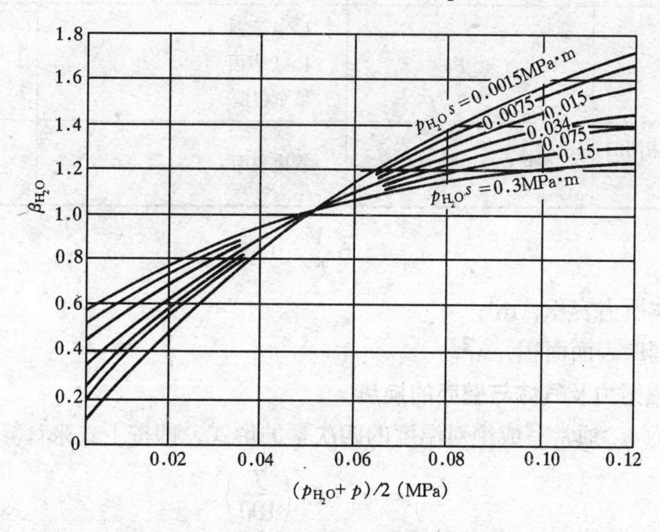

图 11-18　H_2O的压力修正

几种典型几何容积的气体对整个包壁或对某一指定地区的平均射线行程；对于其他几何形状气体对整个包壁的平均射线行程可按下式来近似计算：

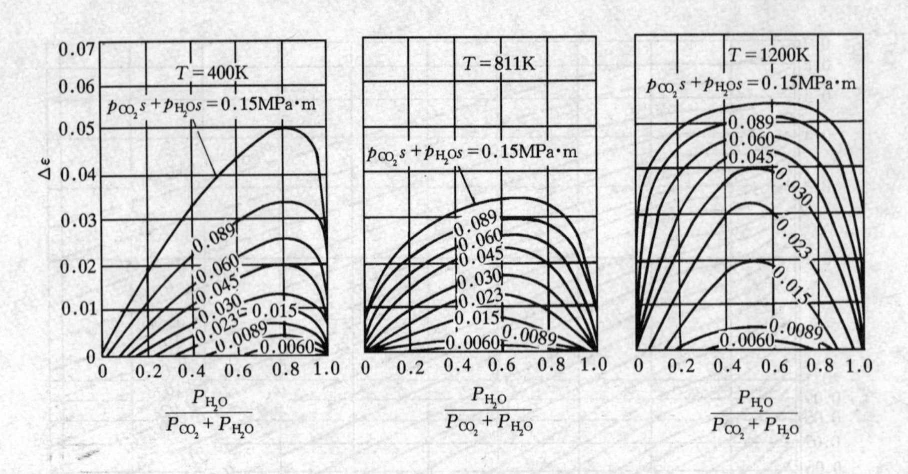

图 11-19　CO_2 和 H_2O 气体吸收光带重叠的修正

气体辐射的平均射线行程 *S*　　**表 11-2**

气体容积的形状	特性尺度	受到气体辐射的位置	平均射线行程
球	直径 d	整个包壁或壁上的任何地方	$0.6d$
立方体	边长 b	整个包壁	$0.6b$
高度等于直径的圆柱体	直径 d	底面圆心 整个包壁	$0.77d$ $0.6d$
两无限大平行平板之间	平板间距 H	平板	$1.8H$
无限长圆柱体	直径 d	整个包壁	$0.9d$
高度等于底圆直径两倍的圆柱体	直径 d	上下底面 侧面 整个包壁	$0.6d$ $0.76d$ $0.73d$
1×1×4 的立方体	短边 b	1×4 表面 1×1 表面 整个包壁	$0.82b$ $0.78b$ $0.81b$
位于叉排或顺排管束间的气体	节距 s_1、s_2 外直径 d	管束表面	$0.9d\left(\frac{4s_1s_2}{\pi d^2}-1\right)$

$$s = 3.6\frac{V}{F}\quad(\mathrm{m})\tag{11-25}$$

式中　V——气体所占容积，m^3；

F——周围壁表面面积，m^2。

四、气体的辐射力及气体与壁壳的换热

气体的辐射力 E_q 通常写成绝对温度的四次幂的形式，即按下式来计算：

$$E_q = \varepsilon_q \cdot C_0\left(\frac{T}{100}\right)^4\tag{11-26}$$

式中　ε_q——气体的黑度。

气体与壁壳之间的辐射换热可用下式计算：

$$q = \varepsilon'_b \cdot C_0\left[\varepsilon_q\left(\frac{T_q}{100}\right)^4 - A_q\left(\frac{T_b}{100}\right)^4\right]\quad(\mathrm{W/m^2})\tag{11-27}$$

式中　ε'_b——壁壳的有效黑度，$\varepsilon'_b=\frac{\varepsilon_b+1}{2}$，$\varepsilon_b$ 为壁壳的黑度；

ε_q——气体的黑度，按式（11-21）、或式（11-22）、或式（11-23）来计算；

A_q——气体的吸收率。

由于气体温度与壁面温度不相同，$A_q\neq\varepsilon_q$，它一般按下面公式近似计算：

对于二氧化碳　$$A_{CO_2}=\beta_{CO_2}\cdot\varepsilon'_{CO_2}\left(\frac{T_q}{T_b}\right)^{0.65}$$

对于水蒸气　$$A_{H_2O}=\beta_{H_2O}\cdot\varepsilon'_{H_2O}\left(\frac{T_q}{T_b}\right)^{0.45}$$

ε'_{CO_2}和 ε'_{H_2O}的数值，应按壁壳温度 T_b 作横坐标，$p_{CO_2}\cdot s\cdot\left(\frac{T_b}{T_q}\right)$、$p_{H_2O}\cdot s\cdot\left(\frac{T_b}{T_q}\right)$作新的参数分别查图 11-15 和图 11-17。

【例 11-3】　在直径为 1m 的圆形烟道中有平均温度为 927℃ 的烟气通过，若烟气总压力为 0.1MPa，二氧化碳的容积成分占 18%，水蒸气的容积成分为 8%，其余为不辐射气体，试求烟气的黑度。

【解】　由表 11-2 知射线平均行程为

$$s=0.9d=0.9\times1=0.9\text{m}$$

于是

$$p_{CO_2}\cdot s=p\times18\%\times s=0.1\times18\%\times0.9=0.0162\text{MPa}\cdot\text{m}$$

$$p_{H_2O}\cdot s=p\times8\%\times s=0.1\times8\%\times0.9=0.0072\text{MPa}\cdot\text{m}$$

根据烟气温度 $T=927+273=1200\text{K}$，及 $p_{CO_2}\cdot s$ 和 $p_{H_2O}\cdot s$ 值分别由图 11-15 和图 11-17 查得

$$\varepsilon'_{CO_2}=0.12;\quad\varepsilon'_{H_2O}=0.098$$

由参量 $p=0.1\text{MPa}$，$(p_{H_2O}+p)/2=(0.008+0.1)/2=0.054\text{MPa}$，$(p_{H_2O}+p_{CO_2})\cdot s=(0.008+0.018)\times0.9=0.0234\text{MPa}\cdot\text{m}$，$p_{H_2O}/(p_{CO_2}+p_{H_2O})=0.008/(0.018+0.008)=0.31$，分别从图 11-16、11-18 和 11-19 查得

$$\beta_{CO_2}=1;\ \beta_{H_2O}=1.05;\ \Delta\varepsilon=0.025$$

由式（11-23）知烟气的黑度为

$$\varepsilon_y=\beta_{H_2O}\cdot\varepsilon'_{H_2O}+\beta_{CO_2}\cdot\varepsilon'_{CO_2}-\Delta\varepsilon$$
$$=1.05\times0.098+1\times0.12-0.025=0.199$$

【例 11-4】　上例中，若烟道的平均壁温 $t_b=527℃$，黑度 $\varepsilon_b=0.9$，其他条件不变，试计算烟道与烟气的辐射换热流量 q。

【解】　由式（11-27）得烟道与烟气的辐射换热流量计算式为

$$q=\varepsilon'_bC_0\left[\varepsilon_y\left(\frac{T_y}{100}\right)^4-A_y\left(\frac{T_b}{100}\right)^4\right]$$

已知 $\varepsilon_y=0.199$，$T_y=1200\text{K}$，$T_b=527+273=800\text{K}$，壁面有效黑度 $\varepsilon'_b=\frac{\varepsilon_b+1}{2}=\frac{0.9+1}{2}=0.95$，需计算烟气的吸收率 A_y。

由参量 $T_b=800\text{K}$ 和参量：

$$p_{H_2O} \cdot s \frac{T_b}{T_y} = 0.0072 \times \frac{800}{1200} = 0.0048 \quad MPa \cdot m$$

$$p_{CO_2} \cdot s \frac{T_b}{T_y} = 0.0162 \times \frac{800}{1200} = 0.0108 \quad MPa \cdot m$$

从图 11-15 和图 11-17 分别查得

$$\varepsilon'_{CO_2} = 0.11; \quad \varepsilon'_{H_2O} = 0.10$$

再根据参量 $T_b = 800K$ 和参量 $p_{H_2O}/(p_{H_2O} + p_{CO_2}) = 0.31$、$(p_{H_2O} + p_{CO_2}) \cdot s = 0.0234MPa \cdot m$，从图 11-19 上查得 $\Delta\varepsilon = 0.01$。修正系数 $\beta_{H_2O} = 1.05$、$\beta_{CO_2} = 1$ 已在上例中确定，所以气体的吸收率为

$$A_y = \beta_{H_2O} \cdot \varepsilon'_{H_2O} + \beta_{CO_2} \cdot \varepsilon'_{CO_2} - \Delta\varepsilon$$

$$= 1.05 \times 0.1 + 1 \times 0.11 - 0.01 = 0.205$$

于是辐射换热流量 q 为

$$q = 0.95 \times 5.67 \left[0.199 \times \left(\frac{1200}{100} \right)^4 - 0.205 \times \left(\frac{800}{100} \right)^4 \right]$$

$$= 17704 W/m^2 \doteq 17.7 kW/m^2$$

小　结

本章讲述了热辐射的基本概念、基本定律和任意两物体间的辐射换热计算，并介绍了气体辐射和吸收的特点及计算。

一、热辐射的基本概念

热辐射是由于物体自身热运动而激发产生的电磁波传递能量的现象，它不需中间媒介物质，并伴随着能量形式的转化。

物体表面的热辐射性质主要有吸收率 A、反射率 R、透射率 D 和发射率 ε（也称黑度），它们之间具有

$$A + R + D = 1$$

和同温下

$$A = \varepsilon$$

的关系。黑体是 $A = 1$ 的理想吸收体，以其为标准来衡量实际物体的吸收率和发射率。

辐射力 E 是指物体在单位时间内，单位表面积上所辐射的辐射能总量，反映了物体表面在某温度下发射辐射能的能力。黑体的辐射力最大，而实际物体的辐射力 $E = \varepsilon \cdot E$。

二、热辐射的基本定律

1. 普朗克定律：揭示了黑体的单色辐射力与波长和温度的依变关系，即

$$E_{0\lambda} = \frac{C_1 \cdot \lambda^{-5}}{e^{C_2/(\lambda \cdot T)} - 1}$$

2. 维恩定律：反映对应于最大单色辐射力的波长 λ_{max} 与绝对温度 T 之间关系的定律，即

$$\lambda_{max} \cdot T = 2.9 \times 10^{-3} m \cdot K$$

3. 斯蒂芬—波尔茨曼定律：是揭示黑体的辐射力 E_0 大小的定律，即

$$E_0 = C_0 \cdot \left(\frac{T}{100}\right)^4$$

4. 克希荷夫定律：反映物体辐射力和吸收率之间关系的定律，即在同温度下

$$\frac{E}{A} = E_0 \text{ 或 } A = \frac{E}{E_0} = \varepsilon$$

三、两物体间的辐射换热

辐射换热是指物体之间相互辐射和吸收过程的总效果。两物体间的辐射换热存在辐射换热的空间热阻 $\frac{1}{\varphi_{1,2}F_1}$ 和表面热阻 $\frac{1-\varepsilon}{\varepsilon \cdot F}$，辐射换热的计算式为：

$$Q_{1,2} = \frac{E_{01} - E_{02}}{\frac{1-\varepsilon_1}{\varepsilon_1 F_1} + \frac{1}{\varphi_{1,2}F_1} + \frac{1-\varepsilon_2}{\varepsilon_2 F_2}}$$

★　四、气体辐射

1. 气体辐射和吸收一般只对多原子气体有意义，而对单原子和对称型双原子气体则作为透明体处理；

2. 气体辐射和吸收具有对波长的选择性，它们只辐射和吸收光带波长内的能量；

3. 气体辐射和吸收是在整个气体容积内进行的，并遵守气体的吸收定律：

$$E_x = E_{x=0} \cdot e^{-k \cdot x}$$

4. 当气体温度与外壳温度不同时，气体的发射率 ε 和吸收率 A 是不相同的。气体与壁壳之间的辐射换热计算式：

$$Q = \varepsilon'_b \cdot C_0 \left[\varepsilon_q \left(\frac{T_q}{100}\right)^4 - A_q \left(\frac{T_b}{100}\right)^4 \right] \cdot F$$

习　题　十　一

11-1　有一非透明体材料，能将辐射到其上太阳能的90%吸收转化为热能，则该材料的反射率 R 为多少?

11-2　试用普朗克定律计算温度 $t = 423℃$、波长 $\lambda = 0.4\mu m$ 时黑体的单色辐射率 $E_{0\lambda}$，并计算这一温度下黑体的最大单色辐射率 $E_{0\lambda max}$ 为多少?

11-3　上题中黑体的辐射力等于多少? 对于黑度 $\varepsilon = 0.82$ 的钢板在这一温度下的辐射力吸收率、反射率各为多少?

11-4　试利用附录 11-2 所给的热辐射角系数图计算图示表面 1 对表面 2 的角系数 $\varphi_{1,2}$ 及它们相互辐射时的空间热阻。

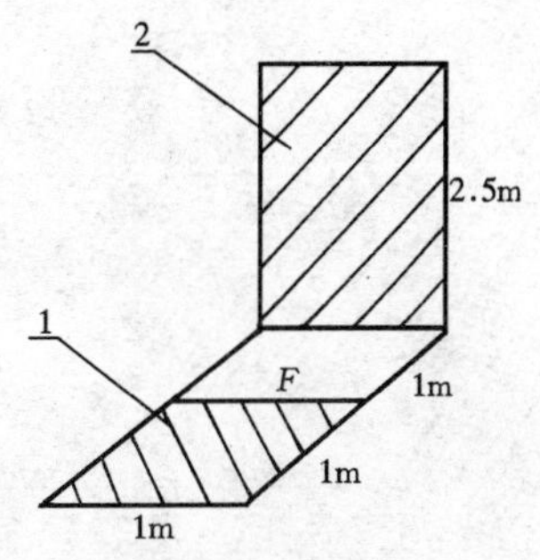

题 11-4 图　求解数 $\varphi_{1,2}$

11-5　某车间的辐射采暖板的尺寸为 $1.5 \times 1m^2$，黑度 $\varepsilon_1 = 0.94$，平均温度 $t_1 = 123℃$，车间周围壁温 $t_2 = 13℃$，若不考虑辐射板背面及侧面的热作用，且墙壁面积 $F_2 \gg$ 辐射采暖板面积，则辐射板面与四周壁面的辐射换热量为多少?

11-6　试求直径 $d = 70mm$、长 $l = 3m$ 的钢管在截面为 $0.3m \times 0.3m$ 砖槽内的辐射散热量。已知汽管表面温度为 423℃，黑度为 0.8；砖槽表面温度为 27℃，黑度为 0.9。

11-7　若上题中的汽管裸放在壁温为 27℃ 的很大砖屋内，则汽管

的辐射散热量又等于多少?

11-8　锅炉炉膛长4m、宽2.5m、高3m，内壁温度 $t_1=1027℃$，黑度 $\varepsilon_1=0.8$，如果将炉门打开5min，其辐射热损失为多少?

11-9　水平悬吊在屋架下的采暖辐射板的尺寸为 $2\times1.2m^2$，表面温度 $t_1=127℃$，黑度 $\varepsilon_1=0.95$。现有一尺寸与辐射板相同的工作台，距离辐射板3m，平行地置于下方，温度为 $t_2=17℃$，黑度 $\varepsilon_2=0.9$，试求工作台上所能得到的辐射热。

★11-10　锅炉烟管直径 $d=50mm$，通过其中的烟气容积成分为 $CO_2=15\%$，$H_2O=10\%$，温度 $t_1=827℃$，管壁温度 $t_2=227℃$，黑度 $\varepsilon_2=0.9$，试求每平方米管壁表面上气体辐射的热量。

★11-11　容积成分为 $H_2O=10\%$、$CO_2=8\%$ 的烟气，流过直径为0.6m的圆管。进口烟气温度为1000℃，出口烟气温度为780℃。圆管表面温度在进口处为575℃，在出口处温度为625℃，表面黑度 $\varepsilon=0.8$。试求每平方米圆管表面积的平均辐射换热量。

第十二章 稳 定 传 热

第一节 复 合 换 热

一、复合换热的概念

前面几章把热量传递过程划分成导热、对流、辐射三种基本方式来分别分析讨论，仅仅是为了研究上的方便。在实际工程中遇到的许多传热过程，以上几种传热方式可能是同时发生的，彼此之间还要相互影响，即整个传热过程往往是两种或三种传热方式综合作用的结果。例如，冬天室内热量通过建筑物外墙向外散热的过程，锅炉中高温烟气与管束内冷流体水的热量传递及采暖散热器中热流体蒸汽或热水与室内空气的热传递等都同时存在三种基本热交换的方式。

我们一般把在同一位置上同时存在的导热、对流和辐射换热组合叫做复合换热，而把在同一传热过程中不同位置同时存在的导热、对流和辐射传热叫做复合传热。例如，锅炉内高温烟气同炉内管束外表面同时存在的对流与辐射两种形式的换热就是复合换热，而高温烟气同管束内冷流体水的热传递中，同时存在管内、外侧的对流换热，还有外侧的辐射换热，管壁之间的导热则是复合传热。

二、复合换热和复合传热计算的处理方式

对于复合换热，可认为其换热的效果是几种基本换热方式（对流、辐射和导热）并联单独换热作用的叠加，但介于实际计算较难区分开对流、辐射和导热各自的换热量，为方便计算，往往把几种换热方式共同作用的结果看做是由其中某一种主要换热方式的换热所造成，而把其他换热方式的换热都折算包含在主要换热方式的换热之中。例如，建筑物外墙与空气之间的换热问题，由于墙壁与空气温度都较低，可以把对流看作为主要换热方式，而把墙壁与空气辐射作用的换热量折算包含在对流换热中。即计算对流换热为主要换热方式的复合换热，计算公式有如下形式：

$$q = (\alpha_f + \alpha_j)(t_l - t_b) \tag{12-1}$$

式中 α_j——用来考虑对流和导热作用的接触放热系数；

α_f——用来考虑辐射作用的辐射放热系数，它的

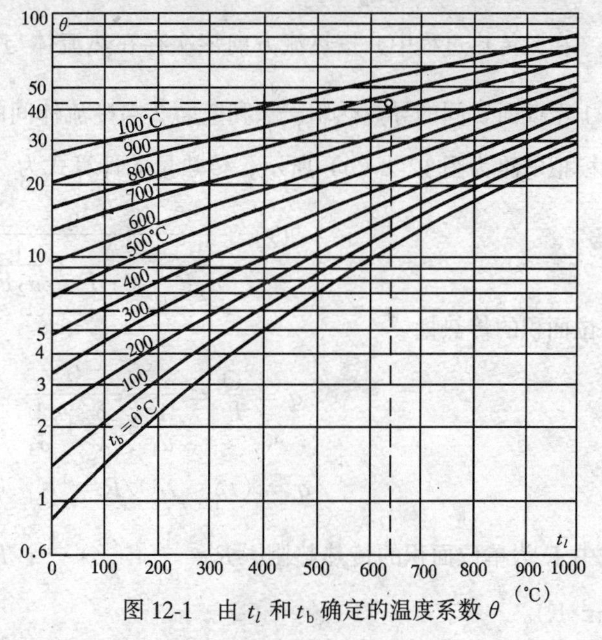

图 12-1 由 t_l 和 t_b 确定的温度系数 θ

数值由下式来换算：

$$\alpha_{\mathrm{f}} = \varepsilon \cdot C_0 \cdot \theta \tag{12-2}$$

式中 ε——墙壁的黑度值；

θ——温度系数，它是流体温度 t_l 和壁面温度 t_{b} 的函数。其值可由图 12-1 查得。

又例如，锅炉腔内高温烟气与壁面之间的换热问题，由于烟气温度较高，则把辐射作为主要换热方式来讨论，而把烟气与壁面的对流、导热作用的换热量折算包含在辐射换热中。即计算辐射换热为主要换热方式的复合换热计算式有如下形式：

$$q = (\varepsilon_j + \varepsilon)C_0\left[\left(\frac{\pi}{100}\right)^4 - \left(\frac{T_{\mathrm{b}}}{100}\right)^4\right] \quad (\mathrm{W/m^2}) \tag{12-3}$$

式中 ε_j 是考虑对流、导热换热作用的当量黑度，它的数值可由下式来换算：

$$\varepsilon_j = \frac{\alpha_j}{C_0 \cdot \theta} \tag{12-4}$$

对于复合传热，其传热的效果就是几种基本换热方式传热的串联。因此，复合传热可以用热阻串联的模拟传热电路来进行分析计算。下面几节具体研究了冷、热流体通过固体壁面进行的复合传热问题。

第二节 通过平壁、圆筒壁、肋壁的传热计算

热流体通过固体壁将热量传给冷流体的过程是一种复合传热过程，简称它为传热。根据固体壁面的形状，这种传热可分为通过平壁、通过圆筒壁和通过肋壁等的传热。

一、通过平壁的传热

(一) 通过单层平壁的传热

设有一单层平壁，面积为 F，厚度为 δ，导热系数为 λ，平壁两侧的流体温度为 t_{l_1}、t_{l_2}，放热系数为 α_1 和 α_2，平壁两侧的表面温度用 t_{b_1} 和 t_{b_2} 表示，见图 12-2 (*a*)。

在此传热过程中，按热流方向依次存在热流体与壁面 1 间的对流换热热阻 $\frac{1}{\alpha_1 \cdot F}$，壁面 1 至壁面 2 间的导热热阻 $\frac{\delta}{\lambda \cdot F}$ 和壁面 2 与冷流体间的对流换热热阻 $\frac{1}{\alpha_2 F}$。因此，其传热的模拟电路为图 12-2 (*b*) 所示，传热量的计算式为

$$Q = \frac{t_{l_1} - t_{l_2}}{\frac{1}{\alpha_1 F} + \frac{\delta}{\lambda \cdot F} + \frac{1}{\alpha_2 F}} \quad (\mathrm{W}) \tag{12-5}$$

单位面积的传热量

$$q = \frac{Q}{F} = \frac{t_{l_1} - t_{l_2}}{\frac{1}{\alpha_1} + \frac{\delta}{\lambda} + \frac{1}{\alpha_1}} \quad (\mathrm{W/m^2})$$

或

$$q = (t_{l_1} - t_{l_2})/R = K \cdot (t_{l_1} - t_{l_2}) \tag{12-6}$$

式中 R 为单位面积的传热热阻，$R = \frac{1}{\alpha_1} + \frac{\delta}{\lambda} + \frac{1}{\alpha_2}$；$K = \frac{1}{R}$，称为传热系数，单位为 $\mathrm{W/(m^2 \cdot K)}$。

平壁两侧的表面温度为

$$
\left.\begin{aligned}
t_{b_1} &= t_{l_1} - \frac{Q}{\alpha_1 \cdot F} = t_{l_1} - \frac{q}{\alpha_1} \quad (℃) \\
t_{b_2} &= t_{l_2} + \frac{Q}{\alpha_2 \cdot F} = t_{l_2} + \frac{q}{\alpha_2} \quad (℃)
\end{aligned}\right\} \tag{12-7}
$$

（二）通过多层平壁的传热

多层平壁的传热，其传热的总热阻仍等于各部分热阻之和。如图 12-3 三层平壁的传热热阻为

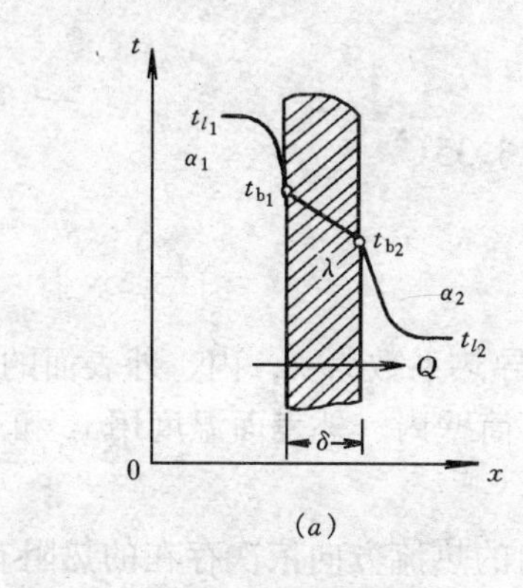

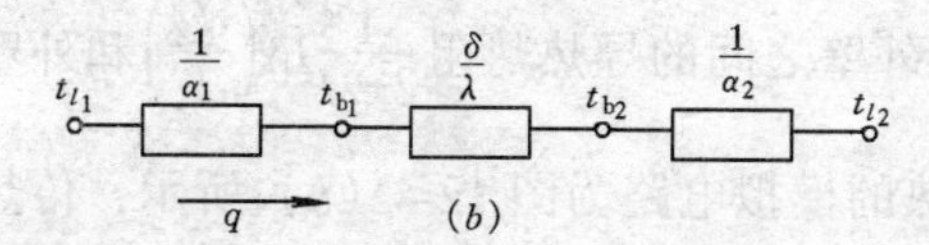

图 12-2　通过单层平壁的传热

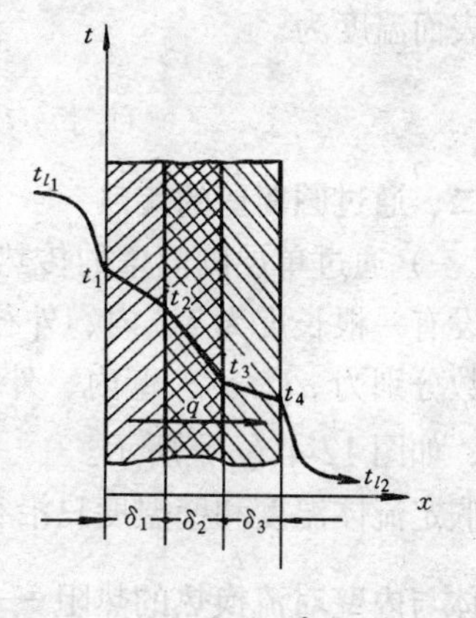

图 12-3　通过多层平壁的传热

$$
R = \frac{1}{\alpha_1} + \frac{\delta_1}{\lambda_1} + \frac{\delta_2}{\lambda_2} + \frac{\delta_3}{\lambda_3} + \frac{1}{\alpha_2} \quad (m^2 \cdot ℃/W)
$$

当平壁为 n 层时，热阻为

$$
R = \frac{1}{\alpha_1} + \sum_{i=1}^{n} \frac{\delta_i}{\lambda_i} + \frac{1}{\alpha_2} \quad (m^2 \cdot ℃/W) \tag{12-8}
$$

热流量 q 为

$$
q = \frac{t_{l_1} - t_{l_2}}{R} = \frac{t_{l_1} - t_{l_2}}{\frac{1}{\alpha_1} + \sum_{i=1}^{n} \frac{\delta_i}{\lambda_i} + \frac{1}{\alpha_2}} \quad (W/m^2) \tag{12-9}
$$

根据图中的模拟电路不难写出壁表面温度和中间夹层处的温度计算式来。

【例 12-1】　某教室有一厚 380mm，导热系数 $\lambda_2 = 0.7$W/（m·℃）的砖砌外墙，两边各有 15mm 厚的粉刷层，内、外粉刷层的导热系数分别为 $\lambda_1 = 0.6$ W/（m·℃）和 $\lambda_3 = 0.75$W/（m·℃），墙壁内、外侧的放热系数为 $\alpha_1 = 8$W/（m²·℃）和 $\alpha_2 = 23$W/(m²·℃)，内、外空气温度分别为 $t_{l_1} = 18$℃，$t_{l_2} = -10$℃。试求通过单位面积墙壁上的传热量和内墙壁面的温度。

【解】　总传热热阻 R 为

$$R = \frac{1}{\alpha_1} + \sum_{i=1}^{n} \frac{\delta_i}{\lambda_i} + \frac{1}{\alpha_2}$$

$$= \frac{1}{8} + \frac{0.015}{0.6} + \frac{0.38}{0.7} + \frac{0.015}{0.75} + \frac{1}{23}$$

$$= 0.753 \text{m}^2 \cdot ℃/\text{W}$$

根据式（12-9）可知通过墙壁的热流量 q 为

$$q = \frac{1}{R}(t_{l_1} - t_{l_2}) = \frac{1}{0.753}[18 - (-10)]$$

$$= 37.18 \quad \text{W/m}^2$$

内壁表面温度为

$$t_{b_1} = t_{l_1} - \frac{q}{\alpha_1} = 18 - \frac{37.18}{8} = 13.35℃$$

二、通过圆筒壁的传热

（一）通过单层圆筒壁的传热

设有一根长度为 l，内、外径为 d_1、d_2 的圆筒管，导热系数为 λ，内、外表面的放热系数分别为 α_1、α_2；壁内、外的流体温度为 t_{l_1} 和 t_{l_2}，筒壁内、外表面温度用 t_{b_1} 和 t_{b_2} 表示，如图 12-4（a）所示。

假定流体温度和壁温度只沿径向发生变化，则在径向的热流方向依次存在的热阻有：热流体与内壁对流换热的热阻 $\frac{1}{\alpha_1 \cdot \pi \cdot d_1 l}$，内壁至外壁之间的导热热阻 $\frac{1}{2\pi\lambda l}\ln\left(\frac{d_2}{d_1}\right)$ 和外壁与冷流体对流换热的热阻 $\frac{1}{\alpha_2 \cdot \pi d_2 l}$。因此，其传热的模拟电路为图 12-4（$b$）所示，传热量的计算式为：

$$Q = \frac{t_{l_1} - t_{l_2}}{\frac{1}{\alpha_1 \pi d_1 l} + \frac{1}{2\pi\lambda l}\ln\left(\frac{d_2}{d_1}\right) + \frac{1}{\alpha_2 \pi d_2 l}} \quad \text{(W)} \tag{12-10}$$

单位长度的传热量为

$$q_l = \frac{Q}{l}$$

$$= \frac{t_{l_1} - t_{l_2}}{\frac{1}{\alpha_1 \pi d_1} + \frac{1}{2\pi\lambda}\ln\left(\frac{d_2}{d_1}\right) + \frac{1}{\alpha_2 \pi d_2}}$$

$$= (t_{l_1} - t_{l_2})/R_l = K_1(t_{l_1} - t_{l_2}) \quad \text{(W/m)} \tag{12-11}$$

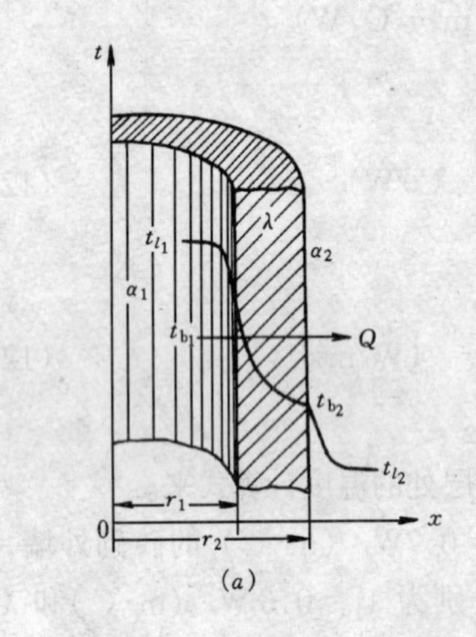

图 12-4 通过圆筒壁的传热

式中 $R_l = \frac{1}{\alpha_1 \pi d_1} + \frac{1}{2\pi\lambda}\ln\left(\frac{d_2}{d_1}\right) + \frac{1}{\alpha_2 \pi d_2}$ 称每米长圆筒壁传热的总热阻，m·℃/W；$K_l = 1/R_l$，称为每米长圆筒壁的传热系数。由传热的模拟电路图不难得到筒壁内、外侧表面的温度为

$$\left.\begin{aligned} t_{b_1} &= t_{l_1} - \frac{q_1}{\alpha_1 \pi d_1} \\ t_{b_2} &= t_{l_2} + \frac{q_1}{\alpha_2 \pi d_2} \end{aligned}\right\} \tag{12-12}$$

当圆筒壁不太厚，即$\frac{d_2}{d_1}<2$，计算精度要求不高时，可将圆筒壁作为平壁来近似计算。通过每米长单层圆筒壁的传热量为：

$$q_l = \frac{t_{l_1} - t_{l_2}}{\frac{1}{\alpha_1 \pi d_1} + \frac{\delta}{\lambda \cdot \pi d_m} + \frac{1}{\alpha_2 \pi d_2}} \quad (W/m) \tag{12-13}$$

式中　δ——管壁的厚度，$\delta=\frac{1}{2}(d_2-d_1)$；

d_m——圆筒壁的平均直径，$d_m=\frac{1}{2}(d_2+d_1)$。

在计算时，若圆筒壁导热热阻较小（相对两侧对流换热热阻而言，如较薄的金属圆筒壁），则可略去导热热阻，使计算更加简化。

（二）通过多层圆筒壁的传热

对于 n 层多层圆筒壁，由于其总热阻等于各层热阻之和，用传热模拟电路的概念，不难写出每米长圆筒壁的总传热热阻为

$$R_l = \frac{1}{\alpha_1 \pi d_1} + \sum_{i=1}^{n} \frac{1}{2\pi\lambda_i} \ln\left(\frac{d_{i+1}}{d_i}\right) + \frac{1}{\alpha_2 \pi d_{n+1}} \tag{12-14}$$

每米长多层圆筒壁的传热量为

$$q_l = \frac{t_{l_1} - t_{l_2}}{R_l} \quad (W/m) \tag{12-15}$$

同样，不难写出多层圆筒壁的内、外侧筒壁表面的温度和中间夹层处的温度计算式来。

当多层圆筒壁各层的厚度较小，即$\frac{d_{i+1}}{d_i}<2$，计算精度要求不高时，也可用如下简化近似公式计算

$$q_l = (t_{l_1} - t_{l_2}) \Big/ \left(\frac{1}{\alpha_1 \pi d_1} + \sum_{i=1}^{n} \frac{\delta_i}{\lambda_i \pi d_{mi}} + \frac{1}{\alpha_2 \pi d_{n+1}}\right) \quad (W/m) \tag{12-16}$$

式中　δ_i——圆筒的各层厚度，$\delta_i=\frac{1}{2}(d_{i+1}-d_i)$；

d_{mi}——圆筒的各层平均直径，$d_{mi}=\frac{d_{i+1}+d_i}{2}$。

在计算时，还可根据具体情况，将比较小的热阻略去不计，使计算更加简化。

【例 12-2】　直径为 200/216mm 的蒸汽管道，外包有厚度为 60mm 的岩棉保温层，已知管材的导热系数 $\lambda_1=45W/(m \cdot ℃)$，保温岩棉层的导热系数 $\lambda_2=0.04W/(m \cdot ℃)$；管内蒸汽温度 $t_{l_1}=220℃$，与管壁面之间的对流换热系数 $\alpha_1=1000W/(m^2 \cdot ℃)$；管外空气温度 $t_{l_2}=20℃$，与保温层外表面的对流换热系数 $\alpha_2=10W/(m \cdot ℃)$。试求单位管长的热损失及保温层外表面的温度。

【解】　根据题意，管内径 $d_1=0.2m$，外径 $d_2=0.216m$，保温层外径 $d_3=0.216+2$

$\times 0.06 = 0.336\text{m}$，由公式（12-14）知每米长保温管道的传热热阻为

$$R_l = \frac{1}{\alpha_1 \pi d_1} + \sum_{i=1}^{2} \frac{1}{2\pi\lambda_i}\ln\left(\frac{d_i+1}{d_i}\right) + \frac{1}{\alpha_2 \pi d_3}$$

$$= \frac{1}{1000\pi \times 0.2} + \frac{1}{2\pi \times 45}\ln\left(\frac{0.216}{0.2}\right) + \frac{1}{2\pi \times 0.04}\ln\left(\frac{0.336}{0.216}\right) + \frac{1}{10\pi \times 0.336}$$

$$= 1.855\text{m℃/W}$$

单位管长的热损失为

$$q_l = \frac{t_{l_1} - t_{l_2}}{R_l} = \frac{220-20}{1.855} = 107.8 \quad \text{W/m}$$

保温层外表面的温度为

$$t_{b_2} = t_{l_2} + \frac{q}{\alpha_i \cdot \pi d_3} = 20 + \frac{107.8}{10\pi \times 0.336}$$

$$= 30.21℃$$

【例 12-3】 试用简化法计算例 12-2 的热损失。

【解】由于$\frac{d_2}{d_1} = \frac{0.216}{0.2} < 2$，$\frac{d_3}{d_2} = \frac{0.336}{0.216} < 2$，故可用简化法来计算。由公式（12-16），得热损失为

$$q_l = \frac{t_{l_1} - t_{l_2}}{\frac{1}{\alpha_1 \pi d_1} + \frac{\delta_1}{\lambda_1 \pi d_{m_1}} + \frac{\delta_2}{\lambda_2 \pi d_{m_2}} + \frac{1}{\alpha_2 \pi d_3}}$$

$$= \frac{220-20}{\frac{1}{1000\pi \times 0.2} + \frac{0.008}{45\pi \times 0.208} + \frac{1}{0.04\pi \times 0.276} + \frac{1}{10\pi \times 0.336}}$$

$$= 109.5\text{W/m}$$

相对误差为

$$\frac{109.5 - 107.8}{107.8} \times 100\% = 1.577\%$$

三、通过肋壁的传热

工程上常采用在壁面上添加肋片的方式，即采用肋壁来增加冷、热流体通过固体壁面的传热效果。那么什么情况下才需要用肋壁来传热呢？肋壁是做一侧还是两侧都做？做一侧又应做在冷、热流体的哪一侧？肋片面积取多大？等都是肋壁传热中常碰到的问题。下面我们通过如图 12-5 所示的肋壁传热分析来解决这些问题。

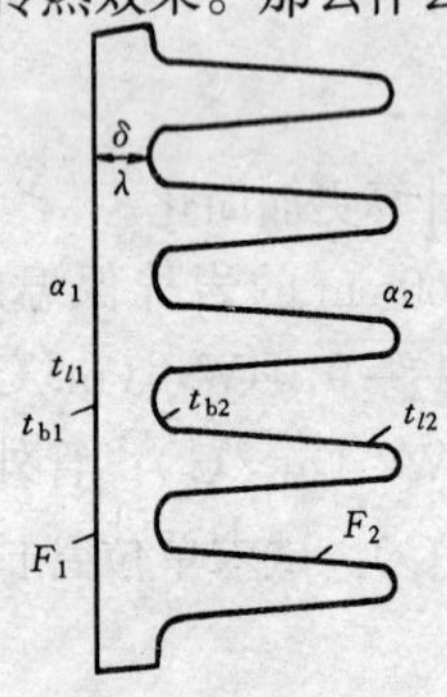

图 12-5　通过肋壁的传热

当以平壁传热时，其单位面积的传热系数 K 为

$$K = \frac{1}{R} = \frac{1}{\frac{1}{\alpha_1} + \frac{\delta}{\lambda} + \frac{1}{\alpha_2}} \quad \text{W/(m}^2 \cdot ℃)$$

在换热设备中，换热面一般由金属制成，导热系数 λ 较大，而壁厚 δ 较小，一般可忽略金属热阻 δ/λ 一项，传热系数近似等于

$$K = \frac{1}{\frac{1}{\alpha_1} + \frac{1}{\alpha_2}} = \frac{\alpha_i \alpha_2}{\alpha_1 + \alpha_2} \tag{12-17}$$

由此式可以看出：传热系数 K 永远小于放热系数 α_1 和 α_2 中最小的一个，所以要想最有效地增大 K 值必须把放热系数中最小的一项增大；当取两侧换热系数代数和 $\alpha_1 + \alpha_2$ 不变时，以取两侧换热系数相等时传热系数为最大。例如，蒸汽散热器蒸汽侧的换热系数若 $\alpha_1 = 1000\text{W/(m}^2\cdot℃)$，空气侧的换热系数 $\alpha_2 = 10\text{W/(m}^2\cdot℃)$，则由式（12-17）得传热系数为

$$K = \frac{1000 \times 10}{1000 + 10} = 9.90 \quad \text{W/(m}^2 \cdot ℃)$$

令蒸汽侧的 α_1 增大到 $2000\text{W/(m}^2\cdot℃)$，则

$$K' = \frac{2000 \times 10}{2000 + 10} = 9.95 \quad \text{W/(m}^2 \cdot ℃)$$

这时 $K'/K = 1.005$。若令空气侧的 α_2 增大到 $20\text{W/(m}^2\cdot℃)$，则

$$K'' = \frac{1000 \times 20}{1000 + 20} = 19.6 \quad (\text{W/(m}^2 \cdot ℃))$$

这时 $K''/K = 1.98 > K'/K$，几乎增加了 K 值的一倍。由此可见，只有增大换热系数最小的一个，即降低传热中热阻值最大一项的数值，才能最有效地增加传热。

此例中，若取代数和 $\alpha_1 + \alpha_2$ 数值不变，令 $\alpha_1 = \alpha_2 = 505\text{W/(m}^2\cdot℃)$，这时，可证明传热系数最大，为

$$K''' = \frac{\alpha_1 \cdot \alpha_2}{\alpha_1 + \alpha_2} = \frac{\alpha_1}{2} = \frac{505}{2} = 252.5(\text{W/(m}^2 \cdot ℃))$$

由此表明，降低换热系数 α 较小一侧的热阻，最理想的热阻匹配应是 α_1 和 α_2 两侧的热阻相等。

为了增大较小一侧的换热系数 α_2（这里假设 $\alpha_2 < \alpha_1$），可以增大此侧流体的流速或流量，但它会引起流动阻力及能耗的增大，技术经济上不合理。通过在 α_2 侧加肋壁来传热，可减小这一侧的热阻，某种意义上讲就是增大了换热系数 α_2。

当以肋壁传热时，总传热系数为

$$K_{总} = \frac{1}{\frac{1}{\alpha_1 F_1} + \frac{\delta}{\lambda F_1} + \frac{1}{\alpha_2 \cdot F_2}} \quad (\text{W/℃})$$

若以光面为计算的单位面积传热系数为：

$$K = \frac{K_{总}}{F_1} = \frac{1}{\frac{1}{\alpha_1} + \frac{\delta}{\lambda} + \frac{F_1}{F_2} \cdot \frac{1}{\alpha_2}} \quad (\text{W/(m}^2 \cdot ℃)) \tag{12-18}$$

令肋面面积 F_2 与光面面积 F_1 的比值 $F_2/F_1 = \beta$，叫肋化系数，并略去较小的金属导热热阻 δ/λ，则

$$K = \frac{1}{\frac{1}{\alpha_1} + \frac{1}{\beta \cdot \alpha_2}} \quad (\text{W/m}^2 \cdot ℃) \tag{12-19}$$

将式（12-19）与式（12-17）比较，由于 $\beta = \frac{F_2}{F_1} > 1$，所以 $\frac{1}{\beta \cdot \alpha_2} < \frac{1}{\alpha_2}$，使 α_2 一侧的热阻得

到了降低，也可说 α_2 得到了上升。

理论上，肋化系数 β 可取到等于 α_1/α_2，即可取很大的肋面面积，但受工艺和肋片间形成的小气候对换热影响等因素的限制，目前，常取 $F_2/F_1=10\sim20$。而当 α_1 和 α_2 无多大差别时，如锅炉空气预热器中烟气和空气两侧的放热系数，则不必加肋片或两侧同时加肋片。

综上分析可知：当两侧换热系数 α_1 和 α_2 相差较大时，在 α_1 和 α_2 小的一侧加肋片，可有效地增加传热，肋面面积 F_2 理论上可达 $F_1\times\dfrac{\alpha_1}{\alpha_2}$，实际 F_2 取（10～20）F_1。

【例 12-4】 有一厚度 $\delta=10\text{mm}$，导热系数 $\lambda=52\text{W/(m·℃)}$ 的壁面，其热流体侧的换热系数 $\alpha_1=240\text{W/(m}^2\text{·℃)}$，冷流体侧的换热系数 $\alpha_2=12\text{W/(m}^2\text{·℃)}$；冷热流体的温度分别为 $t_2=15°$、$t_1=75℃$。为了增加传热效果，试在冷流体侧加肋片，肋化系数 $\beta=\dfrac{F_2}{F_1}=13$，试分别求出通过光面和加肋片每平方米的传热量（假设加肋片后的换热系数 α_2 不变）。

【解】 光面时，单位面积的传热系数为

$$K=\frac{1}{\dfrac{1}{\alpha_1}+\dfrac{\delta}{\lambda}+\dfrac{1}{\alpha_2}}=\frac{1}{\dfrac{1}{240}+\dfrac{0.01}{52}+\dfrac{1}{12}}$$

$$=11.40\text{W/(m}^2\cdot℃)$$

传热量 $q=K(t_{l_1}-t_{l_2})=(75-15)\times11.4$

$=684\text{W/m}^2$

加肋片后，单位面积的传热系数为

$$K'=\frac{1}{\dfrac{1}{\alpha_1}+\dfrac{\delta}{\lambda}+\dfrac{1}{\beta\alpha_2}}=\frac{1}{\dfrac{1}{240}+\dfrac{0.01}{52}+\dfrac{1}{13\times12}}$$

$$=96.31\text{W/(m}^2\cdot℃)$$

传热量 $q'=K'(t_{l_1}-t_{l_2})=96.31\times(75-15)$

$=5778.6\text{W/m}^2$

相比较，$\dfrac{q'}{q}=\dfrac{5778.6}{684}=8.45$，可见加肋片的传热是光面传热的 8.45 倍。

第三节 传热的增强和减弱

在工程中，经常遇到如何来增强热工设备的传热和如何减弱热力管道或其他用热设备的对外传热的问题。解决这些问题，对于提高换热设备的生产能力、减小热工设备的尺寸、和减少热量损失、节约能源等具有重要的意义。

一、传热的增强

（一）增强传热的基本途径

由传热的基本公式 $Q=KF\Delta t$ 可知，增加传热可以从提高传热系数 K，扩大传热面积 F 和增大传热温度差 Δt 三种基本途径来实现。

1. 增大传热温度差 Δt

增大传热温差的方法有下面两种方法：

一是提高热流体的温度 t_{l_1} 或是降低冷流体的温度 t_{l_2}。在采暖工程上，冷流体的温度通常是技术上要求达到的温度，不是随意变化的，增加传热可采用提高热媒流体的温度来增强采暖的效果。例如，提高热水采暖的热水温度和提高辐射采暖板管内的蒸汽压力等。在冷却工程上，热流体的温度一般是技术上要求的温度不随意改动，增加传热可采用降低冷流体的温度来提高冷却的效果。例如，夏天冷凝器中冷却水用温度较低的地下水来代替自来水，空气冷却器中降低冷冻水的温度，都能提高传热。

另一种方法是通过传热面的布置来提高传热温差。由后面第十四章第一节平均温度差的计算分析可知，当冷热流体的进口温度、流量一定的条件下，其传热的平均温差与流体的流动方式有关。当传热面的布置使冷、热流体同向流动，即顺流时，其平均温差最小；当布置成冷、热流体相互逆向流动，即逆流时，其平均温差最大。对于其他冷热流体的布置方式，平均温差则介于顺流与逆流之间。所以，为了增加换热器的换热效果应尽可能采用逆流的流动方式。

增加传热温差常受到生产、设备、环境及经济性等方面条件的限制。例如，提高辐射采暖板的蒸汽温度，不能超过辐射采暖允许的辐射强度，同时蒸汽的压力也受到锅炉条件的限制，并不是可以随意设定的；再如，采用逆流布置时，由于冷、热流体的最高温度在同一端，使得该处壁温特别高，对于高温换热器将受到材料高温强度的限制。因此，采用增大传热温差方案时，应全面分析，统筹兼顾。

2. 扩大传热面积 F

扩大传热面积是增加传热的一种有效途径。这里的面积扩大，不应理解为是通过增大设备的体积来扩大传热面积，而是应通过传热面结构的改进，如采用肋片管、波纹管、板翅式和小管径、密集布置的换热面等，来提高设备单位体积的换热面积，以达到换热设备高效紧凑的目的。

3. 提高传热系数 K

提高传热系数是增加传热量的重要途径。由于传热系数的大小是由传热过程中各项热阻所决定，因此，要增大传热系数必须分析传热过程中各项热阻对它的不同影响。通过上一节肋壁传热的分析可知，传热系数受到各项热阻值的影响，但其数值主要由最大一项热阻决定。所以，在由不同项热阻串联构成的传热过程中，虽然降低每一项热阻都能提高传热系数值，但最有效提高 K 值的方法应是减小最大一项热阻的热阻值。若在各项热阻中，有两项热阻差不多最大，则应同时减小这两项热阻值，才能较有效地提高 K 值。

当最大一项热阻是对流换热热阻时，则应通过增加这一侧的对流换热，如扰动流体，加大流体流动速度，加肋片等措施来提高传热系数；当导热热阻是最大一项热阻时，或是其上升到不可忽视的热阻项时，应通过减少壁厚，选用导热系数较大的材料，清扫垢层等措施来提高 K 值。

（二）增加传热的分类

上面通过传热基本公式引出的三种增加传热的基本途径，实际上就是一种分类方法。除此之外，还有以下两种常见分类方法：

1. 按被增加的传热类型分：可分为导热的增强，单相对流换热的增强，变相流对流换热的增强和辐射换热的增强。

导热增强可通过减少壁厚（在满足材料的强度、刚度条件下）和选用导热系数较大的材料来实现；单相流换热的增强，则可通过搅动流体，增加流速，清除垢层等实现；变相流换热的增强，可通过增加流速，改膜状凝结换热为珠状凝结换热，使沸腾换热为泡态换热等实现；辐射换热可以设法增加辐射面的黑度，提高表面温度等来实现。

2. 按措施是否消耗外界能量分：可分为被动式和主动式两类。被动式增加传热的措施，不需要直接消耗外界动力就能达到增加传热的目的。如通过表面处理（即表面涂层，增加表面粗糙度等），扩展表面（如加肋片、肋条等），加旋转流动装置（如旋涡流装置、螺旋管）和加添加剂等都是被动式增强传热的措施。主动式增加传热的措施，则需要在增加传热效果的同时消耗一定的外部能量。如采用机械表面振动，流体振动，流速增大，喷射冲击，电场和磁场等。

上述各种传热增强措施，可以单独使用，也可以综合使用，以得到更好的传热效果。

二、传热的减弱

传热的减弱措施可以从增强传热的相反措施中得到。如减小传热系数、传热面积和传热温差等匀可使传热减弱。正如增强传热分析的那样，减小传热系数应着重使各项热阻中最大一项的热阻值增大，才能最有效地减弱传热。其它通过降低流速，改变表面状况，使用导热系数小的材料，加遮热板等措施都可以在某种程度上收到隔热的效果。本处着重讨论热绝缘和圆管的临界热绝缘直径问题。

（一）热绝缘的目的和技术

热绝缘的目的主要有以下两个方面：一是以经济、节能为目的的热绝缘，它是从经济的角度来考虑选择热绝缘的材料和计算热绝缘的厚度；二是从改善劳动卫生条件，防止固体壁面结露或创造实现技术过程所需的环境的热绝缘，它则是着眼于卫生和技术的要求来选择和计算保温层的。

在工程上，一般采用的热绝缘技术是在传热的表面上包裹热绝缘材料，如石棉、泡沫塑料、微孔硅酸钙等。随着科学技术的不断发展，已出现了如下一些新型热绝缘技术：

1. 真空热绝缘。它是将换热设备的外壳做成夹层，除把夹层抽成真空（$<10^{-4}$Pa）外，并在夹层内壁涂以反射率较高的涂层。由于夹层中仅存在稀薄气体的传热和微弱的辐射，故热绝缘效果极好。如所用的双层玻璃保温瓶、双层金属的电热热水器保温外壳和电饭煲外壳等都是这一技术的具体应用。

2. 泡沫热绝缘。它是利用发泡技术，使泡沫热绝缘层具有蜂窝状的结构，并在里面形成多孔封闭气包，使其具有良好的热绝缘作用。这种热绝缘技术已在热力管道工程中有较广泛的应用。在使用这种方法热绝缘时，应注意材料的最佳容重，并要注意保温层的受潮、龟裂，以防丧失良好的热绝缘性能。

3. 多层热绝缘。它是把若干片表面反射率高的材料（如铝箔）和导热系数低的材料（如玻璃纤维板）交替排列，并将其抽成真空而形成一个多层真空热绝缘体。由于辐射换热与遮热板数量成反比，与发射率成正比，故这种多层热绝缘体可把辐射换热减至最小，并由于稀薄气体使自由分子的导热作用也减至最小，多层热绝缘具有很高的绝热性能。现在它多用于深度低温装置中。

（二）热绝缘的经济厚度

对于以经济节能为目的的热绝缘，主要是确定最经济的绝缘层厚度。它不仅要考虑不同热绝缘厚度时的热损失减少带来的年度经济利益（见图12-6曲线 1），而且还应考虑对应于这种不同热绝缘层厚度的投资、维护管理带来的年度经济损失（费用增大，见图 12-6 曲线 2），才能从图 12-6 所示的不同绝缘层厚度时两种费用的总和曲线 1+2 中，得到最低费用的热绝缘层厚度 δ_j 来。δ_j 就叫做热绝缘的经济厚度。

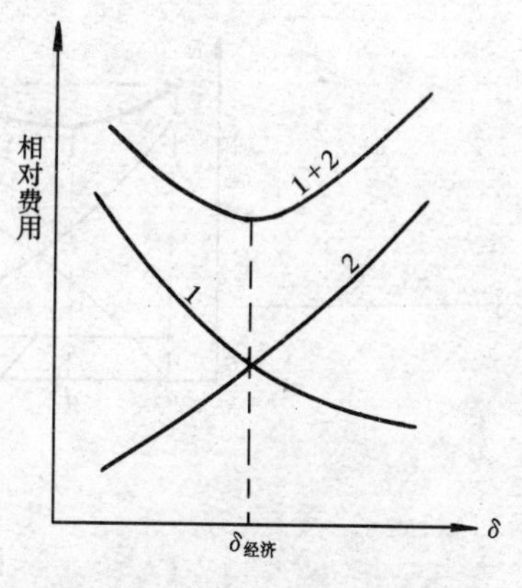

图 12-6　确定最经济绝热层厚度的图解法

要注意得是，上面所得的热绝缘经济厚度是在热阻随热绝缘厚度增加而增大的条件下得出的，这对平壁来说无凝是正确的。但在圆管上覆盖保温材料是否是这样呢？从下面所述的圆管保温临界热绝缘直径的概念来回答，是不一定的。

（三）临界热绝缘直径

如图 12-7 所示的圆管外包有一层热绝缘材料，根据公式（12-4）可知这一保温管子单位长度的总传热热阻为

$$R_1 = \frac{1}{\alpha_1 \pi d_1} + \frac{1}{2\pi\lambda_1}\ln\left(\frac{d_2}{d_1}\right) + \frac{1}{2\pi\lambda_2}\ln\left(\frac{d_x}{d_2}\right) + \frac{1}{\alpha_2 \pi d_x} \tag{12-20}$$

当针对某一管道分析时，式中管道的内、外径 d_1、d_2 是给定的。α_1 和 α_2 分别是热流体和冷流体与壁面之间的对流换热系数，保温层厚度的变化对其影响可以不考虑，故可看作是常数。所以，R_l 表达式（12-20）中的前两项热阻数值一定。当保温材料选定后，R_l 只与表达式后两项热阻中的绝缘层外径 d_x 有关。当热绝缘层变厚时，d_x 增大，热绝缘层热阻$\frac{1}{2\pi\lambda_2}\ln\left(\frac{d_x}{d_2}\right)$随之增大，而绝缘层外侧的对流换热热阻$\frac{1}{\alpha_2 \pi d_x}$却随之减小。图 12-8 示出了总热阻 R_l 及构成R_l 各项热阻随绝缘层外径 d_x 变化的情况，从中不难看出，总热阻 R_l 是先随 d_x 的增大而逐渐减小，当过了 C 点后，才随 d_x 的增大而逐渐增大。图中 C 点是总热阻的最小值点，对应于此点的热绝缘层外径称为临界热绝缘直径 d_c，它可通过式（12-20）中 R_l 对 d_x 的求导，并令其为零来求得。即

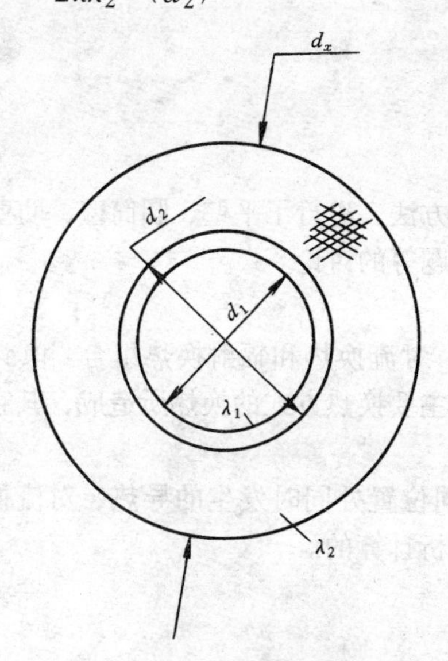

图 12-7　管子外包热绝缘层时临界绝缘直径的推演图

$$\frac{dR_l}{dd_x} = \frac{1}{\pi d_x}\left(\frac{1}{2\lambda_2} - \frac{1}{\alpha_2 d_x}\right) = 0$$

$$d_c = 2\lambda_2/\alpha_2 \tag{12-21}$$

因此，必须注意，当管道外径 $d_2 < d_c$ 时，保温材料在范围 d_2 至 d_3 内不仅没起到热绝缘的作用，使热阻增大，反而由于热阻的变小使热损失增大；只有当管子的外径 d_2 大于临界热绝缘直径 d_c 时，热绝缘热阻才随保温层厚度的增加而增大，全部起到热绝缘减少热损失的作用。

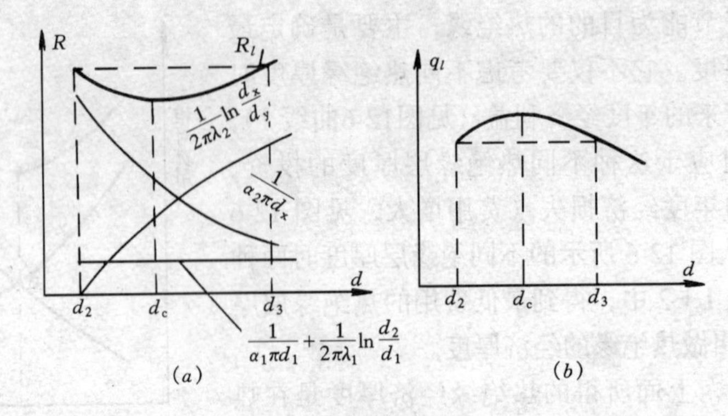

图 12-8　临界热绝缘直径 d_c

从式（12-21）可以看出，临界热绝缘直径 d_c 与热绝缘材料的导热系数 λ_2 和外层对流换热系数 α_2 有关。一般 α_2 由外界条件所定，所以可以选用不同的热绝缘层材料以改变 d_c 的数值。在供热通风工程中，通常所遇的管道外径都大于 d_c，只有当管子直径较小，且热绝缘材料性能较差时，才会出现管子的外径小于 d_c 的问题。

【例 12-5】　现用导热系数 $\lambda=0.17$W/（m·℃）的泡沫混凝土保温瓦作一外径为 15mm 管子的保温，是否适合？若不适用，应采取什么措施来解决？已知管外表面换热系数 $\alpha_2=14$W/（m^2·℃）。

【解】　由于用泡沫混凝土瓦时

$$d_c=\frac{2\lambda_2}{\alpha_2}=\frac{2\times0.17}{14}=0.0243>0.015\text{m}$$

故这种保温材料不适合用。解决方法有两种：一是采用导热系数 $\lambda<\frac{0.015\times14}{2}=0.105$ W/（m·℃）的材料作保温材料，如岩棉制品［$\lambda=0.038$W/（m·℃）］，或玻璃棉［$\lambda=0.058$W/（m·℃）］等；二是在条件允许的情况下，不改变保温材料，改用管外径 $d_2>d_c=0.0243$mm 的管子。

小　结

本章主要讲述了复合换热与传热的概念及计算处理方法，进行了平壁、圆筒壁、肋壁传热的分析计算和传热增加与削弱的基本途径，常见问题等的讨论。

一、复合换热

1. 复合换热通常是指同一位置上同时存在的导热、对流换热和辐射换热组合。其计算处理的方法是把换热的共同结果看做是由其中某一种主要换热方式的换热所造成，其它方式的换热则都折算包含在其中。

2. 复合传热是指在传热过程中同一时间内，在不同位置处同时发生的导热、对流换热和辐射换热组合。它是采用热阻串联的处理方法来分析计算的。

二、传热的计算

1. 通过平壁的传热计算式：

$$q=(t_{l_1}-t_{l_2})\Big/\left(\frac{1}{\alpha_1}+\sum_{i=1}^{n}\frac{\delta_i}{\lambda_i}+\frac{1}{\alpha_2}\right)$$

2. 通过圆筒壁的传热计算式：

$$q_l=(t_{l_1}-t_{l_2})/\left[\frac{1}{\alpha_1\pi d_1}+\sum_{i=1}^{n}\frac{1}{2\pi\lambda_i}\ln\left(\frac{d_{i+1}}{d_i}\right)+\frac{1}{\alpha_2\pi d_{n+1}}\right]$$

近似计算式：

$$q_l=(t_{l_1}-t_{l_2})/\left(\frac{1}{\alpha_1\pi d_1}+\sum_{i=1}^{n}\frac{\delta_i}{\lambda_i\pi d_{mi}}+\frac{1}{\alpha_2\pi d_{n+1}}\right)$$

3. 通过肋壁的传热计算式：

$$q=(t_{l_1}-t_{l_2})/\left(\frac{1}{\alpha_1}+\frac{\delta}{\lambda}+\frac{F_1}{F_2}\cdot\frac{1}{\alpha_2}\right)$$

肋化系数 $\beta=F_2/F_1$，当 α_1 和 α_2 相差较大时，可取 $\beta=10\sim20$，肋片需装在 α_1 和 α_2 小的一侧；当 α_1 和 α_2 相差不大时，一般不加肋片来增加传热。

三、传热的增强和减弱

1. 增强传热可通过提高传热系数，扩大传热面积和增大传热温差三种基本途径来实现。为了有效地增加传热，应着重考虑减小传热热阻中最大一项热阻的阻值。

2. 传热的减弱，其主要途径是降低传热系数 K，且应针对增大传热热阻中最大一项热阻的阻值，才能有效地减弱传热。

在热绝缘时，应注意热绝缘层的经济厚度问题和圆管的临界热绝缘直径的问题。临界热绝缘直径 $d_c=\frac{2\lambda_2}{\alpha_2}$，当管外径大于等于 d_c 时，热绝缘层都起到热绝缘作用；而当管外径小于 d_c 时，则应选入更小的保温材料，或选大一号圆管直径的方法来提高热绝缘的经济效果。

习 题 十 二

12-1 有一建筑物砖墙，导热系数 $\lambda=0.93$W/（m·℃）、厚 $\delta=240$mm，墙内、外空气温度分别为 $t_{l_1}=18$℃和 $t_{l_2}=-10$℃，内、外侧的换热系数分别为 $\alpha_1=8$W/（m²·℃）和 $\alpha_2=19$W/（m²·℃），试求砖墙单位面积的散热量和墙内、外表面的温度 t_{b_1} 和 t_{b_2}。

12-2 上题中，若在砖墙的内外表面分别抹上厚度为 20mm，导热系数 $\lambda=0.81$ 的石灰砂浆，则墙体的单位面积散热量和两侧墙表面温度 t_{b_1} 和 t_{b_2} 又各为多少？

12-3 锅炉炉墙一般由耐火砖层，石棉隔热层和红砖外层组成。若它们的厚度分别为 $\delta_1=0.25$m、$\delta_2=0.05$m、$\delta_3=0.24$m，导热系数为 $\lambda_1=1.2$W/（m·℃）、$\lambda_2=0.095$W/（m·℃）和 $\lambda_3=0.6$W/（m·℃）。炉墙内的烟气温度 $t_{l_1}=510$℃，炉墙外的空气温度 $t_{l_2}=20$℃；换热系数分别为 $\alpha_1=40$W/（m²·℃）和 $\alpha_2=14$W/（m²·℃）试求通过炉墙的热损失和炉墙的外表面温度 t_{b_2} 以及石棉隔热层的最高温度。

12-4 有一直径为 320/350mm 的蒸汽供热管道，表面面温度为 200℃。现在其外面包上导热系数 $\lambda=0.035$W/（m·℃）的岩棉热绝缘层，厚度为 50mm，试问当外界空气温度为 −10℃，保温层外表与空气的换热系数 $\alpha=14$W/（m²·℃）时，管子每米长的热量损失为多少？保温层外表面温度又为多少？

12-5 用简化近似公式计算上题的传热量和保温层外表面温度。

12-6 供热管道外径为 50mm，表面温度不超过 40℃，则其保温层厚度要多少毫米以上？已知室内空气温度为 25℃，空气与保温层的换热系数为 14W/（m²·℃）。

12-7 有一直径为 25/32mm 的冷冻水管，冷冻水的温度为 8℃，与管内壁的换热系数 $\alpha_1=400$W/

(m^2·℃)，为防管外表面在32℃空气中的结露，试对其进行保温，使其保温层外表面的温度在20℃以上，问要用导热系数 $\lambda=0.058$ 的玻璃棉保温层多厚？已知管道的导热系数 $\lambda=54$W/(m·℃)，保温层外表与空气的换热系数为10W/(m^2·℃)。

12-8 一肋壁传热，壁厚 $\delta=5$mm，导热系数 $\lambda=50$W/(m·℃)。肋壁光面侧流体温度 $t_{l_1}=80$℃，换热系数 $\alpha_1=210$W/(m^2·℃)，肋壁肋面侧流体温度 $t_{l_2}=20$℃，换热系数 $\alpha_2=7$W/(m^2·℃)，肋化系数 $F_2/F_1=13$，试求通过每平方米壁面（以光面计）的传热量？若肋化系数 $F_2/F_1=1$，即用平壁传热，则传热量又为多少？

12-9 试求在外表面换热系数均为14W/(m^2·℃)的条件下，下列几种材料的临界热绝缘直径：

(1) 泡沫混凝土 [$\lambda=0.29$W/(m·℃)]；

(2) 岩棉板 [$\lambda=0.0355$W/(m·℃)]；

(3) 玻璃棉 [$\lambda=0.058$W/(m·℃)]；

(4) 泡沫塑料 [$\lambda=0.041$W/(m·℃)]。

第三篇　换　热　器

第十三章　换热器的基本类型与构造

在工程中经常遇到某种热介质，由于某种原因，例如温度过高、卫生条件较差、工质种类要求不同等等，不能应用于工程中，这样以来就要求使这种热介质转化为能够应用于工程中的介质，能够实现两种或两种以上温度不同的流体相互换热的设备就是通常我们所说的换热器。

换热器的种类按原理不同可分为间壁式换热器、混合式换热器和回热式换热器，但在工程中常用的为间壁式换热器。本章主要就间壁式换热器的构造及应用进行介绍。

第一节　换热器的工作原理及分类

一、换热器的工作原理

1. 间壁式换热器的工作原理

间壁式换热器是冷热流体被一壁面隔开，冷热流体通过壁面进行热交换的换热设备，如暖风机、燃气加热器、冷凝器、蒸发器等，如图 13-1 所示。

2. 混合式加热器的工作原理

混合式换热器是冷热流体直接接触，彼此混合进行换热，在热交换的同时进行质交换，将热流体的热量直接传递给冷流体，并同时达到某一共同状态的换热设备，如空调工程中的喷淋室，蒸气喷射泵等，如图 13-2 所示。

3. 回热式换热器的工作原理

回热式换热器是换热面交替的吸收和放出热量，热流体流过换热面时温度升高，换热面吸收并储存热量，然后冷流体流过换热面，换热面放出热量加热冷流体，如锅炉中回热式空气预热器，全热回收式空气调节器等，如图 13-3 所示。

二、换热器的分类

1. 按换热器的工作原理不同可分为：间壁式换热器、混合式换热器和回热式换热器。

2. 按换热器的换热介质不同可分为：气—水换热器、水—水换热器及其它介质换热器。

另外，在各专业上还常把换热器按工程性质不同分为如空调用换热器、供暖用换热器、卫生热水换热器、开水炉等等。

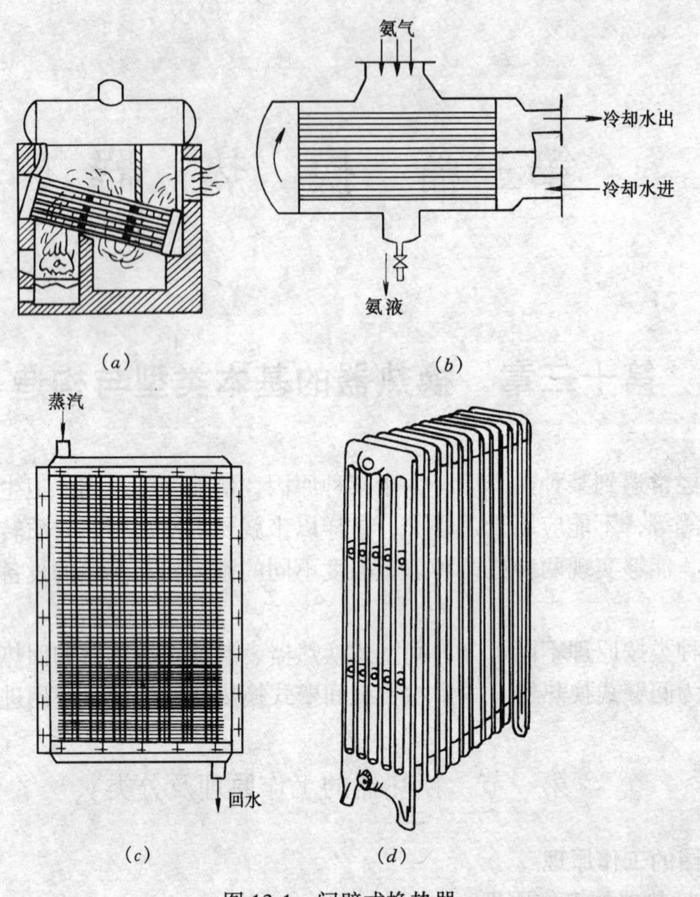

图 13-1　间壁式换热器

(a) 锅炉；(b) 冷凝器；(c) 空气加热器；(d) 供暖散热器

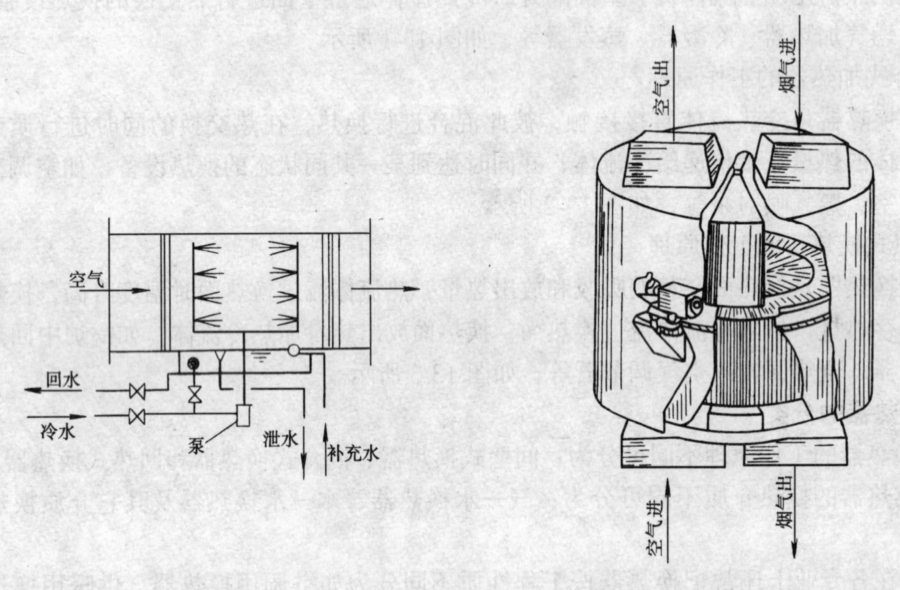

图 13-2　混合式换热器（空调喷水室）

图 13-3　回热式换热器（回热式空气预热器）

第二节　常用换热器的构造

常用的换热器为间壁式换热器。间壁式换热器种类很多,从构造上主要可分为:管壳式、肋片管式、板式、板翅式、螺旋板式等等,下面就这几种常用换热器形式进行介绍。

一、管壳式换热器

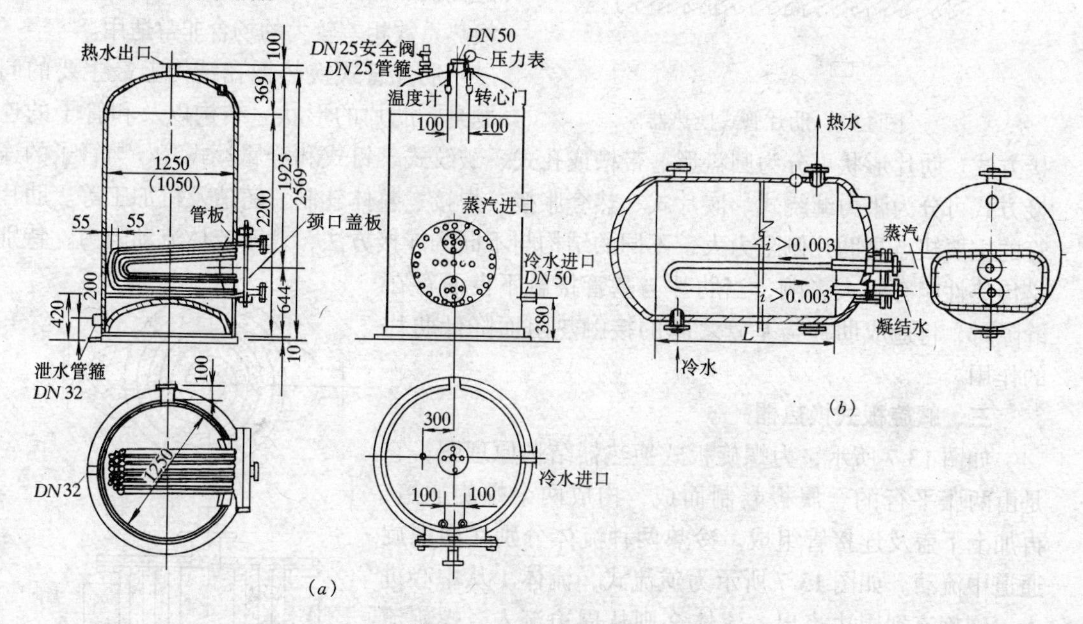

图 13-4　容积式换热器

(a) 立式容积式换热器; (b) 卧式容积式换热器

管壳式换热器又分为容积式和壳程式（一根大管中套一根小管）。容积式换热器是一种既能换热又能贮存热量的换热设备，从外形不同可分为立式和卧式两种。根据加热管的形式不同又分为：固定管板的壳管式换热器、带膨胀节的壳管式换热器以及浮动头式壳管式换热器。它是由外壳、加热盘管、冷热流体进出口等部分组成。同时它还装有温度计、压力表和安全阀等仪表、阀件。蒸汽（或热水）由上部进入排管，在流动过程中，进行换热，最后变成凝结水（或低温回水）从下部流出排管。如图 13-4 所示。

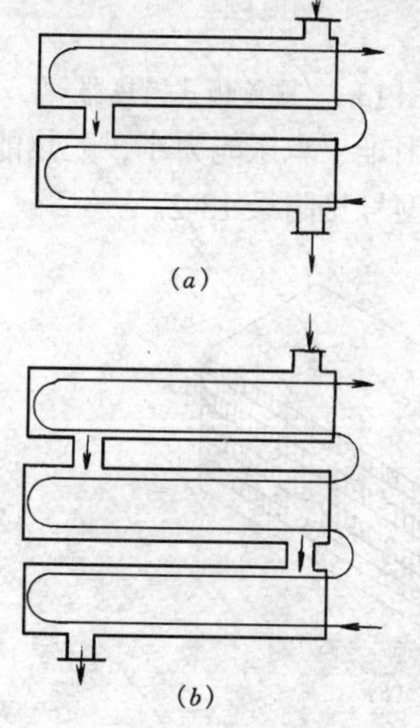

图 13-5　壳程式换热器

(a)2 壳程 4 管程;(b)3 壳程 6 管程

壳程式换热器如图 13-5 所示，又称快速加热器。

管壳式换热器结构坚固，易于制造，适应性强，处理能力大，高温高压情况下也能使用，换热表面清洗较方便。其缺点是材料消耗大，不紧凑，占用空间大。对容积式换热器运行稳定，常用于要求工质参数稳定、噪声低的场所。壳程式换热器容量较大，常用于容量大且容量较均匀的场所，如卫生热水供应中。

常见的容积换热器型号见附录 13-1。

二、肋片管式换热器

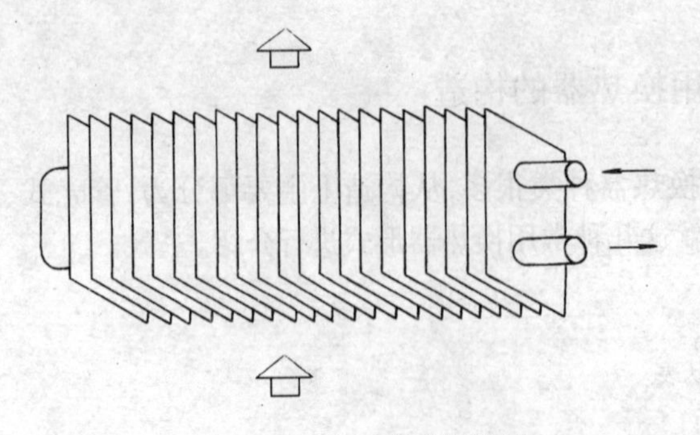

图 13-6　肋片管式换热器

如图 13-6 所示，为肋片管式换热器结构示意图，在管子的外壁加肋片，大大的增加了对流换热系数小的一侧的换热面积，强化传热，与光管相比，传热系数可提高 1～2 倍。这类换热器的结构紧凑对于换热面两侧流体换热系数相差较大的场合非常适用。

肋片管式换热器在结构上最主要的问题是：肋片的形状、结构以及和管子的连接方式。肋片形状可分为圆盘形、带槽或孔式、皱纹式、钉式和金属丝式等。与管子的连接方式可分为张力缠绕式、嵌片式、热套胀接、焊接、整体轧制、铸造及机加工等。肋片管的主要缺点是肋片侧阻力大，不同的结构与不同的连接方法，对于流体流动阻力，特别是传热性能有很大影响，当肋片与基管接触不良而存在缝隙时，将造成肋片与基管之间的接触热阻而降低肋片的作用。

三、螺旋板式换热器

如图 13-7 所示，为螺旋板式换热器结构原理图，它是由两张平行的金属板卷制而成，构成两个螺旋通道，再加上下盖及连接管组成。冷热两种流体分别在两螺旋通道中流动。如图 13-7 所示为逆流式，流体 1 从中心进入，螺旋流到周边流出；流体 2 则从周边流入，螺旋流到中心流出。这种螺旋流动有利于提高换热系数。同时螺旋流动的污垢形成速度约是管壳式换热器的$\frac{1}{10}$。这是因为当流动壁面结垢后，通道截面减小，使流速增加，从而对污垢起到了冲刷作用。此外这种换热器结构紧凑、单位体积可容纳的换热面积约为管壳式换热器的 3 倍。而且用钢板代替管材，材料范围广。但缺点是不易清洗、检修困难、承压能力小，贮热能力小。常用于城市供热站、浴水加热等。常用的螺旋板换热器型号见附录 13-2。

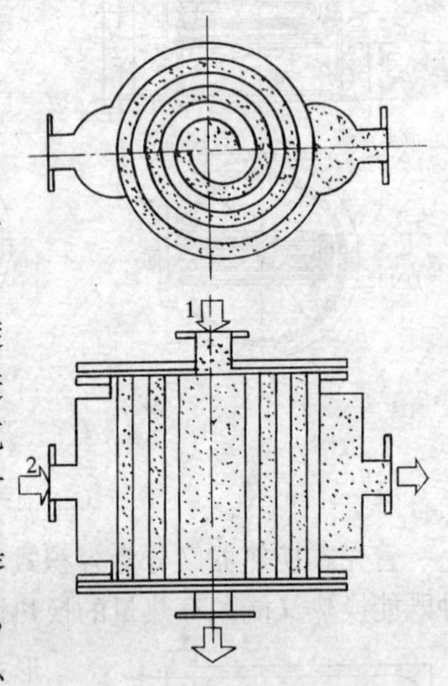

图 13-7　螺旋板式换热器

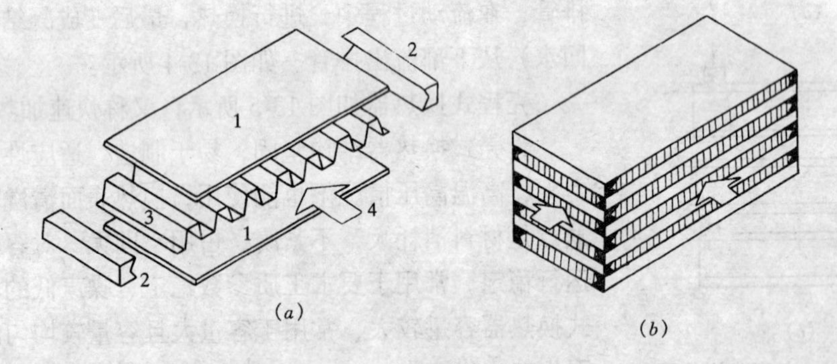

图 13-8　板翅式换热器

1—平隔板；2—侧条；3—翅片；4—流体

四、板翅式换热器

板翅式换热器结构方式很多，但都是由若干层基本换热单元组成。如图 13-8（*a*）所示，在两块平隔板 1 中央放一块波纹型号热翅片 3，两端用侧条 2 封闭，形成一层基本换热元件，许多层这样的换热元件叠积焊接起来就构成板翅式换热器，如图 13-8(*b*)所示，为一种叠积方式。波纹板可作成多种形式，以增加流体的扰动，增强换热。板翅式换热器由于两侧都有翅片，作为气—气换热器时，传热系数有很大的改善，约为管壳式换热器的 10 倍。板翅式换热器结构紧凑，每立方米换热体积中，可容纳换热面积 2500m^2，承压可达 10MPa。其缺点为容易堵塞，清洗困难，检修不易。它适用于清洁和腐蚀性低的流体换热。

五、板式换热器

板式换热器是由具有波形凸起或半球形凸起的若干个传热板叠积压紧组成。传热板片间装有密封垫片。垫片用来防止介质泄漏和控制构成板片流体的流道。如图 13-9 所示，

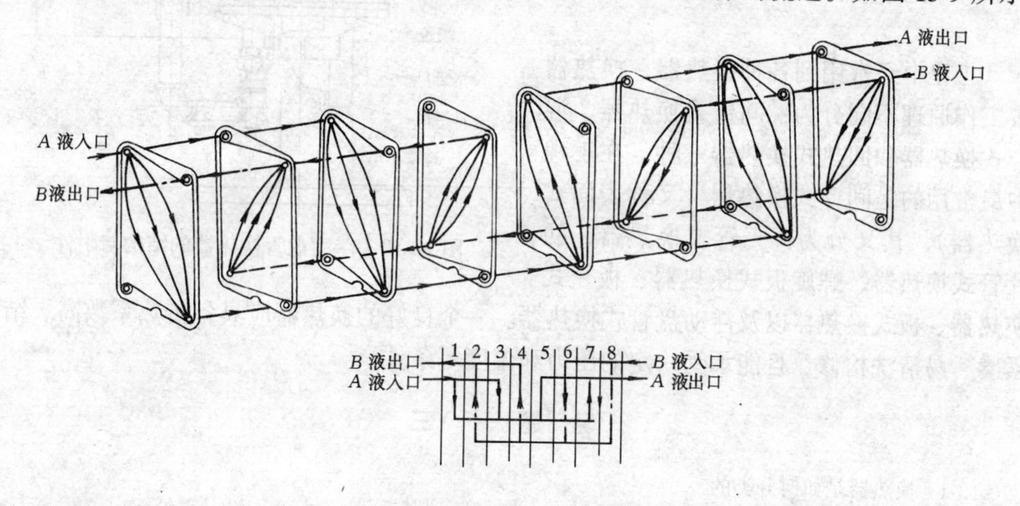

图 13-9　板式换热器的工作原理

冷、热流体分别由上、下角孔进入换热器并相间流过偶、奇数流道，并且分别从下、上角孔流出换热器。传热板片是板式换热器的关键元件板片形式的不同直接影响到换热系数、流动阻力和承压能力。板式换热器具有传热系数高，阻力小，结构紧凑、金属耗量低，使用灵活性大，拆装清洗方便等优点，故已广泛应用于供热工程、食品、医药、化工、冶金钢铁等部门。目前板式换热器所达到的主要性能数据为：最佳传热系数，7000W/（m^2·℃）（水—水）；最大处理量：1000m^3/h；最高操作压力为 2.744MPa；紧凑性：250～1000m^2/m^3；金属耗量：16kg/m^2。板式换热器的发展，主要在于继续研究波形与传热性能的关系，以探求更佳的板形，向更高的参数和大容量方向发展，其工作原理见图 13-9 所示。常用板式换热器型号见附录 13-3 所示。

六、浮动盘管式换热器

浮动盘管换热器是 20 世纪 80 年代从国外引进的一种新型半即热式换热器，它由上（左）、下（右）两个端盖、外筒、热介质导入管、冷凝水（回水）导出管及水平（垂直）浮动盘管组成。端盖、外筒是由优质碳钢或不锈钢制成，热介质导入管和凝结水（回水）导出管由黄铜管制成。水平（垂直）浮动盘管是由紫铜管经多次成型加工而成。各部分之间均采用螺栓（或螺纹）连接，为该设备的检修提供了可靠的条件，如图 13-10 所示。常

用的浮动盘管换热器型号见附录 13-4 所示。

该换热器的特点是：换热效率高，传热系数 $K \geqslant 3000 \mathrm{W} / (\mathrm{m}^2 \cdot ℃)$；设备结构紧凑，体积小；自动化程度高，能很好的调节出水温度；能自动清除水垢；外壳温度低，热损失小。但是，该换热器在运输及安装时严防滚动，同时要求在安装中与基础固定牢固，防止运行时产生振动。

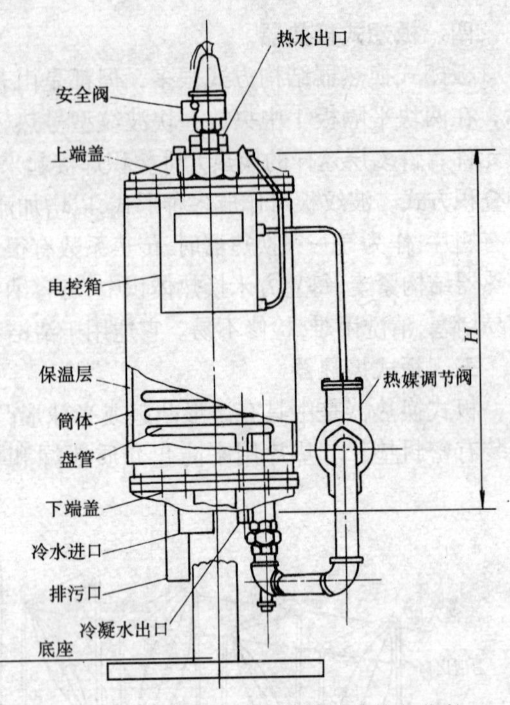

图 13-10 浮动盘管换热器的结构与附件

小 结

工程中经常用到各种换热器，换热器按工作原理不同分为：间壁式换热器、混合式换热器和回热式换热器三种。在工程中最常用的是间壁式换热器（又称表面式换热器），其又分为：壳管式换热器、肋片管式换热器、螺旋板式换热器、板翅式换热器、板式换热器以及浮动盘管式换热器。一个良好的换热器应具备传热系数高、结构紧凑、易清洗检修、且能承受一定的压力和温度等条件。

习 题 十 三

13-1 换热器是如何分类的？

13-2 换热器用久了，会有哪些原因使其出力下降/应该采取什么措施改变出力状况？

13-3 工程中常见的换热器类型有哪些？各自应用情况是什么？

第十四章　换热器选型计算

第一节　换热器平均温差的计算

换热器平均温差是指换热器冷、热流体温度差的平均值。平均温差的计算是换热器选型计算中不可缺少的一步。在换热器中，冷、热流体由于不断地热交换，热流体温度沿流动方向逐渐下降，而冷流体则沿流动方向逐渐上升，因此传热计算时需取它的平均值 Δt_{m} 才能使计算误差减少。常用的平均温度差有算术平均温差和对数平均温差两种。下面介绍它们计算的方法和使用特点。

一、算术平均温差

以顺流为例，冷、热流体沿换热面的温度变化见图 14-1 所示。图中温度 t 右下角码 1、2 分别代表热流体和冷流体；右上角码“′”、“″”分别指进口温度和出口温度。以 $\Delta t' = t_1' - t_2'$ 表示换热器进口处冷、热流体的温度差，$\Delta t'' = t_1'' - t_2''$ 表示换热器出口处冷热流体的温度差，则算术平均温差 Δt_{m} 为：

$$\Delta t_{\mathrm{m}} = \frac{\Delta t' + \Delta t''}{2} \tag{14-1}$$

对于逆流式换热器，见图 14-2 可以将温差较大的一端为进口温差代入上式计算。

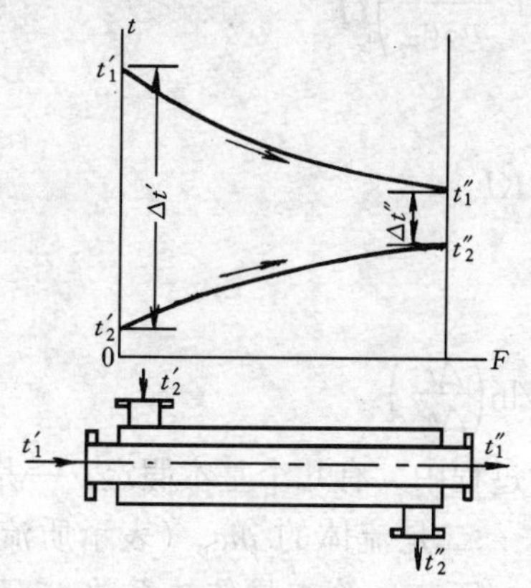

图 14-1　顺流温差的变化

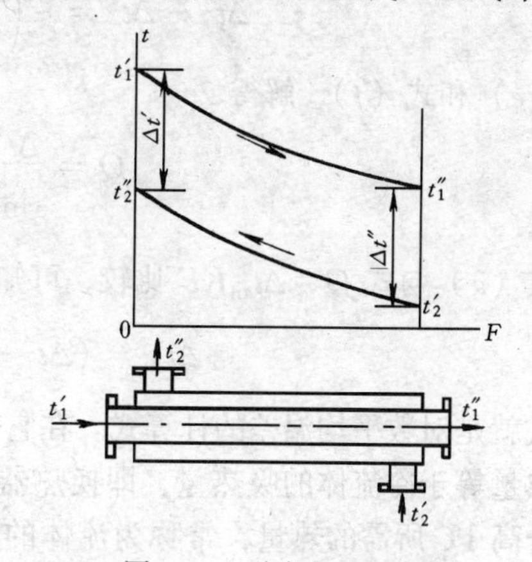

图 14-2　逆流温差的变化

算术平均温差计算方法简便，但误差较大，在 $\Delta t'/\Delta t'' \geqslant 2$ 时，误差 $\geqslant 4\%$。因此，工程上只有冷、热流体间的温差沿换热面的变化较小时，才采用算术平均温差进行近似计算，否则应采用对数平均温差来计算。

二、对数平均温差

仍以顺流为例，如图 14-3，在换热面 x 处取一微面积 $\mathrm{d}F$，它上面的传热量为：

$$\mathrm{d}Q = K\Delta t\,\mathrm{d}F \tag{a}$$

由于热交换，热流体的温度下降 $\mathrm{d}t_1$，冷流体的温度上升 $\mathrm{d}t_2$，不考虑换热器的热损

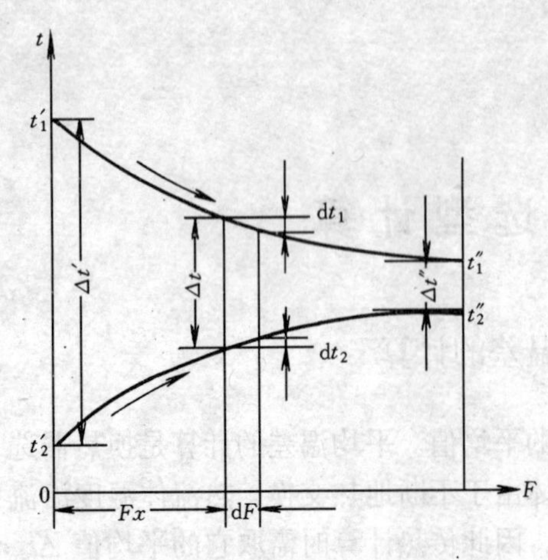

图 14-3 对数平均温差的导出

失，则

$$dQ = -m_1c_{p_1}dt_1 = m_2c_{p_2}dt_2$$

将上式改写成

$$dt_1 = -\frac{dQ}{m_1c_{p_1}};dt_2 = -\frac{dQ}{m_2c_{p_2}} \quad (b)$$

则 $d(\Delta t) = dt_1 - dt_2 = -\left(\frac{1}{m_1c_{p_1}} + \frac{1}{m_2c_{p_2}}\right)dQ \quad (c)$

将式（a）代入式（c），整理得

$$\frac{d(\Delta t)}{\Delta t} = -\left(\frac{1}{m_1c_{p_1}} + \frac{1}{m_2c_{p_2}}\right)KdF \quad (d)$$

若传热系数 K，和冷、热流流体的 $m_1c_{p_1}$、$m_2c_{p_2}$不变，则将式（d）积分，可得

$$\int_{\Delta t'}^{\Delta t''}\frac{d(\Delta t)}{\Delta t} = -\left(\frac{1}{m_1c_{p_1}} + \frac{1}{m_2c_{p_2}}\right)K\int_0^F dF$$

$$\ln\left(\frac{\Delta t''}{\Delta t'}\right) = -\left(\frac{1}{m_1c_{p_1}} + \frac{1}{m_2c_{p_2}}\right)KF \quad (e)$$

将式（c）积分

$$\int_{\Delta t'}^{\Delta t''}d(\Delta t) = -\left(\frac{1}{m_1c_{p_1}} + \frac{1}{m_2c_{p_2}}\right)\int_0^Q dQ$$

$$\Delta t'' - \Delta t' = -\left(\frac{1}{m_1c_{p_1}} + \frac{1}{m_2c_{p_2}}\right)Q \quad (f)$$

联立式（e）和式（f），解得

$$Q = \frac{\Delta t' - \Delta t''}{\ln\left(\frac{\Delta t'}{\Delta t''}\right)}KF \quad (g)$$

将式（g）与式 $Q = \Delta t_m KF$ 比较，可知

$$\Delta t_m = (\Delta t' - \Delta t'')/\ln\left(\frac{\Delta t'}{\Delta t''}\right) \quad (14\text{-}2)$$

此式就是对数平均温差的计算式。在它的推导过程中，有几个基本假定：一是热流体放出的热量等于冷流体的吸热量，即换热器无损失；二是流体的 mc_p（表示质流量 $m$kg 的流体升高 1℃所需的热量，常称为流体的热容量）不变；第三是传热系数 K 不变。但在实际换热器中，由于进口段流动的不稳定影响，流体的比热、粘度、导热系数等随温度的变化及实际存在的热损失都与假定不符，故对数平均温差值也是近似的，但比起算术平均温差值要精确得多，对一般工程计算已足够精确。

对于逆流，也可用同样的方法推出式（14-2）形式相同的对数平均温差，但此时 $\Delta t'$ 为较大温差端的温差，$\Delta t''$为较小温差端的温差。

三、其他流动方式平均温差的计算及比较

对于交叉流、混合流及不同壳程、管程数等的其他流动方式的换热器，它们的平均温差推导很复杂。工程上都采用先按逆流算出的对数平均温差后，再乘以温差修正系数 $\varepsilon_{\Delta t}$

来确定它们的平均温差，即

$$\Delta t_{\mathrm{m}} = \varepsilon_{\Delta t} \frac{\Delta t' - \Delta t''}{\ln(\Delta t' / \Delta t'')} \tag{14-3}$$

研究表明，修正系数 $\varepsilon_{\Delta t}$是辅助量 P 和R 的函数：

$$P = \frac{冷流体的加热度(t''_2 - t'_2)}{冷、热流体进口温差(t'_1 - t'_2)}$$

$$R = \frac{热流体的冷却度(t'_1 - t''_1)}{冷流体的加热度(t''_2 - t'_2)}$$

图 14-4 至图 14-7 给出了四种不同流动方式换热器的温差修正系数线算图，供大家查用。其他各种流动方式的 $\varepsilon_{\Delta t}$线算图可以从有关专著手册中查取。由图可知，$\varepsilon_{\Delta t}$值总小于 1 或等于 1。实际上 $\varepsilon_{\Delta t}$表示了不同换热器流型与逆流型接近的程度。设计中，除非特别的要求，应使 $\varepsilon_{\Delta t}>0.9$，至少不小于 0.8，否则应改选其他流动形式。

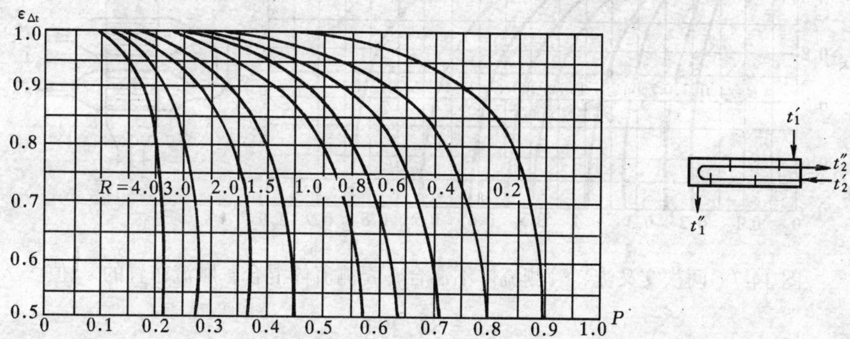

图 14-4 壳侧 1 程，管侧 2、4、6、8…程的 $\varepsilon_{\Delta t}$值

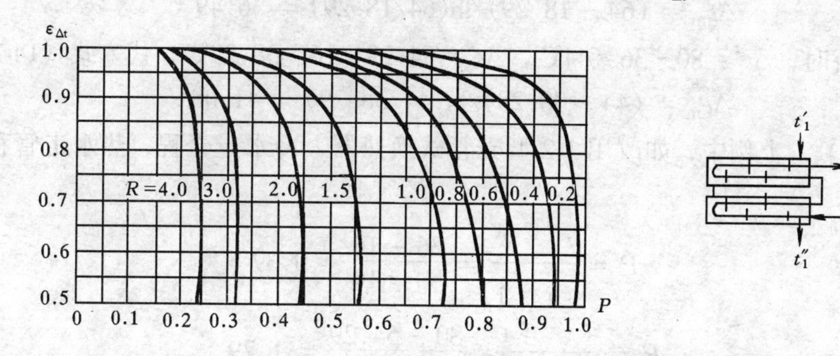

图 14-5 壳侧 2 程，管侧 4、8、12、16…程的 $\varepsilon_{\Delta t}$值

【例 14-1】 在一板式换热器中，热水进口温度 $t'_1 = 80$℃，流量为 0.7kg/s，冷水进口温度 $t'_2 = 16$℃，流量为 0.9kg/s。如要求将冷水加热到 $t''_2 = 36$℃，试求顺流和逆流时的平均温差。

【解】 根据热平衡，得

$$m_1 c_{\mathrm{P_1}}(t'_1 - t''_1) = m_2 c_{\mathrm{P_2}}(t''_2 - t'_1)$$

在题意温度范围内，水的比热 $c_{\mathrm{p_1}} = c_{\mathrm{p_2}} = 4.19$kJ/（kg·℃），故上式为

$$0.7 \times (80 - t''_1) = 0.9 \times (36 - 16)$$

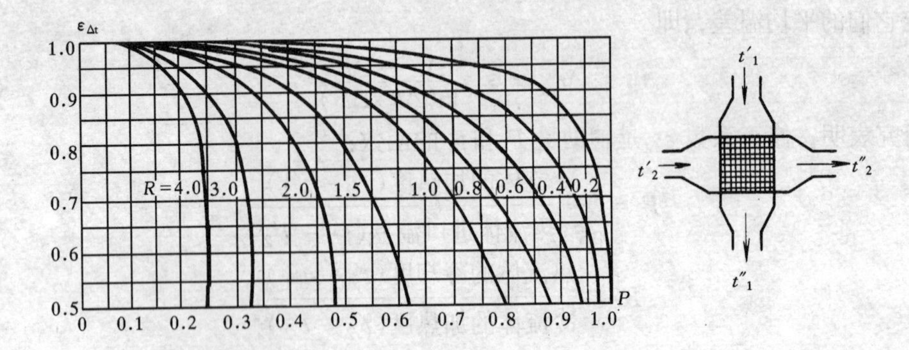

图 14-6 一次交叉流，两种流体各自都不混合的 $\varepsilon_{\Delta t}$值

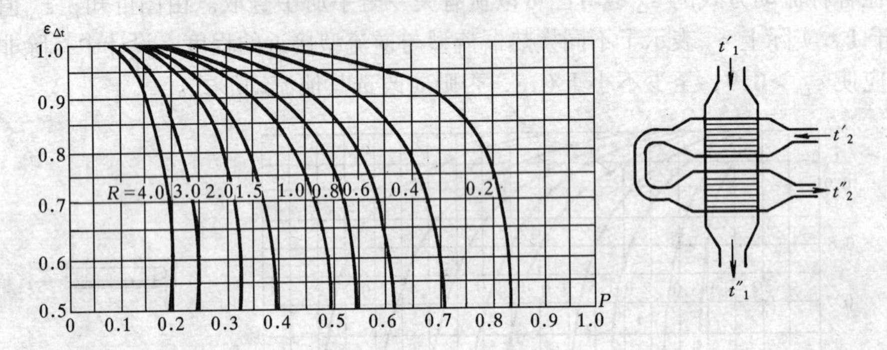

图 14-7 两次交叉流，管侧流体不混合，壳侧流体混合，顺流布置的 $\varepsilon_{\Delta t}$值

得
$$t_1'' = 54.29℃$$

（1）顺流时，$\Delta t' = 80 - 16 = 64℃$，$\Delta t'' = 54.29 - 36 = 18.29℃$，代入式（14-2）得

$$\Delta t_m = (64 - 18.29)/\ln(64/18.29) = 36.49℃$$

（2）逆流时，$\Delta t' = 80 - 36 = 44℃$，$\Delta t'' = 54.29 - 16 = 38.29℃$，代入式（14-2）得

$$\Delta t_m = (44 - 38.29)/\ln(44/38.29) = 41.08℃$$

【例 14-2】 上例中，如改用 1-2 型壳管式换热器，冷水走壳程，热水走管程，求平均温差。

【解】

$$P = \frac{t''_2 - t'_2}{t'_1 - t'_2} = \frac{36 - 16}{80 - 16} = 0.37$$

$$R = \frac{t'_1 - t''_1}{t''_2 - t'_2} = \frac{80 - 54.29}{36 - 16} = 1.29$$

由图 14-4 查得 $\varepsilon_{\Delta t} = 0.91$。从上例求得的逆流平均温差 41.08℃，知 1-2 型壳管式换热器中的平均温差为

$$\Delta t_m = 0.91 \times 41.08 = 37.38℃$$

从上两例可见，逆流布置时的 Δt_m 比顺流时的大（比例 14-1 中大 11.2%），其他流动方式也总是不如逆流的平均温差大（比例 14-2 中小 9%）。此外顺流时冷流体的出口温度 t_2'' 总是低于热流体的出口温度 t_1''，而逆流时 t_2'' 则有可能大于 t_1'' 获得较高的冷流体出口温度。因此，工程上换热器一般尽可能地布置成逆流。但逆流也有缺点，即冷，热流体的最高温度 t_2'' 和 t_1' 集中在换热器的同一端，使得该处的壁温特别高。为了降低这里的壁温，

如锅炉中的高温过热器，有时有意改用顺流。

要提出的是，当冷、热流体之一在换热时发生相变，如在蒸发器或冷凝器中，则由于变相流体保持温度不变，顺流或逆流的平均温差及传热效果也就没有差别了。

第二节　换热器选型计算的步骤和内容

一、换热器选型热计算基本公式

换热器选型热计算的基本公式为传热方程式和热平衡方程式：

$$Q = KF\Delta t_m \tag{14-4}$$

$$Q = m_1 c_{p_1}(t'_1 - t''_1) = m_2 c_{p_2}(t''_2 - t'_2) \tag{14-5}$$

上述方程式中共有8个独立变量。它们是：热流体的进、出口温度 t'_1、t''_1，冷流体的进、出口温度 t'_2、t''_2，换热面上的总传热系数 K，冷、热流体的水当量 $m_2 c_{p_2}$、$m_1 c_{p_1}$ 和换热器的换热量 Q。对于冷热流体的平均温差 Δt_m，由于是冷、热流体进出口温度的函数，故不是独立变量。由此可知，必须给定5个变量才能进行有关的换热器选型热计算。

换热器的热力计算有以下两种情况的计算：一种是设计计算，通常是按给定的冷、热流体水当量 $m_1 c_{p_1}$、$m_2 c_{p_2}$ 和四个进出口温度中的三个温度，求解换热器传热表面积 F 或 kF；另一种是校核计算，即对已给定的换热器按已知的 KF、$m_1 c_{p_1}$、$m_2 c_{p_2}$ 及冷、热流体进口温度 t'_1、t'_2，求解出出口温度 t''_1 和 t''_2，以进行换热器非设计工况性能的验算。

换热器选型计算的方法有平均温差法和效能——传热单元数法，现介绍如下。

二、平均温差法

换热器的设计计算通常采用平均温差法，其具体步骤如下：

(1) 根据给定条件,由热平衡式(14-5)求出冷热流体进、出口温度中未知的一个温度；

(2) 由冷、热流体的四个进出口温度，计算平均温差 Δt_m；

(3) 初步布置换热面，并算出相应的传热系数；

(4) 由传热方程式(14-4)求出所需的换热面积 F,并核算换热面两侧流体的流动阻力；

(5) 若流动阻力过大，则改变设计方案，重复 (3) 后面的步骤。

平均温差法也可用于换热器的校核计算，其步骤如下：

(1) 假定一个出口温度初值，如 $(t''_2)_{\mathrm{I}}$，用热平衡式 (14-5) 求出另一个出口温度 $(t''_1)_{\mathrm{I}}$，并求出这种假定下的冷热流体平均温差 $(\Delta t_m)_{\mathrm{I}}$；

(2) 用传热方程式 (14-4) 求出 Q_{I}；

(3) 再用热平衡方程求出 $(t''_2)_{\mathrm{II}}$ 与 $(t''_2)_{\mathrm{I}}$ 比较，若两者偏差较大，则重新假设出口温度初值 t''_2，并重复以上步骤，直到假设的出口温度与计算的出口温度偏差满足规定的工程允许偏差（一般≤4%）为止。

这种校核计算，由于必须多次反复才能逐次逼近假定值，且在非逆流、非顺流式换热器计算中还要考虑温差修正系数 $\varepsilon_{\Delta t}$ 的影响，故比较繁琐，应用较少。下面所介绍的“效能—传热单元数法”用于校核计算，可直接求得结果。

三、效能—传热单元数法（ε—NTU 法）

这个方法采用了三个无量纲量：传热器的效能 ε、流体热容量比 $(mc_p)_{min}/(mc_p)_{max}$

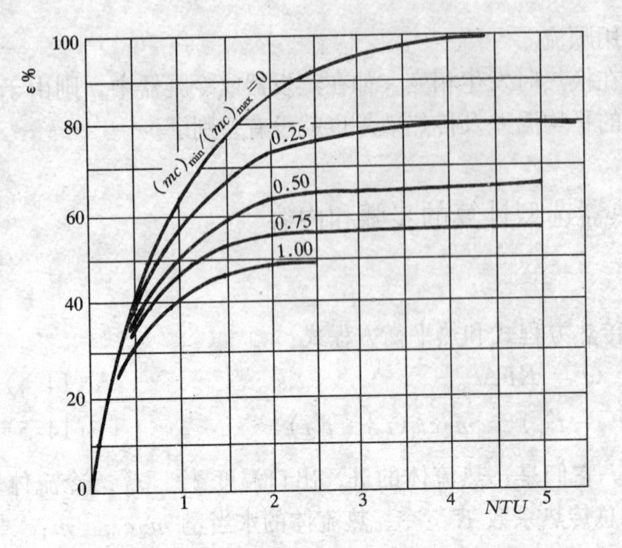

图 14-8　顺流换热器的 ε—NTU 关系图

和传热单元数 NTU。

换热器的效能定义为换热器的实际传热量与最大可能的传热量之比，用 ε 表示。实际传热量等于冷流体获得的热量或等于热流体放出的热量，可用 $Q = m_1c_{p_1}\ (t'_1 - t''_1) = m_2c_{p_2}\ (t''_2 - t'_2)$ 计算；换热器最大可能的换热量应是换热器中经历最大可能温差的流体吸收或放出的热量。因为经历最大温差的流体只能是热容量 $m_1c_{p_1}$ 和 $m_2c_{p_2}$ 中较小的一种流体（是用 $(mc_p)_{min}$ 代替），最大可能的温差就是冷、热流体进口的温差，故最大可能传热量为：

$$Q_{max} = (mc_p)_{min} \cdot (t'_1 - t'_2) \tag{14-6}$$

假定冷流体（也可假定是热流体）的热容量较小，根据 ε 的定义可写出：

$$\varepsilon = \frac{Q}{Q_{max}} = \frac{m_2c_{P_2}(t''_2 - t'_2)}{m_2c_{P_2}(t'_1 - t'_2)} = (t''_2 - t'_2)/(t'_1 - t'_2) \tag{14-7}$$

若换热器的 ε 能确定，则可由热平衡方程先求出 Q

$$Q = \varepsilon Q_{max} = \varepsilon(mc_p)_{min}(t'_1 - t'_2) \tag{14-8}$$

再用热平衡式（14-5）分别直接解出 t''_1 和 t''_2 来。

研究表明，对于各种流动方式的表面式换热器，其温度效能 ε 是参变量 $(mc_p)_{min}/(mc_p)_{max}$、$KF/(mc_p)_{min}$ 及换热器流动方式的函数。对于已定流动方式的换热器，则

$$\varepsilon = f\left[\frac{KF}{(mc_p)_{min}}, \frac{(mc_p)_{min}}{(mc_p)_{max}}\right] \tag{14-9}$$

式（14-9）中的 $KF/(mc_p)_{min}$ 是个无量纲量，用 NTU 表示，叫做传热单元数。因 NTU 包含的 K 和 F 两个量分别反映了换热器的运行费用和初投资，所以 NTU 是一个反映换热器综合技术经济性能的指标。NTU 大，意味着换热器换热效率高。

各种不同流动组合方式换热器的式（14-9）函数关系线算图、即换热器的 ε—NTU 关系图可参看图

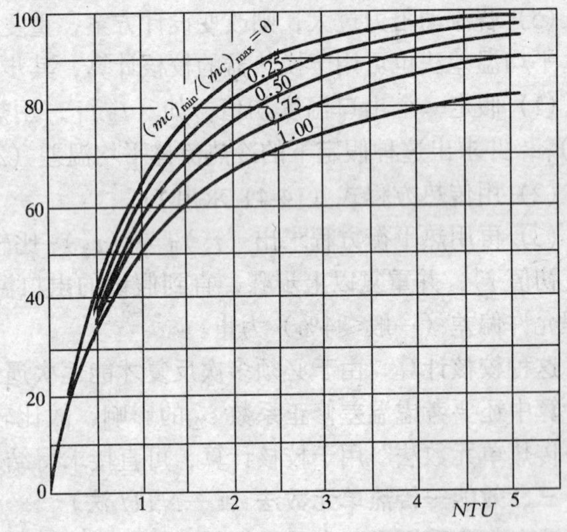

图 14-9　逆流换热器的 ε—NTU 关系图

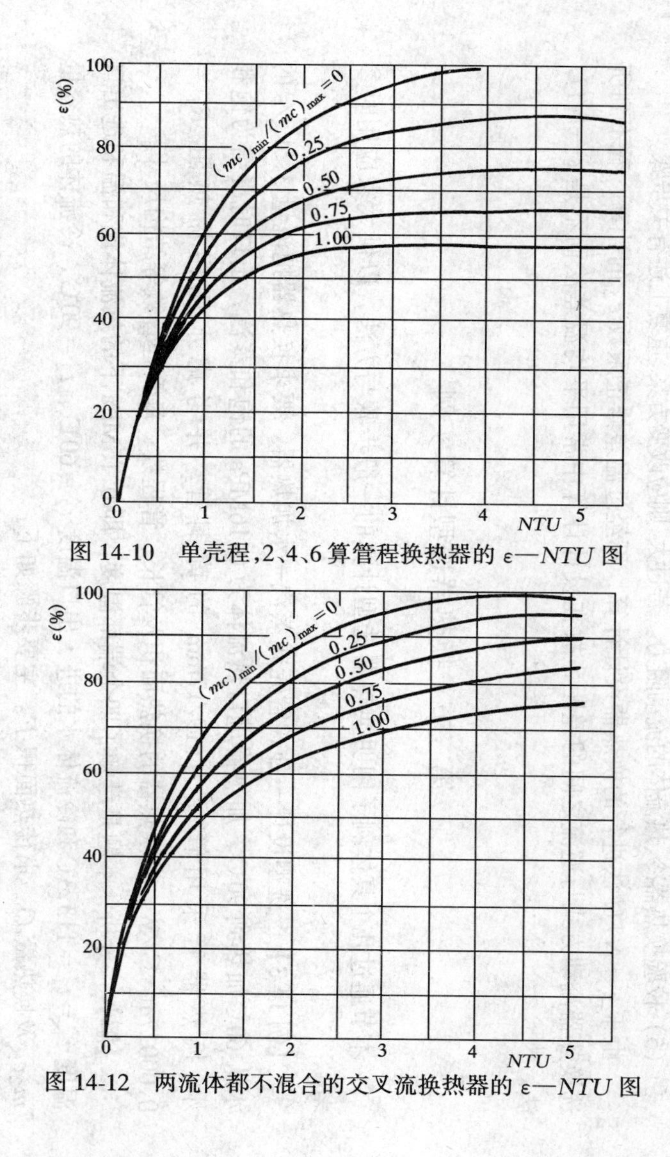

图 14-10 单壳程,2、4、6 算管程换热器的 ε—NTU 图

图 14-12 两流体都不混合的交叉流换热器的 ε—NTU 图

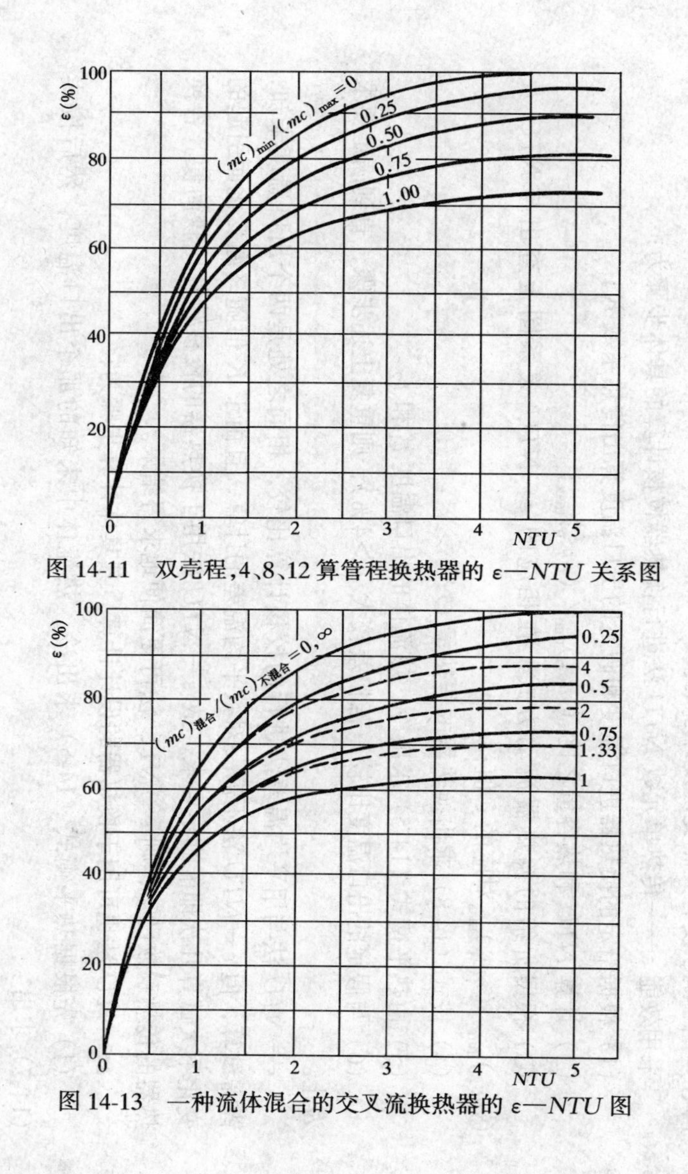

图 14-11 双壳程,4、8、12 算管程换热器的 ε—NTU 关系图

图 14-13 一种流体混合的交叉流换热器的 ε—NTU 图

14-8 至图 14-13 及有关热交换设计手册。

采用效能 ε——传热单元数 NTU 法进行换热器校核计算的具体步骤为：

(1) 根据给定的换热器进口温度和假定的出口温度算出传热系数 K；

(2) 计算 NTU 和热容量之比 $(mc_p)_{min}/(mc_p)_{max}$；

(3) 根据所给的换热器流动方式，在相应的 ε—NTU 关系图上查出与 NTU 及 $(mc_p)_{min}/(mc_p)_{max}$ 对应的 ε 值；

(4) 按式 (14-8) 求出换热器的传热量 Q；

(5) 由热平衡式 (14-5) 求出冷、热流体的出口温度 t_1'' 和 t_2''。

(6) 与假定的出口温度比较，若相差较大 (>4%)，则重复上述步骤，直到满足要求为止。

ε—NTU 法与用平均温差法进行的校核计算比较，相同之处是两个出口温度未知，皆需试算，但 ε—NTU 法不需要对数平均温差的计算，且由于 K 值随终温变化而引起的变化不大试算几次即能满足要求，故 ε—NTU 法用于换热器的校核计算比较简便。若换热器的传热系数已知，则 ε—NTU 法可更简便地求得结果。

ε—NTU 法也可用于换热器的设计计算，其具体计算步骤为：

(1) 先根据热平衡式 (14-5) 求出冷、热流体中未知的那个出口温度，然后按式 (14-7) 求出 ε；

(2) 按选定的换热器流动方式及 ε 和 $(mc_p)_{min}/(mc_p)_{max}$，查相应 ε—$NTU$ 关系图，得 NTU；

(3) 按初步布置的换热表面，算出其相应的传热系数 K；

(4) 确定所需换热面积 $F = \frac{(mc_p)_{min}}{K} \cdot NTU$；

(5) 校验换热器冷、热流体的流动阻力。若过大，则应改变方案，重复上述有关步骤。

由于 ε—NTU 法进行的换热器设计计算，不经过温差修正系数 $\varepsilon_{\Delta t}$ 的计算，看不到所选换热器流动方式与逆流之间的差距，故在设计计算中常用平均温差法而不是 ε—NTU 法。

第三节　换热器选型计算实例

本节通过几个具体例子阐明换热器选型计算的一般步骤与方法，以供大家应用时参考。

【例 14-3】　选型设计一卧式管壳式蒸汽—水加热器。要求换热器把流量 3.5kg/s 的水从 60℃ 加热到 90℃，加热器进口热流体为 0.16MPa 的饱和蒸汽，出口时凝结为饱和水。换热器管采用管径为 19/17mm 的黄铜管，并考虑水侧污垢热阻 $R_f = 0.00017m^2 \cdot ℃/W$，求换热器的换热面积及管长、管程数、每管程管数等结构尺寸。

【解】　分析：本题是已知了四个端部温度，即 0.16MPa 下的热流体饱和温和进出口温度 $t_1' = t_1'' = 113.3℃$ 和冷流体水的进、出口温度 $t_2' = 60℃$、$t_2'' = 90℃$，冷流体的热容量 $m_2 c_{p_2}$ 及换热量 Q，求传热面积 F。主要步骤如下：

一、初步布置换热面的结构：为四管程、每管程 16 根管、共 64 根管，纵向排数为 8

排。

二、计算换热量 Q：已知水的比热 $c_{p_2}=4.19$kJ/（kg℃），故

$$Q=m_2C_{p_2}(t''_2-t'_1)=3.5\times4.19\times(90-60)$$
$$=4.4\times10^2\text{kW}$$

三、计算对数平均温度差 Δt_m：热流体进、出口温度为 $p=0.16$MPa 下的饱和温度，查得 $t_{bh}=113.3$℃，故

$$\Delta t'=t'_1-t'_2=113.3-60=53.3℃$$
$$\Delta t''=t''_1-t''_2=113.3-90=23.3℃$$

所以 $$\Delta t_m=\frac{\Delta t'-\Delta t''}{\ln(\Delta t'/\Delta t'')}=(53.3-23.3)/\ln\left(\frac{53.3}{23.3}\right)=36.3℃$$

四、求换热器传热系数 K：

1. 水侧换热系数 α_2

(1) 水的定性温度 t_{f_2}：取水的平均温度。由于蒸汽侧温度不变，水和蒸汽的平均温差已定，故

$$t_{f_2}=t_{bh}-\Delta t_m=113.3-36.3=77℃$$

由 t_{f_2}查附录 10-2，可得水的物性参数：

$$\upsilon_2=0.38\times10^{-6}\text{m}^2/\text{s};\rho_2=973.6\text{kg/m}^3$$
$$\lambda_2=0.672\quad\text{W/(m}\cdot℃);\text{Pr}=2.32$$

(2) 定型尺寸 l：取圆管内径，即 $l=d=0.017$m

(3) 求雷诺数 Re：为了增强换热，一般 Re 控制在 $10^4\sim10^5$ 之间，Re 太大、流速太大，消耗功率也大。从 $\text{Re}=\frac{w_2d}{\upsilon}=\frac{m_2}{\rho_2\cdot\frac{\pi d^2}{4}\cdot n}\cdot\frac{d}{\upsilon}$可知，当流量 m_2、运动粘度 υ_2 和密度 ρ_2 及管径 d 已定的条件下，Re 可以通过每管程的管数 n 来控制。现布置的管数 $n=16$ 根，Re 为

$$\text{Re}=\frac{3.5\times4}{973.6\times\pi\times0.017^2\times16}\times\frac{0.017}{0.38\times10^{-6}}$$
$$=4.4\times10^4>10^4\ \text{属于紊流}$$

说明管程中管子的根数布置满足要求。

(4) 求 Nu 及 α_2：管内强迫紊流水被加热的准则方程式为：

$$\text{Nu}=0.023\text{Re}^{0.8}\text{Pr}^{0.4}$$
$$=0.023\times(4.4\times10^4)^{0.8}\times2.32^{0.4}=167$$

∴ $$\alpha_2=\text{Nu}\cdot\frac{\lambda_2}{d}=167\times\frac{0.672}{0.017}=6601\quad\text{W/(m}^2\cdot℃)$$

2. 求蒸汽侧凝结换热系数 α_1：

(1) 定性温度：取凝结液膜的平均温度 t_m，

$$t_m=\frac{t_w+t_{bh}}{2}$$

式中壁温 t_w 未知，需用试算法。先假定一个壁温，以后再校核，如不行，再假定。由于

蒸汽侧换热系数大于水侧，故设的壁温应较接近蒸汽的温度。现假定 $t_w=102.7℃$，则

$$t_m=\frac{102.7+113.3}{2}=108℃$$

由 t_m 查附录 10-2，得凝结液的有关物性参数：

$$\rho=952.5\ \text{kg/m}^3;\lambda=0.684\ \text{W/(m}\cdot℃)$$

$$\mu=2.64\times10^{-4}\ \text{N}\cdot\text{s/m}^2$$

对应蒸汽压力 $p=0.16$MPa 的潜热 $r=2221\times10^3$J/kg。

（2）定型尺寸 l：对于水平布置的管束，定型尺寸取 $l=D=0.019$m

（3）求换热系数 α_1：由凝结换热公式（10-21）知顶排的换热系数为：

$$\alpha=C\cdot\sqrt[4]{\frac{\rho^2\lambda^3gr}{\mu D(t_{bh}-t_w)}}$$

$$=0.725\times\sqrt[4]{\frac{952.5^2\times0.684^3\times9.81\times2221\times10^3}{2.64\times10^{-4}\times0.019\times(113.3-102.7)}}$$

$$=13464.8\text{W/(m}^2\cdot℃)$$

管束的平均换热系数 α_1 为

$$\alpha_1=\frac{\alpha}{8}\sum_{i=1}^{8}\varepsilon_i$$

式中 $\sum_{i=1}^{8}\varepsilon_i$ 由图 10-15 查知为

$$\sum_{i=1}^{8}\varepsilon_i=1+0.85+0.77+0.71+0.67+0.64+0.62+0.6$$

$$=5.86$$

$$\therefore\qquad\alpha_1=\frac{13464.8}{8}\times5.86=9862.9\ \text{W/(m}^2\cdot℃)$$

3. 求传热系数 K：忽略铜管壁的热阻，考虑水垢热阻，并由于管壁的 $D/d=\frac{19}{17}<2$，可近似按平壁计算。

$$K=1/\left(\frac{1}{\alpha_1}+R_f+\frac{1}{\alpha_2}\right)$$

$$=1/\left(\frac{1}{9862.9}+0.00017+\frac{1}{6601}\right)$$

$$=2364.7\ \text{W/(m}^2\cdot℃)$$

根据 K 及 α_1 值校核原假定的壁温 t_w：由传热公式，得热流通量 q 为：

$$q=K\Delta t_m=2364.7\times36.3=8.584\times10^4\text{W/m}^2$$

由换热公式 $q=\alpha_1(t_{bh}-t_w)$，得

$$t_w=t_{bh}-\frac{q}{\alpha_1}$$

$$=113.3-\frac{8.584\times10^4}{9862.9}=104.6℃$$

与原假定 $t_w=102.7℃$ 相差不大，故不必再假定计算。

五、求换热面积 F 及管程长 L：

$$F=\frac{Q}{K\Delta t_{\mathrm{m}}}=4.4\times10^{5}/(2364.7\times36.3)$$

$$=5.126\mathrm{m}^{2}$$

由于总管数 $N=64$，故管程长

$$L=\frac{F}{\pi d_{\mathrm{m}}\cdot N}=\frac{5.126}{\pi\times0.018\times64}=1.416\mathrm{m}^{2}$$

最后取管程长 $L=1.42\mathrm{m}$，管程数 $Z=4$，每管程管数 16 根，总管数 $N=4\times16=64$ 根，实际换热面积 $F=N\pi d_{\mathrm{m}}\cdot L=64\times3.14\times0.018\times1.42=5.137\mathrm{m}^{2}$。

六、阻力计算：根据流体力学所学的阻力计算方法，可求得水经过换热器的压降。计算式为：

$$\Delta p=\left(f\cdot\frac{ZL}{d}+\Sigma\xi\right)\frac{\rho w^{2}}{2}$$

式中　f——摩擦阻力系数。由流体力学可知，当 $\mathrm{Re}=4.4\times10^{4}$ 时，f 的计算式为：

$$f=\frac{0.3164}{\mathrm{Re}^{0.25}}=\frac{0.3164}{(4.4\times10^{4})^{0.25}}=0.0218$$

$\Sigma\xi$——各局部阻力系数之和。该换热器有一个水室进口和一个水室出口，一个管束转 180°进入另一管束共三次，故

$$\Sigma\xi=2\times1.0+3\times2.5=9.5$$

w——管中流速，为

$$w=\frac{m_{2}}{\rho_{2}A_{总}}=\frac{3.5}{973.6\times(\pi\times0.017^{2}/4)\times16}$$

$$=0.99\mathrm{m/s}$$

$$\therefore\quad\Delta p=\left(0.0218\times\frac{4\times1.42}{0.017}+9.5\right)\times\frac{973.6\times0.99^{2}}{2}$$

$$=8007.7\mathrm{Pa}=0.08\text{ 大气压}$$

换热器内压降不很大，故以上设计计算可以成立。

【例 14-4】　今需设计一油水逆流型套管换热器，要求把流量为 1.2kg/s 的水从 25℃ 加热至 65℃，已知油液的进、出口温度为 110℃ 和 75℃，传热系数 $K=340\mathrm{W/(m^{2}\cdot ℃)}$。问：(1) 换热面积应设计成多大？(2) 若改用 2-4 型壳管式换热器，水走壳程，油走管程，K 值不变，则又需多少换热面积？

【解】　分析：本题问题 (1) 是已知冷、热流体的四个进、出口温度，冷流体的热容量和换热器的传热系数，求换热面积的设计计算。问题 (2) 是改型换热器的换热面积的设计计算。现采用平均温差法来计算。

一、求换热量：由公式 (14-5)，得

$$Q=m_{2}C_{\mathrm{p}_{2}}\Delta t_{2}=1.2\times4.186\times(65-25)$$

$$=200.9\mathrm{kW}$$

二、求换热器对数平均温差：由式 (14-2) 得

$$\Delta t_{\mathrm{m}}=\frac{\Delta t'-\Delta t''}{\ln\left(\frac{\Delta t'}{\Delta t''}\right)}=\frac{(75-25)-(110-65)}{\ln\left(\frac{75-25}{110-65}\right)}$$

$$=47.46℃$$

三、求换热面积：根据传热方程式（14-4），套管式换热器的换热面积为：

$$F=\frac{Q}{K\Delta t_{m}}=\frac{200.9\times10^{3}}{340\times47.46}=12.45m^{2}$$

若改用2-4型壳管式换热器，则需求对数平均温差的修正系数 $\varepsilon_{\Delta t}$。按

$$P=\frac{t''_{2}-t'_{2}}{t'_{1}-t'_{2}}=\frac{65-25}{110-25}=0.47$$

$$R=\frac{t'_{1}-t''_{1}}{t''_{2}-t'_{2}}=\frac{110-75}{65-25}=0.875$$

查图14-5，得 $\varepsilon_{\Delta t}=0.98$，所以传热面积变为

$$F=\frac{Q}{K\varepsilon_{\Delta t}\cdot\Delta t_{m}}=\frac{200.9\times10^{3}}{340\times0.98\times47.46}$$

$$=12.7m^{2}$$

【例14-5】 仍用上例中套管式换热器加热水，若油、水的进口温度不变，水的流量0.8kg/s，油的流量不变，求水的出口温度及换热器的换热量（已知油的比热 $C_{p1}=1.9kJ/kg\cdot℃$）。

【解】 分析：本题是上例的套管式换热器改变工况下的校核计算，可采用效能—传热单元数法进行计算。过程如下：

一、求油的流量 m_1：它为原题的流量，故由热平衡方程式（14-5）知：

$$m_{1}=\frac{1.2\times4.186\times(65-25)}{1.9\times(110-75)}=3.021\ kg/s$$

新工况下的流体热容量分别为：

$$m_{1}c_{p_{1}}=3.021\times1.9=5.74\ kW/℃$$

$$m_{2}c_{p_{2}}=0.8\times4.186=3.35\ kW/℃$$

$$\therefore\quad\frac{(mc_{p})_{min}}{(mc_{p})_{max}}=\frac{3.35}{5.74}=0.58$$

二、计算传热单元数 NTU：

$$NTU=\frac{KF}{(mc_{p})_{min}}=\frac{340\times12.7}{3.35\times10^{3}}=1.29$$

三、求换热器的效能 ε：由逆流换热器的 ε—NTU 关系图14-9，按已求得的 NTU 和 $(mc_p)_{min}/(mc_p)_{max}$值，可查得：$\varepsilon=62\%$

四、求新工况下换热器的换热量和水的出口温度。由式（14-8），得换热量：

$$Q=\varepsilon(mc_{p})_{min}(t'_{1}-(t'_{2})$$

$$=0.62\times3.35\times(110-25)=176.5kW$$

所以，水的出口温度为：

$$t''_{2}=t'_{2}+\frac{Q}{(mc_{p})_{min}}=25+\frac{176.5}{3.35}$$

$$=77.7℃$$

小　　结

本章讲述了换热器冷、热流体温度差平均值的计算和换热器选型计算的类型，方法及步骤、内容。

一、换热器平均温差的计算

在换热器的选型计算中，常需计算换热器平均温差，它有算术平均温差和对数平均温差两种方法计算。

算术平均温差的计算式为

$$\Delta t_{\mathrm{m}} = (\Delta t' + \Delta t'')/2$$

这种计算方法简单方便，但它只用于顺、逆流式换热器，且冷、热流体间的温差沿换热面的变化较小，即 $\Delta t' + \Delta t'' < 2$ 的场合。

对数平均温差的计算式为

$$\Delta t_{\mathrm{m}} = (\Delta t' - \Delta t'')/\ln(\Delta t'/\Delta t'')$$

其计算较为精确，且适用于顺、逆流动方式的换热器。对于顺、逆流以外流动方式的换热器，是先按逆流算出对数平均温差后，再乘以相应流动方式换热器的温差修正系数来计算平均温差的，即

$$\Delta t_{\mathrm{m}} = \varepsilon_{\Delta t} \cdot (\Delta t' - \Delta t'')/\ln(\Delta t'/\Delta t'')$$

二、换热器的选型计算

1. 换热器的选型计算，通常有设计计算和校核计算两种。设计计算是根据换热器设计给定的参量 $m_1 c_{p_1}$、$m_2 c_{p_2}$和三个进出口温度，求解换热器传热面面积 F；而校核计算则是对已给定的换热器 KF、$m_1 c_{p_1}$、$m_2 c_{p_2}$及冷、热流体进口温度 t_1'、t_2'，求解新工况下的出口温度 t_1''和 t_2''是否满足要求。

2. 换热器选型计算的方法，有平均温差法和效能——传热单元数法。对数平均温差法的基本计算公式是 $Q = KF\Delta t_{\mathrm{m}}$，而效能传热单元数法则是用 $\varepsilon = f\left[NTU, \frac{(mc_{\mathrm{p}})_{\min}}{(mc_{\mathrm{p}})_{\max}}\right.$，流动方式$\left.\right]$ 的函数关系（或图表）来进行计算的。这两种计算方法虽都可用于换热器的设计与校核计算，但对数平均温差法一般多用于设计计算，而效能——传热单元数法多用于校核计算中。

3. 本章第三节示例了管壳式蒸汽——水加热器的设计计算，套管式油——水换热器的设计计算和它在新工况下的校核计算三个例子。

习　题　十　四

14-1　试求换热器中的平均温差。已知换热器中热流体由 300℃被冷却到 200℃，而冷流体从 25℃被加热到 175℃，冷、热流体被布置成逆流式。

14-2　上题中，若冷、热流体被布置成顺流式，换热器中的平均温差为多少？并与上题结果相比较。

14-3　试求题 14-1 中冷、热流体流动方式改为：热流体两壳程冷流体四管程和一次交叉流时各自的平均温差。

14-4　某冷却设备每小时必须冷却 275kg 的热流体从 120℃至 50℃，热流体的比热 $c_{1_1} = 3.04$kJ/（kg

·℃）。为了冷却热流体，现用流量 $m_{l_2}=1000\text{kg/h}$ 的 10℃水［比热 $c_{l_2}=4.18\text{kJ/(kg·℃)}$］，试求：(1) 当换热器为顺流式和逆流式时的平均温度差；(2) 若换热器总传热系数 $K=4180\text{kJ/(m}^2\text{·h·℃)}$ 时，顺流与逆流两种情况下各需的换热面积为多少？

14-5 上题中，若改用一壳程两管程式换热器，冷流体走壳程，热流体走管程，K 系数不变，则换热面积需多少？

14-6 一冷凝器中，蒸汽压力为 $8\times10^4\text{Pa}$，蒸汽流量为 0.015kg/s，冷却水进口温度为 10℃，出口温度为 60℃，冷凝器的传热系数为 2000W/（m^2·℃），试求冷凝器的换热面积和冷却水的质流量（提示：蒸汽冷却后成同压下的饱和水输出）。

14-7 已知逆流套管换热器的换热面积 $F=2\text{m}^2$，传热系数 $K=1000\text{W/(m}^2\text{·℃)}$，冷、热介质的进口温度分别为 10℃和 150℃，热容量分别为 $m_2\cdot c_{p_2}=4.18\text{kW/℃}$ 和 $m_1\cdot c_{p_1}=5.7\text{kW/℃}$，求换热器的传热量及两种介质的出口温度。

14-8 上题中，若改用 2-4 型壳管式换热器（冷流体走壳程，热流体走管程，传热系数不变），则传热量和两种介质的出口温度又为多少？

附　录

附录 3-1　气体的真实定压摩尔比热（J/（mol·K））

温度(℃)＼气体	O_2	N_2	CO	CO_2	H_2O	SO_2	空气
0	29.274	29.115	29.123	35.860	33.499	38.854	29.073
100	29.877	29.199	29.262	42.206	34.055	42.412	29.266
200	30.815	29.471	29.647	43.589	34.964	45.552	29.676
300	31.832	29.952	30.254	46.515	36.036	48.232	30.266
400	32.758	30.576	30.974	48.860	37.191	50.242	30.949
500	32.549	31.250	31.707	50.815	38.406	51.707	31.640
600	34.202	31.920	32.402	52.452	39.662	52.879	32.301
700	34.764	32.540	33.025	53.826	40.951	53.759	32.900
800	35.203	33.701	33.574	54.977	42.249	54.428	33.432
900	35.584	33.599	34.055	55.952	43.513	55.015	33.905
1000	35.914	34.043	34.470	56.773	44.723	55.433	34.315
1100	36.216	34.424	34.826	57.472	45.853	55.768	34.679
1200	36.486	34.763	35.140	58.071	46.913	56.061	35.002
1300	36.752	35.060	35.412	58.586	47.897	56.354	35.291
1400	36.999	35.320	35.646	59.030	48.801	56.564	35.546
1500	37.242	35.546	35.856	59.411	49.639	56.773	35.772
1600	37.480	35.747	36.040	59.737	50.409	56.899	35.977
1700	37.715	35.927	36.203	60.022	51.133	57.024	36.170
1800	37.945	36.090	36.350	60.269	51.782	57.150	36.346
1900	38.175	36.237	36.480	60.478	52.377	57.234	36.509
2000	38.406	36.367	36.597	60.654	52.930	54.317	36.655
2100	38.636	36.484	36.706	60.801	53.449	57.359	36.798
2200	38.858	36.593	36.802	60.918	53.930	57.443	36.928
2300	39.080	36.693	36.894	61.006	54.370	57.485	37.053
2400	39.293	36.785	36.978	61.060	54.780	57.527	37.170
2500	39.502	36.869	37.053	61.085	55.161	57.610	37.279
2600	39.708	37.022			55.525		37.430
2700	39.909	37.106			55.864		37.514
2800	39.984	37.189			56.187		37.597
2900	40.152	37.231			56.486		37.681
3000	40.277	37.263	37.388	61.178	56.522	57.736	37.765
M①	32.000	28.016	28.010	44.010	18.020	64.06	28.964

①M 为物质的摩尔质量，下同。

附录3-2 气体的平均定压摩尔比热（J/（mol·K））

温度(℃) \ 气体	O_2	N_2	CO	CO_2	H_2O	SO_2	空气
0	29.274	29.115	29.123	35.860	33.499	38.854	29.073
100	29.538	29.144	29.178	38.112	33.741	40.654	29.153
200	29.931	29.228	29.303	40.059	34.118	42.329	29.299
300	30.400	29.383	29.517	41.755	34.575	43.878	29.521
400	30.878	29.601	29.789	43.250	35.090	45.217	29.789
500	31.334	29.864	30.099	44.573	35.630	46.390	30.095
600	31.761	30.149	30.425	45.753	36.195	47.353	30.405
700	32.150	30.451	30.752	46.813	36.789	48.232	30.723
800	32.502	30.748	31.070	47.763	37.392	48.944	31.028
900	32.825	31.037	31.376	48.617	38.008	49.614	31.321
1000	33.118	31.313	31.665	49.392	38.619	50.158	31.598
1100	33.386	31.577	31.937	50.099	39.226	50.660	31.862
1200	33.633	31.828	32.192	50.740	39.285	51.079	32.109
1300	33.803	32.067	32.427	51.322	40.407	51.623	32.343
1400	34.076	32.293	32.653	51.858	40.976	51.958	32.565
1500	34.282	32.502	32.858	52.348	41.525	52.251	32.774
1600	34.474	32.699	33.051	52.800	42.056	52.544	32.967
1700	34.658	32.883	33.231	53.218	42.576	52.796	33.151
1800	34.834	33.055	33.402	53.604	43.070	53.047	33.319
1900	35.006	33.218	33.561	53.959	43.539	53.214	33.482
2000	35.169	33.373	33.708	54.290	43.995	53.465	33.641
2100	35.328	33.520	33.850	54.596	44.435	53.633	33.787
2200	35.483	33.658	33.980	54.881	44.853	53.800	33.926
2300	35.634	33.787	34.106	55.144	45.255	53.968	34.060
2400	35.785	33.909	34.223	55.391	45.644	54.135	34.185
2500	35.927	34.022	34.336	55.617	46.017	54.261	34.307
2600	36.069	34.206	34.499	55.852	46.381	54.387	34.332
2700	36.207	34.290	34.583	56.061	46.729	54.512	34.457
2800	36.341	34.415	34.667	56.229	47.060	54.596	34.543
2900	36.509	34.499	34.750	56.438	47.378	54.721	34.625
3000	36.767	34.533	34.834	56.606		54.847	34.709
M	32.000	28.016	28.010	44.010	18.020	64.06	28.964

注：该表引自曾丹苓等编《工程热力学》第一版，1980。

附录 3-3　气体的平均定容摩尔比热（J/（mol·K））

温度(℃) \ 气体	O_2	N_2	CO	CO_2	H_2O	SO_2	空气
0	20.959	20.800	20.808	27.545	25.184	30.522	20.758
100	21.223	20.829	20.863	29.797	25.426	32.322	20.838
200	21.616	20.913	20.988	31.744	25.803	33.997	20.984
300	22.085	21.068	21.202	33.440	26.260	35.546	21.206
400	22.563	21.286	21.474	34.935	26.775	36.886	21.474
500	23.019	21.549	21.784	36.258	27.315	38.058	21.780
600	23.446	21.834	22.100	37.438	27.880	39.021	22.090
700	23.835	22.136	22.437	38.498	28.474	39.900	22.408
800	24.187	22.433	22.755	39.448	29.077	40.612	22.713
900	24.510	22.722	23.061	40.302	29.693	41.282	23.006
1000	24.803	22.998	23.360	41.077	30.304	41.826	23.283
1100	25.071	23.262	23.622	41.784	30.911	42.329	23.541
1200	25.318	23.513	23.877	42.425	31.510	42.747	23.794
1300	25.548	23.752	24.112	43.007	32.092		24.028
1400	25.761	23.978	24.338	43.543	32.661		24.250
1500	25.976	24.187	24.543	44.033	33.210		24.459
1600	26.159	24.384	24.736	44.485	33.741		24.652
1700	26.343	24.568	24.916	44.903	34.261		24.836
1800	26.519	24.740	25.087	45.289	34.755		25.004
1900	26.691	24.903	25.246	45.644	35.224		25.167
2000	26.854	25.058	25.393	45.675	35.680		25.326
2100	27.013	25.205	25.536	46.281	36.120		25.472
2200	27.168	25.343	25.665	46.566	36.538		25.611
2300	27.319	25.472	25.791	46.829	36.940		25.745
2400	27.470	25.594	25.908	47.076	37.330		25.870
2500	27.612	25.707	26.021	47.302	37.702		25.992
2600	27.754				38.066		
2700	27.892				38.414		
2800					38.745		
2900					39.063		
3000							
M	32.000	28.016	28.010	44.010	18.020	64.06	28.964

注：该表引自曾丹苓等编《工程热力学》第一版，1980 年。

附录 3-4　气体的平均定压比热（kJ/（kg·K））

温度(℃) \ 气体	O_2	N_2	CO	CO_2	H_2O	SO_2	空气
0	0.915	1.039	1.040	0.815	1.859	0.607	1.004
100	0.923	1.040	1.042	0.866	1.873	0.636	1.006
200	0.935	1.043	1.046	0.910	1.894	0.662	1.012
300	0.950	1.049	1.054	0.949	1.919	0.687	1.019
400	0.965	1.057	1.063	0.983	1.948	0.708	1.028
500	0.979	1.066	1.075	1.013	1.978	0.724	1.039
600	0.993	1.076	1.086	1.040	2.009	0.737	1.050
700	1.005	1.087	1.098	1.064	2.042	0.754	1.061
800	1.016	1.097	1.109	1.085	2.075	0.762	1.071
900	1.026	1.108	1.120	1.104	2.110	0.775	1.081
1000	1.035	1.118	1.130	1.122	2.144	0.783	1.091
1100	1.043	1.127	1.140	1.138	2.177	0.791	1.100
1200	1.051	1.136	1.149	1.153	2.211	0.795	1.108
1300	1.058	1.145	1.158	1.166	2.243	—	1.117
1400	1.065	1.153	1.166	1.178	2.274	—	1.124
1500	1.071	1.160	1.173	1.189	2.305	—	1.131
1600	1.077	1.167	1.180	1.200	2.335	—	1.138
1700	1.083	1.174	1.187	1.209	2.363	—	1.144
1800	1.089	1.180	1.192	1.218	2.391	—	1.150
1900	1.094	1.186	1.198	1.226	2.417	—	1.156
2000	1.099	1.191	1.203	1.233	2.442	—	1.161
2100	1.104	1.197	1.208	1.241	2.466	—	1.166
2200	1.109	1.201	1.213	1.247	2.489	—	1.171
2300	1.114	1.206	1.218	1.253	2.512	—	1.176
2400	1.118	1.210	1.222	1.259	2.533	—	1.180
2500	1.123	1.214	1.226	1.264	2.554	—	1.184
2600	1.127	—	—	—	2.574	—	—
2700	1.131	—	—	—	2.594	—	—
2800	—	—	—	—	2.612	—	—
2900	—	—	—	—	2.630	—	—
3000	—	—	—	—	—	—	—

注：该表引自曾丹苓等编《工程热力学》第一版，1980年。

附录 3-5　气体的平均定容比热（kJ/（kg·K））

温度(℃) \ 气体	O_2	N_2	CO	CO_2	H_2O	SO_2	空气
0	0.655	0.742	0.743	0.626	1.398	0.477	0.716
100	0.663	0.744	0.745	0.677	1.411	0.507	0.719
200	0.675	0.747	0.749	0.721	1.432	0.532	0.724
300	0.690	0.752	0.757	0.760	1.457	0.557	0.732
400	0.705	0.760	0.767	0.794	1.486	0.578	0.741
500	0.719	0.769	0.777	0.824	1.516	0.595	0.752
600	0.733	0.779	0.789	0.851	1.547	0.607	0.762
700	0.745	0.790	0.801	0.875	1.581	0.621	0.773
800	0.756	0.801	0.812	0.896	1.614	0.632	0.784
900	0.766	0.811	0.823	0.916	1.618	0.615	0.794
1000	0.775	0.821	0.834	0.933	1.682	0.653	0.804
1100	0.783	0.830	0.843	0.950	1.716	0.662	0.813
1200	0.791	0.839	0.857	0.964	1.749	0.666	0.821
1300	0.798	0.848	0.861	0.977	1.781	—	0.829
1400	0.805	0.856	0.869	0.989	1.813	—	0.837
1500	0.811	0.863	0.876	1.001	1.843	—	0.844
1600	0.817	0.870	0.883	1.011	1.873	—	0.851
1700	0.823	0.877	0.889	1.020	1.902	—	0.857
1800	0.829	0.883	0.896	1.029	1.929	—	0.863
1900	0.834	0.880	0.901	1.037	1.955	—	0.869
2000	0.839	0.894	0.906	1.045	1.980	—	0.874
2100	0.844	0.900	0.911	1.052	2.005	—	0.879
2200	0.849	0.905	0.916	1.058	2.028	—	0.884
2300	0.854	0.909	0.921	1.064	2.050	—	0.889
2400	0.858	0.914	0.925	1.070	2.072	—	0.893
2500	0.863	0.918	0.929	1.075	2.093	—	0.897
2600	0.868	—	—	—	2.113	—	—
2700	0.872	—	—	—	2.132	—	—
2800	—	—	—	—	2.151	—	—
2900	—	—	—	—	2.168	—	—
3000	—	—	—	—	—	—	—

注：该表引自曾丹苓等编《工程热力学》第一版，1980年。

附录 3-6　气体的平均定压容积比热（kJ/（m^3·K））

温度（℃）＼气体	O_2	N_2	CO	CO_2	H_2O	SO_2	空气
0	1.306	1.299	1.299	1.600	1.494	1.733	1.297
100	1.318	1.300	1.302	1.700	1.505	1.813	1.300
200	1.335	1.304	1.307	1.787	1.522	1.888	1.307
300	1.356	1.311	1.317	1.863	1.542	1.955	1.317
400	1.377	1.321	1.329	1.930	1.565	2.018	1.329
500	1.398	1.332	1.343	1.989	1.590	2.068	1.343
600	1.417	1.345	1.357	2.041	1.615	2.114	1.357
700	1.434	1.359	1.372	2.088	1.641	2.152	1.371
800	1.450	1.372	1.386	2.131	1.668	2.181	1.384
900	1.465	1.385	1.400	2.169	1.696	2.215	1.398
1000	1.478	1.397	1.413	2.204	1.723	2.236	1.410
1100	1.489	1.409	1.425	2.235	1.750	2.261	1.421
1200	1.501	1.420	1.436	2.264	1.777	2.278	1.433
1300	1.511	1.431	1.447	2.290	1.803	—	1.443
1400	1.520	1.441	1.457	2.314	1.828	—	1.453
1500	1.529	1.450	1.466	2.335	1.853	—	1.462
1600	1.538	1.459	1.475	2.355	1.876	—	1.471
1700	1.546	1.467	1.483	2.374	1.900	—	1.479
1800	1.554	1.475	1.490	2.392	1.921	—	1.487
1900	1.562	1.482	1.497	2.407	1.942	—	1.494
2000	1.569	1.489	1.504	2.422	1.963	—	1.501
2100	1.576	1.496	1.510	2.436	1.982	—	1.507
2200	1.583	1.502	1.516	2.448	2.001	—	1.514
2300	1.590	1.507	1.521	2.460	2.019	—	1.519
2400	1.596	1.513	1.527	2.471	2.036	—	1.525
2500	1.603	1.518	1.532	2.481	2.053	—	1.530
2600	1.609	—	—	—	2.069	—	
2700	1.615	—	—	—	2.085	—	
2800	—	—	—	—	2.100	—	
2900	—	—	—	—	2.113	—	
3000	—	—	—	—	—	—	

注：该表引自曾丹苓等编《工程热力学》第一版，1980 年。

附录 3-7 气体的平均定容容积比热（kJ/（m^3·K））

温度(℃) \ 气体	O_2	N_2	CO	CO_2	H_2O	SO_2	空气
0	0.935	0.928	0.928	1.229	1.124	1.361	0.926
100	0.947	0.929	0.931	1.329	1.134	1.440	0.929
200	0.964	0.933	0.936	1.416	1.151	1.516	0.936
300	0.985	0.940	0.946	1.492	1.171	1.597	0.946
400	1.007	0.950	0.958	1.559	1.194	1.645	0.958
500	1.027	0.961	0.972	1.618	1.219	1.700	0.972
600	1.046	0.974	0.986	1.670	1.241	1.742	0.986
700	1.063	0.988	1.001	1.717	1.270	1.779	1.000
800	1.079	1.001	1.015	1.760	1.297	1.813	1.013
900	1.094	1.014	1.029	1.798	1.325	1.842	1.026
1000	1.107	1.026	1.042	1.833	1.352	1.867	1.039
1100	1.118	1.038	1.054	1.864	1.379	1.888	1.050
1200	1.130	1.049	1.065	1.893	1.406	1.905	1.062
1300	1.140	1.060	1.076	1.919	1.432	—	1.072
1400	1.149	1.070	1.086	1.943	1.457	—	1.082
1500	1.158	1.079	1.095	1.964	1.482	—	1.091
1600	1.167	1.088	1.104	1.985	1.505	—	1.100
1700	1.175	1.096	1.112	2.003	1.529	—	1.108
1800	1.183	1.004	1.119	2.021	1.550	—	1.116
1900	1.191	1.111	1.126	2.036	1.571	—	1.123
2000	1.198	1.118	1.133	2.051	1.592	—	1.130
2100	1.205	1.125	1.139	2.065	1.611	—	1.136
2200	1.212	1.130	1.145	2.077	1.630	—	1.143
2300	1.219	1.136	1.151	2.089	1.648	—	1.148
2400	1.225	1.142	1.156	2.100	1.666	—	1.154
2500	1.232	1.147	1.161	2.110	1.682	—	1.159
2600	1.238	—	—	—	1.698	—	—
2700	1.244	—	—	—	1.714	—	—
2800	—	—	—	—	1.729	—	—
2900	—	—	—	—	1.743	—	—
3000	—	—	—	—	—	—	—

注：该表引自曾丹苓等编《工程热力学》第一版，1980 年。

附录 5-1　饱和水与饱和蒸汽性质表（按温度排列）

t	p	v'	v''	ρ'	ρ''	h'	h''	γ	s'	s''
℃	MPa	m^3/kg	m^3/kg	kg/m^3	kg/m^3	kJ/kg	kJ/kg	kJ/kg	kJ/(kg·K)	kJ/(kg·K)
0.01	0.0006108	0.0010002	206.3	999.80	0.004847	0.00	2501	2501	0.0000	9.1544
1	0.0006566	0.0010001	192.6	999.90	0.005192	4.22	2502	2498	0.0154	9.1281
5	0.0008719	0.0010001	147.2	999.90	0.006793	21.05	2510	2489	0.0762	9.0241
10	0.0012277	0.0010004	106.42	999.60	0.009398	42.04	2519	2477	0.1510	8.8994
15	0.0017041	0.0010010	77.97	999.00	0.01282	62.97	2528	2465	0.2244	8.7806
20	0.002337	0.0010018	57.84	998.20	0.01729	83.80	2537	2454	0.2964	8.6665
25	0.003166	0.0010030	43.40	997.01	0.02304	104.81	2547	2442	0.3672	8.5570
30	0.004241	0.0010044	32.92	995.62	0.03037	125.71	2556	2430	0.4366	8.4530
35	0.005622	0.0010061	25.24	993.94	0.03962	146.60	2565	2418	0.5049	8.3519
40	0.007375	0.0010079	19.55	992.16	0.05115	167.50	2574	2406	0.5723	8.2559
45	0.009584	0.0010099	15.28	990.20	0.06544	188.40	2582	2394	0.6384	8.1638
50	0.012335	0.0010121	12.04	988.04	0.08306	209.3	2592	2383	0.7038	8.0753
60	0.019917	0.0010171	7.678	983.19	0.1302	251.1	2609	2358	0.8311	7.9084
70	0.03117	0.0010228	5.045	977.71	0.1982	293.0	2626	2333	0.9549	7.7544
80	0.04736	0.0010290	3.408	971.82	0.2934	334.9	2643	2308	1.0753	7.6116
90	0.07011	0.0010359	2.361	965.34	0.4235	377.0	2659	2282	1.1925	7.4787
100	0.10131	0.0010435	1.673	958.31	0.5977	419.1	2676	2257	1.3071	7.3547
110	0.14326	0.0010515	1.210	951.02	0.8264	461.3	2691	2230	1.4184	7.2387
120	0.19854	0.0010603	0.8917	943.13	1.121	503.7	2706	2202	1.5277	7.1298
130	0.27011	0.0010697	0.6683	934.84	1.496	546.3	2721	2174	1.6345	7.0272
140	0.3614	0.0010798	0.5087	926.10	1.966	589.0	2734	2145	1.7392	6.9304
150	0.4760	0.0010906	0.3926	916.93	2.547	632.2	2746	2114	1.8414	6.8383
160	0.6180	0.0011021	0.3068	907.36	3.258	675.6	2758	2082	1.9427	6.7508
170	0.7920	0.0011144	0.2426	897.34	4.122	719.2	2769	2050	2.0417	6.6666
180	1.0027	0.0011275	0.1939	886.92	5.157	763.1	2778	2015	2.1395	6.5858
190	1.2553	0.0011415	0.1564	876.04	6.394	807.5	2786	1979	2.2357	6.5074
200	1.5551	0.0011565	0.1272	864.68	7.862	852.4	2793	1941	2.3308	6.4318
210	1.9080	0.0011726	0.1043	852.81	9.588	897.7	2798	1900	2.4246	6.3577
220	2.3201	0.0011900	0.08606	840.34	11.62	943.7	2802	1858	2.5179	6.2849
230	2.7979	0.0012087	0.07147	827.34	13.99	990.4	2803	1813	2.6101	6.2133
240	3.3480	0.0012291	0.05967	813.60	16.76	1037.5	2803	1766	2.7021	6.1425
250	3.9776	0.0012512	0.05006	799.23	19.98	1085.7	2801	1715	2.7934	6.0721
260	4.694	0.0012755	0.04215	784.01	23.72	1135.1	2796	1661	2.8851	6.0013
270	5.505	0.0013023	0.03560	767.87	28.09	1185.3	2790	1605	2.9764	5.9297
280	6.419	0.0013321	0.03013	750.69	33.19	1236.9	2780	1542.9	3.0681	5.8573
290	7.445	0.0013655	0.02554	732.33	39.15	1290.0	2766	1476.3	3.1611	5.7827
300	8.592	0.0014036	0.02164	712.45	46.21	1344.9	2749	1404.2	3.2548	5.7049
310	9.870	0.001447	0.01832	691.09	54.58	1402.1	2727	1325.2	3.3508	5.6233
320	11.290	0.001499	0.01545	667.11	64.72	1462.1	2700	1237.8	3.4495	5.5353
330	12.865	0.001562	0.01297	640.20	77.10	1526.1	2666	1139.6	3.5522	5.4412
340	14.608	0.001639	0.01078	610.13	92.76	1594.7	2622	1027.0	3.6605	5.3361
350	16.537	0.001741	0.008803	574.38	113.6	1671	2565	898.5	3.7786	5.2117
360	18.674	0.001894	0.006943	527.98	144.0	1762	2481	719.3	3.9162	5.0530
370	21.053	0.00222	0.00493	450.45	203	1893	2331	438.4	4.1137	4.7951
374	22.087	0.00280	0.00347	357.14	288	2032	2147	114.7	4.3258	4.5029

附录 5-2　饱和水与饱和蒸汽性质表（按压力排列）

压力 p	温度 t	比容 液体 v'	比容 蒸汽 v''	焓 液体 h'	焓 蒸汽 h''	汽化潜热 γ	熵 液体 s'	熵 蒸汽 s''
MPa	℃	$\frac{m^3}{kg}$	$\frac{m^3}{kg}$	$\frac{kJ}{kg}$	$\frac{kJ}{kg}$	$\frac{kJ}{kg}$	$\frac{kJ}{(kg \cdot K)}$	$\frac{kJ}{(kg \cdot K)}$
0.001	6.982	0.0010001	129.208	29.33	2513.8	2484.5	0.1060	8.9756
0.002	17.511	0.0010012	67.006	73.45	2533.2	2459.8	0.2606	8.7236
0.003	24.098	0.0010027	45.668	101.00	2545.2	2444.2	0.3543	8.5776
0.004	28.981	0.0010040	34.803	121.41	2554.1	2432.7	0.4224	8.4747
0.005	32.90	0.0010052	28.196	137.77	2561.2	2423.4	0.4762	8.3952
0.006	36.18	0.0010064	23.742	151.50	2567.1	2415.6	0.5209	8.3305
0.007	39.02	0.0010074	20.532	163.38	2572.2	2408.8	0.5591	8.2760
0.008	41.53	0.0010084	18.106	173.87	2576.7	2402.8	0.5926	8.2289
0.009	43.79	0.0010094	16.266	183.28	2580.8	2397.5	0.6224	8.1875
0.01	45.83	0.0010102	14.676	191.84	2584.4	2392.6	0.6493	8.1505
0.015	54.00	0.0010140	10.025	225.98	2598.9	2372.9	0.7549	8.0089
0.02	60.09	0.0010172	7.6515	251.46	2609.6	2358.1	0.8321	7.9092
0.025	64.99	0.0010199	6.2060	271.99	2618.1	2346.1	0.8932	7.8321
0.03	69.12	0.0010223	5.2308	289.31	2625.3	2336.0	0.9441	7.7695
0.04	75.89	0.0010265	3.9949	317.65	2636.8	2319.2	1.0261	7.6711
0.05	81.35	0.0010301	3.2415	340.57	2646.0	2305.4	1.0912	7.5951
0.06	85.95	0.0010333	2.7329	359.93	2653.6	2203.7	1.1454	7.5332
0.07	89.96	0.0010361	2.3658	376.77	2660.2	2283.4	1.1921	7.4811
0.08	93.51	0.0010387	2.0879	391.72	2666.0	2274.3	1.2330	7.4360
0.09	96.71	0.0010412	1.8701	405.21	2671.1	2265.9	1.2696	7.3963
0.1	99.63	0.0010434	1.6946	417.51	2675.7	2258.2	1.3027	7.3608
0.12	104.81	0.0010476	1.4289	439.36	2683.8	2244.4	1.3609	7.2996
0.14	109.32	0.0010513	1.2370	458.42	2690.8	2232.4	1.4109	7.2480
0.16	113.32	0.0010547	1.0917	475.38	2696.8	2221.4	1.4550	7.2032
0.18	116.93	0.0010579	0.97775	490.70	2702.1	2211.4	1.4944	7.1638
0.2	120.23	0.0010608	0.88592	504.7	2706.9	2202.2	1.5301	7.1286
0.25	127.43	0.0010675	0.71881	535.4	2717.2	2181.8	1.6072	7.0540
0.3	133.54	0.0010735	0.60586	561.4	2725.5	2164.1	1.6717	6.9930
0.35	138.88	0.0010789	0.52425	584.3	2732.5	2148.2	1.7273	6.9414
0.4	143.62	0.0010839	0.46242	604.7	2738.5	2133.8	1.7764	6.8966
0.45	147.92	0.0010885	0.41892	623.2	2743.8	2120.6	1.8204	6.8570
0.5	151.85	0.0010928	0.37481	640.1	2748.5	2108.4	1.8604	6.8215
0.6	158.84	0.0011009	0.31556	670.4	2756.4	2086.0	1.9308	6.7598
0.7	164.96	0.0011082	0.27274	697.1	2762.9	2065.8	1.9918	6.7074
0.8	170.42	0.0011150	0.24030	720.9	2768.4	2047.5	2.0457	6.6618
0.9	175.36	0.0011213	0.21484	742.6	2773.0	2030.4	2.0941	6.6212

续表

压力	温度	比容		焓		汽化潜热	熵	
		液体	蒸汽	液体	蒸汽		液体	蒸汽
p	t	v'	v''	h'	h''	γ	s'	s''
MPa	℃	$\frac{m^3}{kg}$	$\frac{m^3}{kg}$	$\frac{kJ}{kg}$	$\frac{kJ}{kg}$	$\frac{kJ}{kg}$	$\frac{kJ}{(kg\cdot K)}$	$\frac{kJ}{(kg\cdot K)}$
1	179.88	0.0011274	0.19430	762.6	2777.0	2014.4	2.1382	6.5847
1.1	184.06	0.0011331	0.17739	781.1	2780.4	1999.3	2.1786	6.5515
1.2	187.96	0.0011386	0.16320	798.4	2783.4	1985.0	2.2160	6.5210
1.3	191.60	0.0011438	0.15112	814.7	2786.0	1971.3	2.2509	6.4927
1.4	195.04	0.0011489	0.14072	830.1	2788.4	1958.3	2.2836	6.4665
1.5	198.28	0.0011538	0.13165	844.7	2790.4	1945.7	2.3144	6.4418
1.6	201.37	0.0011586	0.12368	858.6	2792.2	1933.6	2.3436	6.4187
1.7	204.30	0.0011633	0.11661	871.8	2793.8	1922.0	2.3712	6.3967
1.8	207.10	0.0011678	0.11031	884.6	2795.1	1910.5	2.3976	6.3759
1.9	209.79	0.0011722	0.10464	896.8	2796.4	1899.6	2.4227	6.3561
2	212.37	0.0011766	0.09953	908.6	2797.4	1888.8	2.4468	6.3373
2.2	217.24	0.0011850	0.09064	930.9	2799.1	1868.2	2.4922	6.3018
2.4	221.78	0.0011932	0.08319	951.9	2800.4	1848.5	2.5343	6.2691
2.6	226.03	0.0012011	0.07685	971.7	2801.2	1829.5	2.5736	6.2386
2.8	230.04	0.0012088	0.07138	990.5	2801.7	1811.2	2.6106	6.2101
3	233.84	0.0012163	0.06662	1008.4	2801.9	1793.5	2.6455	6.1832
3.5	242.54	0.0012345	0.05702	1049.8	2801.3	1751.5	2.7253	6.1218
4	250.33	0.0012521	0.04974	1087.5	2799.4	1711.9	2.7967	6.0670
5	263.92	0.0012858	0.03941	1154.6	2792.8	1638.2	2.9209	5.9712
6	275.56	0.0013187	0.03241	1213.9	2783.3	1569.4	3.0277	5.8878
7	285.80	0.0013514	0.02734	1267.7	2771.4	1503.7	3.1225	5.8126
8	294.98	0.0013843	0.02349	1317.5	2757.5	1440.0	3.2083	5.7430
9	303.31	0.0014179	0.02046	1364.2	2741.8	1377.6	3.2875	5.6773
10	310.96	0.0014526	0.01800	1408.6	2724.4	1315.8	3.3616	5.6143
11	318.04	0.0014887	0.01597	1451.2	2705.4	1254.2	3.4316	5.5531
12	324.64	0.0015267	0.01425	1492.6	2684.8	1192.2	3.4986	5.4930
13	330.81	0.0015670	0.01277	1533.0	2662.4	1129.4	3.5633	5.4333
14	336.63	0.0016104	0.01149	1572.8	2638.3	1065.5	3.6262	5.3737
15	342.12	0.0016580	0.01035	1612.2	2611.6	999.4	3.6877	5.3122
16	347.32	0.0017101	0.009330	1651.5	2582.7	931.2	3.7486	5.2496
17	352.26	0.0017690	0.008401	1691.6	2550.8	859.2	3.8103	5.1841
18	356.96	0.0018380	0.007534	1733.4	2514.4	781.0	3.8739	5.1135
19	361.44	0.0019231	0.006700	1778.2	2470.1	691.9	3.9417	5.0321
20	365.71	0.002038	0.005873	1828.8	2413.8	585.0	4.0181	4.9338
21	369.79	0.002218	0.005006	1892.2	2340.2	448.0	4.1137	4.8106
22	373.68	0.002675	0.003757	2007.7	2192.5	184.8	4.2891	4.5748

附录 5-3　未饱和水与过热蒸汽性质表

p(MPa)	0.001			0.005		
	$t_s=6.982$ $v'=0.0010001$　$v''=129.208$ $h'=29.33$　$h''=2513.8$ $s'=0.1060$　$s''=8.9756$			$t_s=32.90$ $v'=0.0010052$　$v''=28.196$ $h'=137.77$　$h''=2561.2$ $s'=0.4762$　$s''=8.3952$		
t	v	h	s	v	h	s
℃	m^3/kg	kJ/kg	kJ/(kg·K)	m^3/kg	kJ/kg	kJ/(kg·K)
0	0.0010002	0.0	−0.0001	0.0010002	0.0	−0.0001
10	130.60	2519.5	8.9956	0.0010002	42.0	0.1510
20	135.23	2538.1	9.0604	0.0010017	83.9	0.2963
40	144.47	2575.5	9.1837	28.86	2574.6	8.4385
60	153.71	2613.0	9.2997	30.71	2612.3	8.5552
80	162.95	2650.6	9.4093	32.57	2650.0	8.6652
100	172.19	2688.3	9.5132	34.42	2687.9	8.7695
120	181.42	2726.2	9.6122	36.27	2725.9	8.8687
140	190.66	2764.3	9.7066	38.12	2764.0	8.9633
160	199.89	2802.6	9.7971	39.97	2802.3	9.0539
180	209.12	2841.0	9.8839	41.81	2840.8	9.1408
200	218.35	2879.7	9.9674	43.66	2879.5	9.2244
220	227.58	2918.6	10.0480	45.51	2918.5	9.3049
240	236.82	2957.7	10.1257	47.36	2957.6	9.3828
260	246.05	2997.1	10.2010	49.20	2997.0	9.4580
280	255.28	3036.7	10.2739	51.05	3036.6	9.5310
300	264.51	3076.5	10.3446	52.90	3076.4	9.6017
350	287.58	3177.2	10.5130	57.51	3177.1	9.7702
400	310.66	3279.5	10.6709	62.13	3279.4	9.9280
450	333.74	3383.4	10.820	66.74	3383.3	10.077
500	356.81	3489.0	10.961	71.36	3489.0	10.218
550	379.89	3596.3	11.095	75.98	3596.2	10.352
600	402.96	3705.3	11.224	80.59	3705.3	10.481

注　粗水平线之上为未饱和水，粗水平线之下为过热蒸汽。

续表

p(MPa)	0.01			0.05		
	$t_s=45.83$ $v'=0.0010102$ $v''=14.676$ $h'=191.84$ $h''=2584.4$ $s'=0.6493$ $s''=8.1505$			$t_s=81.35$ $v'=0.0010301$ $v''=3.2415$ $h'=340.57$ $h''=2646.0$ $s'=1.0912$ $s''=7.5951$		
t	v	h	s	v	h	s
℃	m^3/kg	kJ/kg	kJ/(kg·K)	m^3/kg	kJ/kg	kJ/(kg·K)
0	0.0010002	0.0	−0.0001	0.0010002	0.0	−0.0001
10	0.0010002	42.0	0.1510	0.0010002	42.0	0.1510
20	0.0010017	83.9	0.2963	0.0010017	83.9	0.2963
40	0.0010078	167.4	0.5721	0.0010078	167.5	0.5721
60	15.34	2611.3	8.2331	0.0010171	251.1	0.8310
80	16.27	2649.3	8.3437	0.0010292	334.9	1.0752
100	17.20	2687.3	8.4484	3.419	2682.6	7.6958
120	18.12	2725.4	8.5479	3.608	2721.7	7.7977
140	19.05	2763.6	8.6427	3.796	2760.6	7.8942
160	19.98	2802.0	8.7334	3.983	2799.5	7.9862
180	20.90	2840.6	8.8204	4.170	2838.4	8.0741
200	21.82	2879.3	8.9041	4.356	2877.5	8.1584
220	22.75	2918.3	8.9848	4.542	2916.7	8.2396
240	23.67	2957.4	9.0626	4.728	2956.1	8.3178
260	24.60	2996.8	9.1379	4.913	2995.6	8.3934
280	25.52	3036.5	9.2109	5.099	3035.4	8.4667
300	26.44	3076.3	9.2817	5.284	3075.3	8.5376
350	28.75	3177.0	9.4502	5.747	3176.3	8.7065
400	31.06	3279.4	9.6081	6.209	3278.7	8.8646
450	33.37	3383.3	9.7570	6.671	3382.8	9.0137
500	35.68	3488.9	9.8982	7.134	3488.5	9.1550
550	37.99	3596.2	10.033	7.595	3595.8	9.2896
600	40.29	3705.2	10.161	8.057	3704.9	9.4182

续表

p(MPa)	0.1			0.2		
	$t_s=99.63$ $v'=0.0010434$ $v''=1.6946$ $h'=417.51$ $h''=2675.7$ $s'=1.3027$ $s''=7.3608$			$t_s=120.23$ $v'=0.0010608$ $v''=0.88592$ $h'=504.7$ $h''=2706.9$ $s'=1.5301$ $s''=7.1286$		
t	v	h	s	v	h	s
℃	m^3/kg	kJ/kg	kJ/(kg·K)	m^3/kg	kJ/kg	kJ/(kg·K)
0	0.0010002	0.1	−0.0001	0.0010001	0.2	−0.0001
10	0.0010002	42.1	0.1510	0.0010002	42.2	0.1510
20	0.0010017	84.0	0.2963	0.0010016	84.0	0.2963
40	0.0010078	167.5	0.5721	0.0010077	167.6	0.5720
60	0.0010171	251.2	0.8309	0.0010171	251.2	0.8309
80	0.0010292	335.0	1.0752	0.0010291	335.0	1.0752
100	1.696	2676.5	7.3628	0.0010437	419.1	1.3068
120	1.793	2716.8	7.4681	0.0010606	503.7	1.5276
140	1.889	2756.6	7.5669	0.9353	2748.4	7.2314
160	1.984	2796.2	7.6605	0.9842	2789.5	7.3286
180	2.078	2835.7	7.7496	1.0326	2830.1	7.4203
200	2.172	2875.2	7.8348	1.080	2870.5	7.5073
220	2.266	2914.7	7.9166	1.128	2910.6	7.5905
240	2.359	2954.3	7.9954	1.175	2950.8	7.6704
260	2.453	2994.1	8.0714	1.222	2991.0	7.7472
280	2.546	3034.0	8.1449	1.269	3031.3	7.8214
300	2.639	3074.1	8.2162	1.316	3071.7	7.8931
350	2.871	3175.3	8.3854	1.433	3173.4	8.0633
400	3.103	3278.0	8.5439	1.549	3276.5	8.2223
450	3.334	3382.2	8.6932	1.665	3380.9	8.3720
500	3.565	3487.9	8.8346	1.781	3486.9	8.5137
550	3.797	3595.4	8.9693	1.897	3594.5	8.6485
600	4.028	3704.5	9.0979	2.013	3703.7	8.7774

续表

p(MPa)	0.5			1		
	$t_s=151.85$ $v'=0.0010928$ $v''=0.37481$ $h'=640.1$ $h''=2748.5$ $s'=1.8604$ $s''=6.8215$			$t_s=179.88$ $v'=0.0011274$ $v''=0.19430$ $h'=762.6$ $h''=2777.0$ $s'=2.1382$ $s''=6.5847$		
t	v	h	s	v	h	s
℃	m³/kg	kJ/kg	kJ/(kg·K)	m³/kg	kJ/kg	kJ/(kg·K)
0	0.0010000	0.5	−0.0001	0.0009997	1.0	−0.0001
10	0.0010000	42.5	0.1509	0.0009998	43.0	0.1509
20	0.0010015	84.3	0.2962	0.0010013	84.8	0.2961
40	0.0010076	167.9	0.5719	0.0010074	168.3	0.5717
60	0.0010169	251.5	0.8307	0.0010167	251.9	0.8305
80	0.0010290	335.3	1.0750	0.0010287	335.7	1.0746
100	0.0010435	419.4	1.3066	0.0010432	419.7	1.3062
120	0.0010605	503.9	1.5273	0.0010602	504.3	1.5269
140	0.0010800	589.2	1.7388	0.0010796	589.5	1.7383
160	0.3836	2767.3	6.8654	0.0011019	675.7	1.9420
180	0.4046	2812.1	6.9665	0.1944	2777.3	6.5854
200	0.4250	2855.5	7.0602	0.2059	2827.5	6.6940
220	0.4450	2898.0	7.1481	0.2169	2874.9	6.7921
240	0.4646	2939.9	7.2315	0.2275	2920.5	6.8826
260	0.4841	2981.5	7.3110	0.2378	2964.8	6.9674
280	0.5034	3022.9	7.3872	0.2480	3008.3	7.0475
300	0.5226	3064.2	7.4606	0.2580	3051.3	7.1234
350	0.5701	3167.6	7.6335	0.2825	3157.7	7.3018
400	0.6172	3271.8	7.7944	0.3066	3264.0	7.4606
420	0.6360	3313.8	7.8558	0.3161	3306.6	7.5283
440	0.6548	3355.9	7.9158	0.3256	3349.3	7.5890
450	0.6641	3377.1	7.9452	0.3304	3370.7	7.6188
460	0.6735	3398.3	7.9743	0.3351	3392.1	7.6482
480	0.6922	3440.9	8.0316	0.3446	3435.1	7.7061
500	0.7109	3483.7	8.0877	0.3540	3478.3	7.7627
550	0.7575	3591.7	8.2232	0.3776	3587.2	7.8991
600	0.8040	3701.4	8.3525	0.4010	3697.4	8.0292

续表

p(MPa)	2			3		
	$t_s=212.37$ $v'=0.0011766$ $v''=0.09953$ $h'=908.6$ $h''=2797.4$ $s'=2.4468$ $s''=6.3373$			$t_s=233.84$ $v'=0.0012163$ $v''=0.06662$ $h'=1008.4$ $h''=2801.9$ $s'=2.6455$ $s''=6.1832$		
t	v	h	s	v	h	s
℃	m^3/kg	kJ/kg	kJ/(kg·K)	m^3/kg	kJ/kg	kJ/(kg·K)
0	0.0009992	2.0	0.0000	0.0009987	3.0	0.0001
10	0.0009993	43.9	0.1508	0.0009988	44.9	0.1507
20	0.0010008	85.7	0.2959	0.0010004	86.7	0.2957
40	0.0010069	169.2	0.5713	0.0010065	170.1	0.5709
60	0.0010162	252.7	0.8299	0.0010158	253.6	0.8294
80	0.0010282	336.5	1.0740	0.0010278	337.3	1.0733
100	0.0010427	420.5	1.3054	0.0010422	421.2	1.3046
120	0.0010596	505.0	1.5260	0.0010590	505.7	1.5250
140	0.0010790	590.2	1.7373	0.0010783	590.8	1.7362
160	0.0011012	676.3	1.9408	0.0011005	676.9	1.9396
180	0.0011266	763.6	2.1379	0.0011258	764.1	2.1366
200	0.0011560	852.6	2.3300	0.0011550	853.0	2.3284
220	0.10211	2820.4	6.3842	0.0011891	943.9	2.5166
240	0.1084	2876.3	6.4953	0.06818	2823.0	6.2245
260	0.1144	2927.9	6.5941	0.07286	2885.5	6.3440
280	0.1200	2976.9	6.6842	0.07714	2941.8	6.4477
300	0.1255	3024.0	6.7679	0.08116	2994.2	6.5408
350	0.1386	3137.2	6.9574	0.09053	3115.7	6.7443
400	0.1512	3248.1	7.1285	0.09933	3231.6	6.9231
420	0.1561	3291.9	7.1927	0.10276	3276.9	6.9894
440	0.1610	3335.7	7.2550	0.1061	3321.9	7.0535
450	0.1635	3357.7	7.2855	0.1078	3344.4	7.0847
460	0.1659	3379.6	7.3156	0.1095	3366.8	7.1155
480	0.1708	3423.5	7.3747	0.1128	3411.6	7.1758
500	0.1756	3467.4	7.4323	0.1161	3456.4	7.2345
550	0.1876	3578.0	7.5708	0.1243	3568.6	7.3752
600	0.1995	3689.5	7.7024	0.1324	3681.5	7.5084

续表

p(MPa)	4			5		
	$t_s=250.33$ $v'=0.0012521$ $v''=0.04974$ $h'=1087.5$ $h''=2799.4$ $s'=2.7967$ $s''=6.0670$			$t_s=263.92$ $v'=0.0012858$ $v''=0.03941$ $h'=1154.6$ $h''=2792.8$ $s'=2.9209$ $s''=5.9712$		
t	v	h	s	v	h	s
℃	m³/kg	kJ/kg	kJ/(kg·K)	m³/kg	kJ/kg	kJ/(kg·K)
0	0.0009982	4.0	0.0002	0.0009977	5.1	0.0002
10	0.0009984	45.9	0.1506	0.0009979	46.9	0.1505
20	0.0009999	87.6	0.2955	0.0009995	88.6	0.2952
40	0.0010060	171.0	0.5706	0.0010056	171.9	0.5702
60	0.0010153	254.4	0.8288	0.0010149	255.3	0.8283
80	0.0010273	338.1	1.0726	0.0010268	338.8	1.0720
100	0.0010417	422.0	1.3038	0.0010412	422.7	1.3030
120	0.0010584	506.4	1.5242	0.0010579	507.1	1.5232
140	0.0010777	591.5	1.7352	0.0010771	592.1	1.7342
160	0.0010997	677.5	1.9385	0.0010990	678.0	1.9373
180	0.0011249	764.6	2.1352	0.0011241	765.2	2.1339
200	0.0011540	853.4	2.3268	0.0011530	853.8	2.3253
220	0.0011878	944.2	2.5147	0.0011866	944.4	2.5129
240	0.0012280	1037.7	2.7007	0.0012264	1037.8	2.6985
260	0.05174	2835.6	6.1355	0.0012750	1135.0	2.8842
280	0.05547	2902.2	6.2581	0.04224	2857.0	6.0889
300	0.05885	2961.5	6.3634	0.04532	2925.4	6.2104
350	0.06645	3093.1	6.5838	0.05194	3069.2	6.4513
400	0.07339	3214.5	6.7713	0.05780	3196.9	6.6486
420	0.07606	3261.4	6.8399	0.06002	3245.4	6.7196
440	0.07869	3307.7	6.9058	0.06220	3293.2	6.7875
450	0.07999	3330.7	6.9379	0.06327	3316.8	6.8204
460	0.08128	3353.7	6.9694	0.06434	3340.4	6.8528
480	0.08384	3399.5	7.0310	0.06644	3387.2	6.9158
500	0.08638	3445.2	7.0909	0.06853	3433.8	6.9768
550	0.09264	3559.2	7.2338	0.07383	3549.6	7.1221
600	0.09879	3673.4	7.3686	0.07864	3665.4	7.2580

续表

p(MPa)	6			7		
	$t_s=275.56$ $v'=0.0013187$ $v''=0.03241$ $h'=1213.9$ $h''=2783.3$ $s'=3.0277$ $s''=5.8878$			$t_s=285.80$ $v'=0.0013514$ $v''=0.02734$ $h'=1267.7$ $h''=2771.4$ $s'=3.1225$ $s''=5.8126$		
t	v	h	s	v	h	s
℃	m³/kg	kJ/kg	kJ/(kg·K)	m³/kg	kJ/kg	kJ/(kg·K)
0	0.0009972	6.1	0.0003	0.0009967	7.1	0.0004
10	0.0009974	47.8	0.1505	0.0009970	48.8	0.1504
20	0.0009990	89.5	0.2951	0.0009986	90.4	0.2948
40	0.0010051	172.7	0.5698	0.0010047	173.6	0.5694
60	0.0010144	256.1	0.8278	0.0010140	256.9	0.8273
80	0.0010263	339.6	1.0713	0.0010259	340.4	1.0707
100	0.0010406	423.5	1.3023	0.0010401	424.2	1.3015
120	0.0010573	507.8	1.5224	0.0010567	508.5	1.5215
140	0.0010764	592.8	1.7332	0.0010758	593.4	1.7321
160	0.0010983	678.6	1.9361	0.0010976	679.2	1.9350
180	0.0011232	765.7	2.1325	0.0011224	766.2	2.1312
200	0.0011519	854.2	2.3237	0.0011510	854.6	2.3222
220	0.0011853	944.7	2.5111	0.0011841	945.0	2.5093
240	0.0012249	1037.9	2.6963	0.0012233	1038.0	2.6941
260	0.0012729	1134.8	2.8815	0.0012708	1134.7	2.8789
280	0.03317	2804.0	5.9253	0.0013307	1236.7	3.0667
300	0.03616	2885.0	6.0693	0.02946	2839.2	5.9322
350	0.04223	3043.9	6.3356	0.03524	3017.0	6.2306
400	0.04738	3178.6	6.5438	0.03992	3159.7	6.4511
450	0.05212	3302.6	6.7214	0.04414	3288.0	6.6350
500	0.05662	3422.2	6.8814	0.04810	3410.5	6.7988
520	0.05837	3469.5	6.9417	0.04964	3458.6	6.8602
540	0.06010	3516.5	7.0003	0.05116	3506.4	6.9198
550	0.06096	3540.0	7.0291	0.05191	3530.2	6.9490
560	0.06182	3563.5	7.0575	0.05266	3554.1	6.9778
580	0.06352	3610.4	7.1131	0.05414	3601.6	7.0342
600	0.06521	3657.2	7.1673	0.05561	3649.0	7.0890

续表

p(MPa)	8			9		
	$t_s=294.98$ $v'=0.0013843$ $v''=0.02349$ $h'=1317.5$ $h''=2757.5$ $s'=3.2083$ $s''=5.7430$			$t_s=303.31$ $v'=0.0014179$ $v''=0.02046$ $h'=1364.2$ $h''=2741.8$ $s'=3.2875$ $s''=5.6773$		
t	v	h	s	v	h	s
℃	m^3/kg	kJ/kg	kJ/(kg·K)	m^3/kg	kJ/kg	kJ/(kg·K)
0	0.0009962	8.1	0.0004	0.0009958	9.1	0.0005
10	0.0009965	49.8	0.1503	0.0009960	50.7	0.1502
20	0.0009981	91.4	0.2946	0.0009977	92.3	0.2944
40	0.0010043	174.5	0.5690	0.0010038	175.4	0.5686
60	0.0010135	257.8	0.8267	0.0010131	258.6	0.8262
80	0.0010254	341.2	1.0700	0.0010249	342.0	1.0694
100	0.0010396	425.0	1.3007	0.0010391	425.8	1.3000
120	0.0010562	509.2	1.5206	0.0010556	509.9	1.5197
140	0.0010752	594.1	1.7311	0.0010745	594.7	1.7301
160	0.0010968	679.8	1.9338	0.0010961	680.4	1.9326
180	0.0011216	766.7	2.1299	0.0011207	767.2	2.1286
200	0.0011500	855.1	2.3207	0.0011490	855.5	2.3191
220	0.0011829	945.3	2.5075	0.0011817	945.6	2.5057
240	0.0012218	1038.2	2.6920	0.0012202	1038.3	2.6899
260	0.0012687	1134.6	2.8762	0.0012667	1134.4	2.8737
280	0.0013277	1236.2	3.0633	0.0013249	1235.6	3.0600
300	0.02425	2785.4	5.7918	0.0014022	1344.9	3.2539
350	0.02995	2988.3	6.1324	0.02579	2957.5	6.0383
400	0.03431	3140.1	6.3670	0.02993	3119.7	6.2891
450	0.03815	3273.1	6.5577	0.03348	3257.9	6.4872
500	0.04172	3398.5	6.7254	0.03675	3386.4	6.6592
520	0.04309	3447.6	6.7881	0.03800	3436.4	6.7230
540	0.04445	3496.2	6.8486	0.03923	3485.9	6.7846
550	0.04512	3520.4	6.8783	0.03984	3510.5	6.8147
560	0.04578	3544.6	6.9075	0.04044	3535.0	6.8444
580	0.04710	3592.8	6.9646	0.04163	3583.9	6.9023
600	0.04841	3640.7	7.0201	0.04281	3632.4	6.9585

续表

p(MPa)	10			12		
	$t_s=310.96$ $v'=0.0014526$ $v''=0.01800$ $h'=1408.6$ $h''=2724.4$ $s'=3.3616$ $s''=5.6143$			$t_s=324.64$ $v'=0.0015267$ $v''=0.01425$ $h'=1492.6$ $h''=2684.8$ $s'=3.4986$ $s''=5.4930$		
t	v	h	s	v	h	s
℃	m^3/kg	kJ/kg	kJ/(kg·K)	m^3/kg	kJ/kg	kJ/(kg·K)
0	0.0009953	10.1	0.0005	0.0009943	12.1	0.0006
10	0.0009956	51.7	0.1500	0.0009947	53.6	0.1498
20	0.0009972	93.2	0.2942	0.0009964	95.1	0.2937
40	0.0010034	176.3	0.5682	0.0010026	178.1	0.5674
60	0.0010126	259.4	0.8257	0.0010118	261.1	0.8246
80	0.0010244	342.8	1.0687	0.0010235	344.4	1.0674
100	0.0010386	426.5	1.2992	0.0010376	428.0	1.2977
120	0.0010551	510.6	1.5188	0.0010540	512.0	1.5170
140	0.0010739	595.4	1.7291	0.0010727	596.7	1.7271
160	0.0010954	681.0	1.9315	0.0010940	682.2	1.9292
180	0.0011199	767.8	2.1272	0.0011183	768.8	2.1246
200	0.0011480	855.9	2.3176	0.0011461	856.8	2.3146
220	0.0011805	946.0	2.5040	0.0011782	946.6	2.5005
240	0.0012188	1038.4	2.6878	0.0012158	1038.8	2.6837
260	0.0012648	1134.3	2.8711	0.0012609	1134.2	2.8661
280	0.0013221	1235.2	3.0567	0.0013167	1234.3	3.0503
300	0.0013978	1343.7	3.2494	0.0013895	1341.5	3.2407
350	0.02242	2924.2	5.9464	0.01721	2848.4	5.7615
400	0.02641	3098.5	6.2158	0.02108	3053.3	6.0787
450	0.02974	3242.2	6.4220	0.02411	3209.9	6.3032
500	0.03277	3374.1	6.5984	0.02679	3349.0	6.4893
520	0.03392	3425.1	6.6635	0.02780	3402.1	6.5571
540	0.03505	3475.4	6.7262	0.02878	3454.2	6.6220
550	0.03561	3500.4	6.7568	0.02926	3480.0	6.6536
560	0.03616	3525.4	6.7869	0.02974	3505.7	6.6847
580	0.03726	3574.9	6.8456	0.03068	3556.7	6.7451
600	0.03833	3624.0	6.9025	0.03161	3607.0	6.8034

续表

p(MPa)	14			16		
	$t_s=336.63$ $v'=0.0016104$ $v''=0.01149$ $h'=1572.8$ $h''=2638.3$ $s'=3.6262$ $s''=5.3737$			$t_s=347.32$ $v'=0.0017101$ $v''=0.009330$ $h'=1651.5$ $h''=2582.7$ $s'=3.7486$ $s''=5.2496$		
t	v	h	s	v	h	s
℃	m^3/kg	kJ/kg	kJ/(kg·K)	m^3/kg	kJ/kg	kJ/(kg·K)
0	0.0009933	14.1	0.0007	0.0009924	16.1	0.0008
10	0.0009938	55.6	0.1496	0.0009928	57.5	0.1494
20	0.0009955	97.0	0.2933	0.0009946	98.8	0.2928
40	0.0010017	179.8	0.5666	0.0010008	181.6	0.5659
60	0.0010109	262.8	0.8236	0.0010100	264.5	0.8225
80	0.0010226	346.0	1.0661	0.0010217	347.6	1.0648
100	0.0010366	429.5	1.2961	0.0010356	431.0	1.2946
120	0.0010529	513.5	1.5153	0.0010518	514.9	1.5136
140	0.0010715	598.0	1.7251	0.0010703	599.4	1.7231
160	0.0010926	683.4	1.9269	0.0010912	684.6	1.9247
180	0.0011167	769.9	2.1220	0.0011151	771.0	2.1195
200	0.0011442	857.7	2.3117	0.0011423	858.6	2.3087
220	0.0011759	947.2	2.4970	0.0011736	947.9	2.4936
240	0.0012129	1039.1	2.6796	0.0012101	1039.5	2.6756
260	0.0012572	1134.1	2.8612	0.0012535	1134.0	2.8563
280	0.0013115	1233.5	3.0441	0.0013065	1232.8	3.0381
300	0.0013816	1339.5	3.2324	0.0013742	1337.7	3.2245
350	0.01323	2753.5	5.5606	0.009782	2618.5	5.3071
400	0.01722	3004.0	5.9488	0.01427	2949.7	5.8215
450	0.02007	3175.8	6.1953	0.01702	3140.0	6.0947
500	0.02251	3323.0	6.3922	0.01929	3296.3	6.3038
520	0.02342	3378.4	6.4630	0.02013	3354.2	6.3777
540	0.02430	3432.5	6.5304	0.02093	3410.4	6.4477
550	0.02473	3459.2	6.5631	0.02132	3438.0	6.4816
560	0.02515	3485.8	6.5951	0.02171	3465.4	6.5146
580	0.02599	3538.2	6.6573	0.02247	3519.4	6.5787
600	0.02681	3589.8	6.7172	0.02321	3572.4	6.6401

续表

p(MPa)	18			20		
	$t_s=356.96$			$t_s=365.71$		
	$v'=0.0018380$	$v''=0.007534$		$v'=0.002038$	$v''=0.005873$	
	$h'=1733.4$	$h''=2514.4$		$h'=1828.8$	$h''=2413.8$	
	$s'=3.8739$	$s''=5.1135$		$s'=4.0181$	$s''=4.9338$	
t	v	h	s	v	h	s
℃	m^3/kg	kJ/kg	kJ/(kg·K)	m^3/kg	kJ/kg	kJ/(kg·K)
0	0.0009914	18.1	0.0008	0.0009904	20.1	0.0008
10	0.0009919	59.4	0.1491	0.0009910	61.3	0.1489
20	0.0009937	100.7	0.2924	0.0009929	102.5	0.2919
40	0.0010000	183.3	0.5651	0.0009992	185.1	0.5643
60	0.0010092	266.1	0.8215	0.0010083	267.8	0.8204
80	0.0010208	349.2	1.0636	0.0010199	350.8	1.0623
100	0.0010346	432.5	1.2931	0.0010337	434.0	1.2916
120	0.0010507	516.3	1.5118	0.0010496	517.7	1.5101
140	0.0010691	600.7	1.7212	0.0010679	602.0	1.7192
160	0.0010899	685.9	1.9225	0.0010886	687.1	1.9203
180	0.0011136	772.0	2.1170	0.0011120	773.1	2.1145
200	0.0011405	859.5	2.3058	0.0011387	860.4	2.3030
220	0.0011714	948.6	2.4903	0.0011693	949.3	2.4870
240	0.0012074	1039.9	2.6717	0.0012047	1040.3	2.6678
260	0.0012500	1134.0	2.8516	0.0012466	1134.1	2.8470
280	0.0013017	1232.1	3.0323	0.0012971	1231.6	3.0266
300	0.0013672	1336.1	3.2168	0.0013606	1334.6	3.2095
350	0.0017042	1660.9	3.7582	0.001666	1648.4	3.7327
400	0.01191	2889.0	5.6926	0.009952	2820.1	5.5578
450	0.01463	3102.3	5.9989	0.01270	3062.4	5.9061
500	0.01678	3268.7	6.2215	0.01477	3240.2	6.1440
520	0.01756	3329.3	6.2989	0.01551	3303.7	6.2251
540	0.01831	3387.7	6.3717	0.01621	3364.6	6.3009
550	0.01867	3416.4	6.4068	0.01655	3394.3	6.3373
560	0.01903	3444.7	6.4410	0.01688	3423.6	6.3726
580	0.01973	3500.3	6.5070	0.01753	3480.9	6.4406
600	0.02041	3554.8	6.5701	0.01816	3536.9	6.5055

续表

p(MPa)	25			30		
t	v	h	s	v	h	s
℃	m³/kg	kJ/kg	kJ/(kg·K)	m³/kg	kJ/kg	kJ/(kg·K)
0	0.0009881	25.1	0.0009	0.0009857	30.0	0.0008
10	0.0009888	66.1	0.1482	0.0009866	70.8	0.1475
20	0.0009907	107.1	0.2907	0.0009886	111.7	0.2895
40	0.0009971	189.4	0.5623	0.0009950	193.8	0.5604
60	0.0010062	272.0	0.8178	0.0010041	276.1	0.8153
80	0.0010177	354.8	1.0591	0.0010155	358.7	1.0560
100	0.0010313	437.8	1.2879	0.0010289	441.6	1.2843
120	0.0010470	521.3	1.5059	0.0010445	524.9	1.5017
140	0.0010650	605.4	1.7144	0.0010621	608.1	1.7097
160	0.0010853	690.2	1.9148	0.0010821	693.3	1.9095
180	0.0011082	775.9	2.1083	0.0011046	778.7	2.1022
200	0.0011343	862.8	2.2960	0.0011300	865.2	2.2891
220	0.0011640	951.2	2.4789	0.0011590	953.1	2.4711
240	0.0011983	1041.5	2.6584	0.0011922	1042.8	2.6493
260	0.0012384	1134.3	2.8359	0.0012307	1134.8	2.8252
280	0.0012863	1230.5	3.0130	0.0012762	1229.9	3.0002
300	0.0013453	1331.5	3.1922	0.0013315	1329.0	3.1763
350	0.001600	1626.4	3.6844	0.001554	1611.3	3.6475
400	0.006009	2583.2	5.1472	0.002806	2159.1	4.4854
450	0.009168	2952.1	5.6787	0.006730	2823.1	5.4458
500	0.01113	3165.0	5.9639	0.008679	3083.9	5.7954
520	0.01180	3237.0	6.0558	0.009309	3166.1	5.9004
540	0.01242	3304.7	6.1401	0.009889	3241.7	5.9945
550	0.01272	3337.3	6.1800	0.010165	3277.7	6.0385
560	0.01301	3369.2	6.2185	0.01043	3312.6	6.0806
580	0.01358	3431.2	6.2921	0.01095	3379.8	6.1604
600	0.01413	3491.2	6.3616	0.01144	3444.2	6.2351

附录 6-1　0.1MPa 时的饱和空气状态参数表

干球温度 t (℃)	水蒸气压力 p_{bh} (10^2Pa)	含湿量 d_{bh} (g/kg)	饱和焓 h_{bh} (kJ/kg)	密　度 ρ (kg/m^3)	汽化热 r (kJ/kg)
-20	1.03	0.64	-18.5	1.38	2839
-19	1.13	0.71	-17.4	1.37	2839
-18	1.25	0.78	-16.4	1.36	2839
-17	1.37	0.85	-15.0	1.36	2838
-16	1.50	0.94	-13.8	1.35	2838
-15	1.65	1.03	-12.5	1.35	2838
-14	1.81	1.13	-11.3	1.34	2838
-13	1.98	1.23	-10.0	1.34	2838
-12	2.17	1.35	-8.7	1.33	2837
-11	2.37	1.48	-7.4	1.33	2837
-10	2.59	1.62	-6.0	1.32	2837
-9	2.83	1.77	-4.6	1.32	2836
-8	3.09	1.93	-3.2	1.31	2836
-7	3.38	2.11	-1.8	1.31	2836
-6	3.68	2.30	-0.3	1.30	2836
-5	4.01	2.50	+1.2	1.30	2835
-4	4.37	2.73	+2.8	1.29	2835
-3	4.75	2.97	+4.4	1.29	2835
-2	5.17	3.23	+6.0	1.28	2834
-1	5.62	3.52	+7.8	1.28	2834
0	6.11	3.82	9.5	1.27	2500
1	6.56	4.11	11.3	1.27	2489
2	7.05	4.42	13.1	1.26	2496
3	7.57	4.75	14.9	1.26	2493
4	8.13	5.10	16.8	1.25	2491
5	8.72	5.47	18.7	1.25	2498

续表

干球温度 t（℃）	水蒸气压力 p_{bh}（10^2Pa）	含湿量 d_{bh}（g/kg）	饱和焓 h_{bh}（kJ/kg）	密　度 ρ（kg/m^3）	汽化热 r（kJ/kg）
6	9.35	5.87	20.7	1.24	2486
7	10.01	6.29	22.8	1.24	2484
8	10.72	6.74	25.0	1.23	2481
9	11.47	7.22	27.2	1.23	2479
10	12.27	7.73	29.5	1.22	2477
11	13.12	8.27	31.9	1.22	2475
12	14.01	8.84	34.4	1.21	2472
13	15.00	9.45	37.0	1.21	2470
14	15.97	10.10	39.5	1.21	2468
15	17.04	10.78	42.3	1.20	2465
16	18.17	11.51	45.2	1.20	2463
17	19.36	12.28	48.2	1.19	2460
18	20.62	13.10	51.3	1.19	2458
19	21.96	13.97	54.5	1.18	2456
20	23.37	14.88	57.9	1.18	2453
21	24.85	15.85	61.4	1.17	2451
22	26.42	16.88	65.0	1.17	2448
23	28.08	17.97	68.8	1.16	2446
24	29.82	19.12	72.8	1.16	2444
25	31.67	20.34	76.9	1.15	2441
26	33.60	21.63	81.3	1.15	2439
27	35.64	22.99	85.8	1.14	2437
28	37.78	24.42	90.5	1.14	2434
29	40.04	25.94	95.4	1.14	2432
30	42.41	27.52	100.5	1.13	2430
31	44.91	29.25	106.0	1.13	2427
32	47.53	31.07	111.7	1.12	2425
33	50.29	32.94	117.6	1.12	2422
34	53.18	34.94	123.7	1.11	2420
35	56.22	37.05	130.2	1.11	2418
36	59.40	39.28	137.0	1.10	2415
37	62.74	41.64	144.2	1.10	2413
38	66.24	44.12	151.6	1.09	2411
39	69.91	46.75	159.5	1.08	2408
40	73.75	49.52	167.7	1.08	2406

续表

干球温度 t（℃）	水蒸气压力 p_{bh}（10^2Pa）	含湿量 d_{bh}（g/kg）	饱和焓 h_{bh}（kJ/kg）	密　度 ρ（kg/m^3）	汽化热 r（kJ/kg）
41	77.77	52.45	176.4	1.08	2403
42	81.98	55.54	185.5	1.07	2401
43	86.39	58.82	195.0	1.07	2398
44	91.00	62.26	205.0	1.06	2396
45	95.82	65.92	218.6	1.05	2394
46	100.85	69.76	226.7	1.05	2391
47	106.12	73.84	238.4	1.04	2389
48	111.62	78.15	250.7	1.04	2386
49	117.36	82.70	263.6	1.03	2384
50	123.35	87.52	277.3	1.03	2382
51	128.60	92.62	291.7	1.02	2379
52	136.13	98.01	306.8	1.02	2377
53	142.93	103.72	322.9	1.01	2375
54	150.02	109.80	339.8	1.00	2372
55	157.41	116.19	357.7	1.00	2370
56	165.09	123.00	376.7	0.99	2367
57	173.12	130.23	396.8	0.99	2365
58	181.46	137.89	418.0	0.98	2363
59	190.15	146.04	440.6	0.97	2360
60	199.17	154.72	464.5	0.97	2358
65	250.10	207.44	609.2	0.93	2345
70	311.60	281.54	811.1	0.90	2333
75	385.50	390.20	1105.7	0.85	2320
80	473.60	559.61	1563.0	0.81	2309
85	578.00	851.90	2351.0	0.76	2295
90	701.10	1459.00	3983.0	0.70	2282
95	845.20	3396.00	9190.0	0.64	2269
100	1013.00			0.60	2257

附录 6-2 湿空气焓—湿图

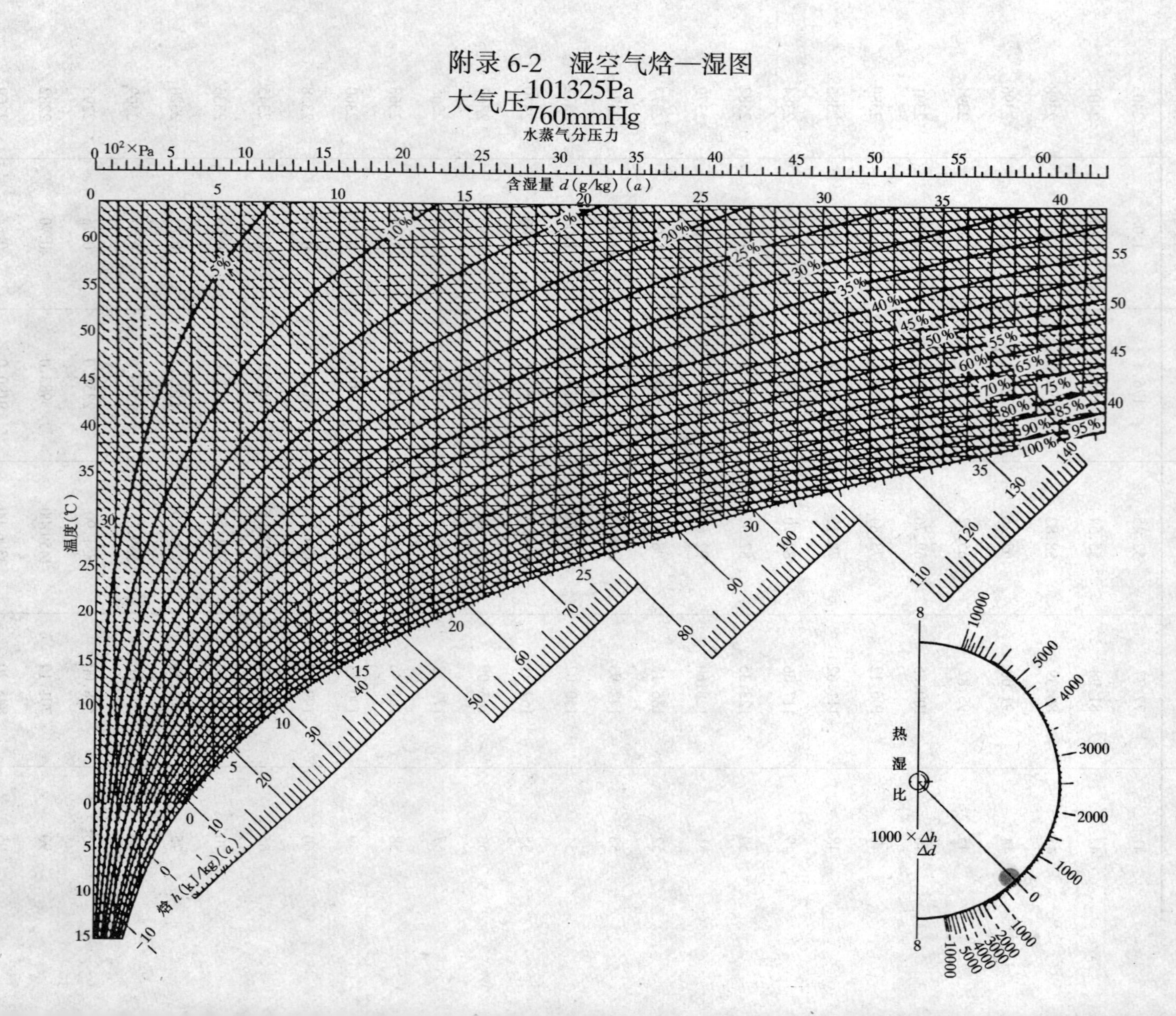
大气压 101325Pa
760mmHg
水蒸气分压力
$10^2\times$Pa
含湿量 d (g/kg) (a)
温度(℃)
焓 h (kJ/kg) (a)
热湿比
$1000\times\frac{\Delta h}{\Delta d}$
5%
10%
15%
20%
25%
30%
35%
40%
45%
50%
55%
60%
65%
70%
75%
80%
85%
90%
95%
100%

附录 9-1　各种材料的密度、导热系数、比热及蓄热系数

材 料 名 称	温 度 t (℃)	密 度 ρ (kg/m³)	导热系数 λ (J/(m·s·℃))	比 热 c (kJ/(kg·℃))	蓄热系数 s (24h) (J/(m²·s·℃))
钢 0.5%C	20	7833	54	0.465	—
1.5%C	20	7753	36	0.486	—
铸钢	20	7830	50.7	0.469	—
镍铬钢 18%Cr8%Ni	20	7817	16.3	0.46	—
铸铁 0.4%C	20	7272	52	0.420	—
纯铜	20	8954	398	0.384	—
黄铜 30%Zn	20	8522	109	0.385	—
青铜 25%Sn	20	8666	26	0.343	—
康铜 40%Ni	20	8922	22	0.410	—
纯铝	27	2702	237	0.903	—
铸铝 4.5%Cu	27	2790	163	0.883	—
硬铝 4.5%Cu,1.5%Mg,0.6%Mn	27	2770	177	0.875	—
硅	27	2330	148	0.712	—
金	20	19320	315	0.129	—
银 99.9%	20	10524	411	0.236	—
泡沫混凝土	20	232	0.077	0.88	1.07
泡沫混凝土	20	627	0.29	1.59	4.59
钢筋混凝土	20	2400	1.54	0.81	14.95
碎石混凝土	20	2344	1.84	0.75	15.33
普通粘土砖墙	20	1800	0.81	0.88	9.65
红粘土砖	20	1668	0.43	0.75	6.26
铬砖	900	3000	1.99	0.84	19.1
耐火粘土砖	800	2000	1.07	0.96	12.2
水泥砂浆	20	1800	0.93	0.84	10.1
石灰砂浆	20	1600	0.81	0.84	8.90
黄土	20	880	0.94	1.17	8.39
菱苦土	20	1374	0.63	1.38	9.32
砂土	12	1420	0.59	1.51	9.59
粘土	9.4	1850	1.41	1.84	18.7

续表

材料名称	温度 t (℃)	密度 ρ (kg/m^3)	导热系数 λ (J/(m·s·℃))	比热 c (kJ/(kg·℃))	蓄热系数 s (24h) (J/(m^2·s·℃))
微孔硅酸钙	50	182	0.049	0.867	0.169
次超轻微孔硅酸钙	25	158	0.0465	—	
岩棉板	50	118	0.0355	0.787	0.155
珍珠岩粉料	20	44	0.042	1.59	0.46
珍珠岩粉料	20	288	0.078	1.17	1.38
水玻璃珍珠岩制品	20	200	0.058	0.92	0.88
防水珍珠岩制品	25	229	0.0639	—	—
水泥珍珠岩制品	20	1023	0.35	1.38	6.0
玻璃棉	20	100	0.058	0.75	0.56
石棉水泥板	20	300	0.093	0.84	1.31
石膏板	20	1100	0.41	0.84	5.25
有机玻璃	20	1188	0.20	—	—
玻璃钢	20	1780	0.50	—	—
平板玻璃	20	2500	0.76	0.84	10.8
聚苯乙烯塑料	20	30	0.027	2.0	0.34
聚苯乙烯硬酯塑料	20	50	0.031	2.1	0.49
脲醛泡沫塑料	20	20	0.047	1.47	0.32
聚异氰脲酸酯泡沫塑料	20	41	0.033	1.72	0.41
聚四氟乙烯	20	2190	0.29	1.47	8.24
红松(热流垂直木纹)	20	377	0.11	1.93	2.41
刨花(压实的)	20	300	0.12	2.5	2.56
软木	20	230	0.057	1.84	1.32
陶粒	20	500	0.21	0.84	2.53
棉花	20	50	0.027～0.064	0.88～1.84	0.29～0.65
松散稻壳	—	127	0.12	0.75	0.91
松散锯末	—	304	0.148	0.75	1.57
松散蛭石	—	130	0.058	0.75	0.56
冰	—	920	2.26	2.26	18.5
新降雪	—	200	0.11	2.10	1.83
厚纸板	—	700	0.17	1.47	3.57
油毛毡	20	600	0.17	1.47	3.30

附录9-2 误 差 函 数

$\frac{x}{2\sqrt{a\tau}}$	$\mathrm{erf}\frac{x}{2\sqrt{a\tau}}$	$\frac{x}{2\sqrt{a\tau}}$	$\mathrm{erf}\frac{x}{2\sqrt{a\tau}}$	$\frac{x}{2\sqrt{a\tau}}$	$\mathrm{erf}\frac{x}{2\sqrt{a\tau}}$
0.00	0.00000	0.76	0.71754	1.52	0.96841
0.02	0.02256	0.78	0.73001	1.54	0.97059
0.04	0.04511	0.80	0.74210	1.56	0.97263
0.06	0.06762	0.82	0.75381	1.58	0.97455
0.08	0.09008	0.84	0.76514	1.60	0.97635
0.10	0.11246	0.86	0.77610	1.62	0.97804
0.12	0.13476	0.88	0.78669	1.64	0.97962
0.14	0.15695	0.90	0.79691	1.66	0.98110
0.16	0.17901	0.92	0.80677	1.68	0.98249
0.18	0.20094	0.94	0.81627	1.70	0.98379
0.20	0.22270	0.96	0.82542	1.72	0.98500
0.22	0.24430	0.98	0.83423	1.74	0.98613
0.24	0.26570	1.00	0.84270	1.76	0.98719
0.26	0.28690	1.02	0.85084	1.78	0.98817
0.28	0.30788	1.04	0.85865	1.80	0.98909
0.30	0.32863	1.06	0.86614	1.82	0.98994
0.32	0.34913	1.08	0.87333	1.84	0.99074
0.34	0.36936	1.10	0.88020	1.86	0.99147
0.36	0.38933	1.12	0.88079	1.88	0.99216
0.38	0.40901	1.14	0.89308	1.90	0.99279
0.40	0.42839	1.16	0.89910	1.92	0.99338
0.42	0.44749	1.18	0.90484	1.94	0.99392
0.44	0.46622	1.20	0.91031	1.96	0.99443
0.46	0.48466	1.22	0.91553	1.98	0.99489
0.48	0.50275	1.24	0.92050	2.00	0.995322
0.50	0.52050	1.26	0.92524	2.10	0.997020
0.52	0.53790	1.28	0.92973	2.20	0.998137
0.54	0.55494	1.30	0.93401	2.30	0.998857
0.56	0.57162	1.32	0.93806	2.40	0.999311
0.58	0.58792	1.34	0.94191	2.50	0.999593
0.60	0.60386	1.36	0.94556	2.60	0.999764
0.62	0.61941	1.38	0.94902	2.70	0.999866
0.64	0.63459	1.40	0.95228	2.80	0.999925
0.66	0.64938	1.42	0.95538	2.90	0.999959
0.68	0.66278	1.44	0.95830	3.00	0.999978
0.70	0.67780	1.46	0.96105	3.20	0.999994
0.72	0.69143	1.48	0.96365	3.40	0.999998
0.74	0.70468	1.50	0.96610	3.60	1.000000

附录 10-1　$B=0.1013$MPa 干空气的热物理性质

t (℃)	ρ (kg/m³)	c_p (kJ/(kg·℃))	$\lambda\times10^2$ (W/(m·℃))	$\alpha\times10^6$ (m²/s)	$\mu\times10^6$ (N·s/m²)	$\upsilon\times10^6$ (m²/s)	Pr
−50	1.584	1.013	2.04	12.7	14.6	9.23	0.728
−40	1.515	1.013	2.12	13.8	15.2	10.04	0.728
−30	1.453	1.013	2.20	14.9	15.7	10.80	0.723
−20	1.395	1.009	2.28	16.2	16.2	11.61	0.716
−10	1.342	1.009	2.36	17.4	16.7	12.43	0.712
0	1.293	1.005	2.44	18.8	17.2	13.28	0.707
10	1.247	1.005	2.51	20.0	17.6	14.16	0.705
20	1.205	1.005	2.57	21.4	18.1	15.06	0.703
30	1.165	1.005	2.67	22.9	18.6	16.00	0.701
40	1.128	1.005	2.76	24.3	19.1	16.96	0.699
50	1.093	1.005	2.83	25.7	19.6	17.95	0.698
60	1.060	1.005	2.90	27.2	20.1	18.97	0.696
70	1.029	1.009	2.96	28.6	20.6	20.02	0.694
80	1.000	1.009	3.05	30.2	21.1	21.09	0.692
90	0.972	1.009	3.13	31.9	21.5	22.10	0.690
100	0.946	1.009	3.21	33.6	21.9	23.13	0.688
120	0.898	1.009	3.34	36.8	22.8	25.45	0.686
140	0.854	1.013	3.49	40.3	23.7	27.80	0.684
160	0.815	1.017	3.64	43.9	24.5	30.09	0.682
180	0.779	1.022	3.78	47.5	25.3	32.49	0.681
200	0.746	1.026	3.93	51.4	26.0	34.85	0.680
250	0.674	1.038	4.27	61.0	27.4	40.61	0.677
300	0.615	1.047	4.60	71.6	29.7	48.33	0.674
350	0.566	1.059	4.91	81.9	31.4	55.46	0.676
400	0.524	1.068	5.21	93.1	33.0	63.09	0.678
500	0.456	1.093	5.74	115.3	36.2	79.38	0.687
600	0.404	1.114	6.22	138.3	39.1	96.89	0.699
700	0.362	1.135	6.71	163.4	41.8	115.4	0.706
800	0.329	1.156	7.18	138.8	44.3	134.8	0.713
900	0.301	1.172	7.63	216.2	46.7	155.1	0.717
1000	0.277	1.185	8.07	245.9	49.0	177.1	0.719
1100	0.257	1.197	8.50	276.2	51.2	199.3	0.722
1200	0.239	1.210	9.15	316.5	53.5	233.7	0.724

附录 10-2　饱和水的热物理性质①

t (℃)	$p\times10^{-5}$ (Pa)	ρ (kg/m^3)	h' (kJ/kg)	c_p (kJ/(kg·℃))	$\lambda\times10^2$ (W/(m·℃))	$\alpha\times10^8$ (m^2/s)	$\mu\times10^6$ (kg/(m·s))	$\upsilon\times10^6$ (m^2/s)	$\beta\times10^4$ (K^{-1})	$\sigma\times10^4$ (N/m)	Pr
0	0.00611	999.9	0	4.212	55.1	13.1	1788	1.789	−0.81	756.4	13.67
10	0.012270	999.7	42.04	4.191	57.4	13.7	1306	1.306	+0.87	741.6	9.52
20	0.02338	998.2	83.91	4.183	59.9	14.3	1004	1.006	2.09	726.9	7.02
30	0.04241	995.7	125.7	4.174	61.8	14.9	801.5	0.805	3.05	712.2	5.42
40	0.07375	992.2	167.5	4.174	63.5	15.3	653.3	0.659	3.86	696.5	4.31
50	0.12335	988.1	209.3	4.174	64.8	15.7	549.4	0.556	4.57	676.9	3.54
60	0.19920	983.1	251.1	4.179	65.9	16.0	469.9	0.478	5.22	662.2	2.99
70	0.3116	977.8	293.0	4.187	66.8	16.3	406.1	0.415	5.83	643.5	2.55
80	0.4736	971.8	355.0	4.195	67.4	16.6	355.1	0.365	6.40	625.9	2.21
90	0.7011	965.3	377.0	4.208	68.0	16.8	314.9	0.326	6.96	607.2	1.95
100	1.013	958.4	419.1	4.220	68.3	16.9	282.5	0.295	7.50	588.6	1.75
110	1.43	951.0	461.4	4.233	68.5	17.0	259.0	0.272	8.04	569.0	1.60
120	1.98	943.1	503.7	4.250	68.6	17.1	237.4	0.252	8.58	548.4	1.47
130	2.70	934.8	546.4	4.266	68.6	17.2	217.8	0.233	9.12	528.8	1.36
140	3.61	926.1	589.1	4.287	68.5	17.2	201.1	0.217	9.68	507.2	1.26
150	4.76	917.0	632.2	4.313	68.4	17.3	186.4	0.203	10.26	486.6	1.17
160	6.18	907.0	675.4	4.346	68.3	17.3	173.6	0.191	10.87	466.0	1.10
170	7.92	897.3	719.3	4.880	67.9	17.3	162.8	0.181	11.52	443.4	1.05
180	10.03	886.9	763.3	4.417	67.4	17.2	153.0	0.173	12.21	422.8	1.00
190	12.55	876.0	807.8	4.459	67.0	17.1	144.2	0.165	12.96	400.2	0.96
200	15.55	863.0	852.8	4.505	66.3	17.0	136.4	0.158	13.77	376.7	0.93
210	19.08	852.3	897.7	4.555	65.5	16.9	130.5	0.153	14.67	354.1	0.91
220	23.20	840.3	943.7	4.614	64.5	16.6	124.6	0.148	15.67	331.6	0.89
230	27.98	827.3	990.2	4.681	63.7	16.4	119.7	0.145	16.80	310.0	0.88
240	33.48	813.6	1037.5	4.756	62.8	16.2	114.8	0.141	18.08	285.5	0.87
250	39.78	799.0	1085.7	4.844	61.8	15.9	109.9	0.137	19.55	261.9	0.86
260	46.94	784.0	1135.7	4.949	60.5	15.6	105.9	0.135	21.27	237.4	0.87
270	55.05	767.9	1185.7	5.070	59.0	15.1	102.0	0.133	23.31	214.8	0.88
280	64.19	750.7	1236.8	5.230	57.4	14.6	98.1	0.131	25.79	191.3	0.90
290	74.45	732.3	1290.0	5.485	55.8	13.9	94.2	0.129	28.84	168.7	0.93
300	85.92	712.5	1344.9	5.736	54.0	13.2	91.2	0.128	32.73	144.2	0.97
310	98.70	691.1	1402.2	6.071	52.3	12.5	88.3	0.128	37.85	120.7	1.03
320	112.90	667.1	1462.1	6.574	50.6	11.5	85.3	0.128	44.91	98.10	1.11
330	128.65	640.2	1526.2	7.244	48.4	10.4	81.4	0.127	55.31	76.71	1.22
340	146.08	610.1	1594.8	8.165	45.7	9.17	77.5	0.127	72.10	56.70	1.39
350	165.37	574.4	1671.4	9.504	43.0	7.88	72.6	0.126	103.7	38.16	1.60
360	186.74	528.0	1761.5	13.984	39.5	5.36	66.7	0.126	182.9	20.21	2.35
370	210.53	450.5	1892.5	40.321	33.7	1.86	56.9	0.126	676.7	4.709	6.79

①β 值选自 Steam Tables in SI Units, 2nd Ed., Ed. by Grigull, U. et. al., Springer-Verlag, 1984。

附录 11-1　各种不同材料的总正常辐射黑度

材料名称	t（℃）	s
表面磨光的铝	225～575	0.039～0.057
表面不光滑的铝	26	0.055
在600℃时氧化后的铝	200～600	0.11～0.19
表面磨光的铁	425～1020	0.144～0.377
用金刚砂冷加工以后的铁	20	0.242
氧化后的铁	100	0.736
氧化后表面光滑的铁	125～525	0.78～0.82
未经加工处理的铸铁	925～1115	0.87～0.95
表面磨光的钢铸件	770～1040	0.52～0.56
经过研磨后的钢板	940～1100	0.55～0.61
在600℃时氧化后的钢	200～600	0.80
表面有一层有光泽的氧化物的钢板	25	0.82
经过刮面加工的生铁	830～990	0.60～0.70
在600℃时氧化后的生铁	200～600	0.64～0.78
氧化铁	500～1200	0.85～0.95
精密磨光的金	225～635	0.018～0.035
轧制后表面没有加工的黄铜板	22	0.06
轧制后表面用粗金刚砂加工过的黄铜板	22	0.20
无光泽的黄铜板	50～350	0.22
在600℃时氧化后的黄铜	200～600	0.61～0.59
精密磨光的电解铜	80～115	0.018～0.023
刮亮的但还没有象镜子那样皎洁的商品铜	22	0.072
在600℃时氧化后的铜	200～600	0.57～0.87
氧化铜	800～1100	0.66～0.54
熔解铜	1075～1275	0.16～0.13
钼线	725～2600	0.096～0.292
技术上用的经过磨光的纯镍	225～375	0.07～0.087
镀镍酸洗而未经磨光的铁	20	0.11
镍丝	185～1000	0.096～0.186
在600℃时氧化后的镍	200～600	0.37～0.48
氧化镍	650～1255	0.59～0.86
铬镍	125～1034	0.64～0.76
锡，光亮的镀锡铁皮	25	0.043～0.064
纯铂，磨光的铂片	225～625	0.054～0.104
铂带	925～1115	0.12～0.17
铂线	25～1230	0.036～0.192
铂丝	225～1375	0.037～0.182
纯汞	0～100	0.09～0.12
氧化后的灰色铅	25	0.281
在200℃时氧化后的铅	200	0.63
磨光的纯银	225～625	0.0198～0.0324
铬	100～1000	0.08～0.26

材料名称	t（℃）	s
经过磨光的商品锌 99.1%	225～325	0.045～0.053
在400℃时氧化后的锌	400	0.11
有光泽的镀锌铁皮	28	0.228
已经氧化的灰色镀锌铁皮	24	0.276
石棉纸板	24	0.96
石棉纸	40～370	0.93～0.945
贴在金属板上的薄纸	19	0.924
水	0～100	0.95～0.963
石膏	20	0.903
刨光的橡木	20	0.895
熔化后表面粗糙的石英	20	0.932
表面粗糙但还不是很不平整的红砖	20	0.93
表面粗糙而没有上过釉的硅砖	100	0.80
表面粗糙而上过釉的硅砖	1100	0.85
上过釉的粘土耐火砖	1100	0.75
耐火砖	—	0.8～0.9
涂在不光滑铁板上的白釉漆	23	0.906
涂在铁板上的有光泽的黑漆	25	0.875
无光泽的黑漆	40～95	0.96～0.98
白漆	40～95	0.80～0.95
涂在镀锡铁面上的黑色有光泽的虫漆	21	0.821
黑色无光泽的虫漆	75～145	0.91
各种不同颜色的油质涂料	100	0.92～0.96
各种年代不同、含铝量不一样的铝质涂料	100	0.27～0.67
涂在不光滑板上的铝漆	20	0.39
加热到325℃以后的铝质涂料	150～315	0.35
表面磨光的灰色大理石	22	0.931
磨光的硬橡皮板	23	0.945
灰色的、不光滑的软橡皮(经过精制)	24	0.859
平整的玻璃	22	0.937
烟炱，发光的煤炱	95～270	0.952
混有水玻璃的烟炱	100～185	0.959～0.947
粒径 0.075mm 或更大的灯烟炱	40～370	0.945
油纸	21	0.910
经过选洗后的煤（0.9%灰）	125～625	0.81～0.79
碳丝	1040～1405	0.526
上过釉的瓷器	22	0.924
粗糙的石灰浆粉刷	10～88	0.91
熔附在铁面上的白色珐琅	19	0.897

附录 11-2　热辐射角系数图

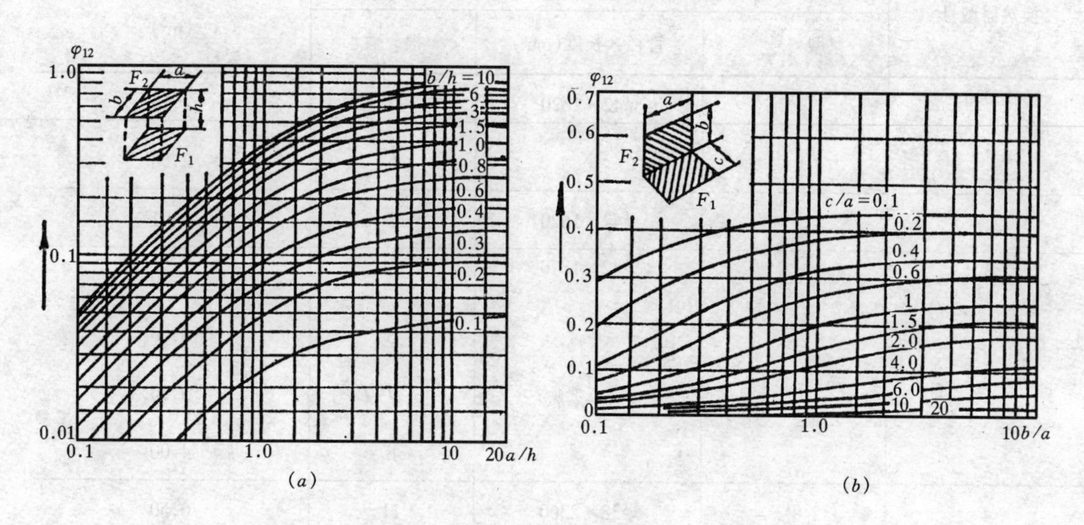

(a)平行长方形的角系数;(b)两互相垂直的长方形的角系数

附录 13-1　容积式换热器技术参数

卧式容积式换热器性能表　　**表 13-1-1**

换热器型号	容积(L)	直径(mm)	总长度(mm)	接管管径(mm)			
				蒸汽(热水)	回水	进水	出水
1	500	600	2100	50	50	80	80
2	700	700	2150	50	50	80	80
3	1000	800	2400	50	50	80	80
4	1500	900	3107	80	80	100	100
5	2000	1000	3344	80	80	100	100
6	3000	1200	3602	80	80	100	100
7	5000	1400	4123	80	80	100	100
8	8000	1800	4679	80	80	100	100
9	10000	2000	4995	100	100	125	125
10	15000	2200	5883	125	125	150	150

卧式容积式换热器换热面积　　**表 13-1-2**

换热器型号	U 型 管 束			换热面积(m^2)
	型　号	管径×长度(mm)	根　数	
1、2、3		ϕ42×1620	2 3 4	0.86 1.29 1.72

续表

换热器型号	U 型 管 束			换热面积 (m²)
	型 号	管径×长度(mm)	根 数	
1、2、3		$\phi42\times1620$	5	2.15
			6	2.58
2、3		$\phi42\times1620$	7	3.01
3		$\phi42\times1870$	5	2.50
			6	3.00
			7	3.50
			8	4.00
4	甲	$\phi38\times2360$	11	6.50
	乙		6	3.50
5	甲	$\phi38\times2360$	11	7.00
	乙		6	3.80
6	甲	$\phi38\times2730$	16	11.00
	乙		13	8.90
	丙		7	4.80
7	甲	$\phi38\times3190$	19	15.20
	乙		15	11.90
	丙		8	6.30
8	甲	$\phi38\times3400$	16	24.72
	乙		13	19.94
	丙		7	10.62
9	甲	$\phi38\times3400$	22	34.74
	乙		17	26.62
	丙		9	13.94
10	甲	$\phi45\times4100$	22	50.82
	乙		17	38.96
	丙		9	20.40

附录 13-2　螺旋板换热器技术参数

LL1 型螺旋板汽—水换热器换热器性能表　　　　**表 13-2-1**

适用范围 型号	循环水温差(℃) $t_{进}$　$t_{出}$	蒸汽的饱和压力 Ps (MPa)	计算换热面积 F(m²)	换热量 Q (kW)	蒸汽量 q_z (t/h)	循环水量 q (t/h)	汽侧压力降 ΔP_1 (MPa)	水侧压力降 ΔP_2 (MPa)
LL1-6-3	70～95℃	$0.25 < p_s \leqslant 0.6$	3.3	299	0.5	10.3	0.004	0.009
LL1-6-6			6.8	598	1.0	20.5	0.008	0.010
LL1-6-12			13.0	1196	2.0	41	0.011	0.012
LL1-6-25			26.7	2392	4.0	82	0.013	0.015
LL1-6-40			44.0	3587	6.0	123	0.029	0.032
LL1-6-60			59.5	4784	8.0	164	0.039	0.049
LL1-10-3		$0.6 < p_s \leqslant 1.0$	3.3	288	0.5	9.9	0.004	0.009
LL1-10-6			6.7	575	1.0	19.7	0.004	0.011
LL1-10-10			11.9	1150	2.0	39.4	0.005	0.012
LL1-10-20			18.8	2300	4.0	78.8	0.005	0.012
LL1-10-25			26.3	3452	6.0	115.5	0.009	0.024
LL1-16-15	70～110℃	$1.0 < p_s \leqslant 1.6$	15.0	2228	4.0	47.5	0.008	0.012
LL1-16-25			24.5	3342	6.0	71.3	0.009	0.012
LL1-16-30			30.7	4456	8.0	95.3	0.014	0.029
LL1-16-40			40.8	5569	10.0	119.1	0.023	0.039
LL1-16-50			49.0	6684	12.0	143	0.059	0.069

SS 型螺旋板水—水换热器性能表　　　　**表 13-2-2**

型　号	换热面积 F (m²)	换热量 Q (kW)	设计压力 P (MPa)	一次水(130→80℃)		二次水(70→95℃)	
				流量 V_1 (m³/h)	阻力降 ΔP_1 (MPa)	流量 V_2 (m³/h)	阻力降 ΔP_2 (MPa)
SS 50-10	11.3	581.5	1.0	10.4	0.02	20.6	0.03
SS 100-10	24.5	1163	1.0	20.8	0.02	41.2	0.035
SS 150-10	36.6	1744.5	1.0	31.0	0.03	62.0	0.045
SS 200-10	50.4	2326	1.0	41.5	0.035	82.0	0.055
SS 250-10	61.0	2907.5	1.0	52.0	0.04	103.0	0.065
SS 50-16	11.3	581.5	1.6	10.4	0.02	20.6	0.035
SS 100-16	24.5	1163	1.6	20.8	0.02	41.2	0.040
SS 150-16	36.6	1744.5	1.6	31.0	0.03	62.0	0.055
SS 200-16	50.4	2326	1.6	41.5	0.04	82.0	0.065
SS 250-16	61.1	2907.5	1.6	52.0	0.04	103.0	0.07

RR 型螺旋板卫生热水换热器性能表 **表 13-2-3**

型　号	设计压力 (MPa)	浴水 10～50℃		热水 90～50℃	
		流量 (t/h)	阻力降	流量 (t/h)	阻力降
RR5	1.0	5	0.015	4.4	0.10
RR10	1.0	10	0.025	8.9	0.015
RR20	1.0	20	0.035	17.9	0.020

空调专用 KH 型螺旋板水—水换热器性能表 **表 13-2-4**

型　号	换热面积 F (m²)	换热量 Q (kW)	设计压力 P (MPa)	一次水(95→70℃)		二次水(50→60℃)	
				流量 V_1 (m³/h)	阻力降 ΔP_1 (MPa)	流量 V_2 (m³/h)	阻力降 ΔP_2 (MPa)
KH 50-10	581.5	13	1.0	20	0.015	50	0.035
KH 100-10	1163	26	1.0	40	0.025	100	0.045
KH 50-15	581.5	13	1.5	20	0.015	50	0.035
KH 100-15	1163	26	1.5	40	0.025	100	0.045

附录 13-3　板式换热器技术性能表

参数 型号	换热面积 (m²)	传热系数 (W/(m²·℃))	设计温度 (℃)	设计压力 (MPa)	最大水处理流量 (m³/h)
BR 002	0.1～1.5	200～5000	≤120、150	1.6	4
BR 005	1～6	2800～6800	150	1.6	20
BR 01	1～8	3500～5800	204	1.6	35
BR 02	3～30	3500～5500	180	1.6	60
BR 035	10～50	3500～6100	150	1.6	110
BR 05	20～70	300～600	150	1.6	250
BR 08	80～200	2500～6200	150	1.6	450
BR 10	60～250	3500～5500	150	1.6	850
BR 20	200～360	3500～5500	150	1.6	1500

附录13-4 浮动盘管换热器技术性能表

SFQ卧式贮存式浮动盘管换热器技术性能表 **表13-4-1**

参数 型号	总容积（m^3）	设计压力		筒体直径 ϕ	总高 H（mm）	重量（kg）	传热面积（m^2）	相应面积产水量 Q	
		壳程（MPa）	管程（MPa）蒸汽/高温水					热媒为饱和蒸汽产水量 Q_1(kg/h)	热媒为高温水产水量 Q_2(kg/h)
SFQ-1.5-0.6		0.6	0.6/0.6		1580				
SFQ-1.5-1.0	1.5	1.0	0.6/1.0	1200	1584	1896	4.15/6.64	3000/4800	1700/2800
SFQ-1.5-1.6		1.6	0.6/1.6		1586				
SFQ-2-0.6		0.6	0.6/0.6		1580				
SFQ-2-1.0	2	1.0	0.6/1.0	1200	1584	2079	4.98/8.3	3600/6400	1500/3500
SFQ-2-1.6		1.6	0.6/1.6		1586				
SFQ-3-0.6		0.6	0.6/0.6		1580				
SFQ-3-1.0	3	1.0	0.6/1.0	1200	1584	2442	5.81/9.96	4200/7250	2400/4200
SFQ-3-1.6		1.6	0.6/1.6		1586				
SFQ-4-0.6		0.6	0.6/0.6		1950				
SFQ-4-1.0	4	1.0	0.6/1.0	1600	1954	3204	6.64/9.96	4800/7250	2800/4200
SFQ-4-1.6		1.6	0.6/1.6		1956				
SFQ-5-0.6		0.6	0.6/0.6		1950				
SFQ-5-1.0	5	1.0	0.6/1.0	1600	1954	3215	8.3/11.62	6400/8200	3500/4900
SFQ-5-1.6		1.6	0.6/1.6		1958				
SFQ-6-0.6		0.6	0.6/0.6		2150				
SFQ-6-1.0	6	1.0	0.6/1.0	1800	2154	3962	9.96/13.28	7250/9700	4200/5500
SFQ-6-1.6		1.6	0.6/1.6		2158				
SFQ-8-0.6		0.6	0.6/0.6		2150				
SFQ-8-1.0	8	1.0	0.6/1.0	1800	2154	3970	11.62/16.6	8200/12080	4900/6900
SFQ-8-1.6		1.6	0.6/1.6		2158				

SFL立式贮存式浮动盘管换热器技术性能表 **表 13-4-2**

参数 型号	总容积 (m^3)	设计压力		筒体直径 ϕ	筒体高度 H (mm)	重量 (kg)	传热面积 (m^2)	相应面积产水量 Q	
		壳程 (MPa)	管程 (MPa) 蒸汽/高温水					热媒为饱和蒸汽产水量 Q_1 (kg/h)	热媒为高温水产水量 Q_2 (kg/h)
SFL-1.5-0.6		0.6	0.6/0.6		1870	962			
SFL-1.5-1.0	1.5	1.0	0.6/1.0	1200	1874	1075	(5.81) 8.3	4200/6400	2700/3100
SFL-1.5-1.6		1.6	0.6/1.6		1878	1150			
SFL-2-0.6		0.6	0.6/0.6		2220	1120			
SFL-2-1.0	2	1.0	0.6/1.0	1200	2224	1166	(6.64) 9.96	4650/7250	2760/4143
SFL-2-1.6		1.6	0.6/1.6		2228	1197			
SFL-3-0.6		0.6	0.6/0.6		3027	1299			
SFL-3-1.0	3	1.0	0.6/1.0	1200	3031	1344	(8.3) 12.45	6400/9060	3100/5200
SFL-3-1.6		1.6	0.6/1.6		3035	1396			
SFL-4-0.6		0.6	0.6/0.6		2670	1596			
SFL-4-1.0	4	1.0	0.6/1.0	1600	2674	1677	(8.3) 11.62	6400/8300	3500/4800
SFL-4-1.6		1.6	0.6/1.6		2678	1709			
SFL-5-0.6		0.6	0.6/0.6		3070	1807			
SFL-5-1.0	5	1.0	0.6/1.0	1600	3074	1892	(9.96) 15.77	7300/1148	4100/6500
SFL-5-1.6		1.6	0.6/1.6		3078	1973			
SFL-6-0.6		0.6	0.6/0.6		3370	2229			
SFL-6-1.0	6	1.0	0.6/1.0	1800	3374	2346	(12.45) 18.26	9060/13290	5200/7600
SFL-6-1.6		1.6	0.6/1.6		3378	2422			
SFL-8-0.6		0.6	0.6/0.6		4200	2669			
SFL-8-1.0	8	1.0	0.6/1.0	1800	4204	2996	(14.44) 20.75	10500/15100	6000/8600
SFL-8-1.6		1.6	0.6/1.6		4208	3460			

主 要 参 考 文 献

[1] 范惠民主编．热工学基础．北京：中国建筑工业出版社，1995

[2] 任泽霈等编．传热学．北京：中国建筑工业出版社，1985

[3] 杨世铭编．传热学．北京：高等教育出版社，1989

[4] 黄方谷、韩风华编．工程热力学与传热学．北京：北京航空航天大学出版社，1993

[5] 严家騄编．工程热力学．北京：高等教育出版社，1981

[6] 阎皓峰、甘永平编．新型换热器与传热强化．北京：宇航出版社，1991

[7] 章熙民等编．传热学．北京：中国建筑工业出版社，1993

[8] [美] W.C. 雷诺兹、H.C. 珀金斯著．罗干辉等译．工程热力学．（上册）．北京：高等教育出版社，1985

[9] 尾花英朗编．徐宗权译．热交换器设计手册．北京：石油工业出版社，1981

[10] 王丰编．相似理论及其在传热学中的应用．北京：高等教育出版社，1990

[11] 毛希澜主编．换热器设计．上海：上海科学技术出版社，1988

[12] 吴锦洪等编．热工学基础．上海：上海科学技术文献出版社

[13] 哈尔滨电力学校主编．热工学理论基础．北京：水利电力出版社

[14] 庞麓鸣等编．工程热力学．北京：人民教育出版社，1980

[15] [美] J.P. 霍尔曼著，马庆芳等译．传热学．北京：人民教育出版社

[16] 张正荣编．传热学．北京：高等教育出版社，1989

[17] 邱信立、廉乐明等编．工程热力学．北京：中国建筑工业出版社，1986

[18] 王天富、范惠民编．热工学理论基础．北京：中国建筑工业出版社，1982